应用型本科 电子及通信工程专业"十三五"规划教材

现代通信系统概论

沈卫康　杨小伟　李传森　编著

西安电子科技大学出版社

内 容 简 介

本书共6章，主要内容包括绪论、通信系统基本技术、通信系统的典型应用、交换系统、通信网和通信网的应用。本书从通信的发展历程出发，由信号到传输再到网络，以简练易懂的方式对通信技术和通信网进行了全面系统的描述；同时还列举了一些典型的实例，以使学生和读者对通信及通信网有一个较全面的认识。

本书可作为本科院校通信工程、电气工程、电子信息以及自动化等专业的学生学习通信知识的教材，也可作为通信知识入门参考书。

图书在版编目（CIP）数据

现代通信系统概论/沈卫康，杨小伟，李传森编著. — 西安：西安电子科技大学出版社，2015.9(2018.11重印)
应用型本科电子及通信工程专业“十三五”规划教材
ISBN 978-7-5606-3835-5

Ⅰ.①现… Ⅱ.①沈… ②杨… ③李… Ⅲ.①通信系统—概论 Ⅳ.①TN914

中国版本图书馆CIP数据核字（2015）第205528号

策划编辑　马乐惠
责任编辑　马晓娟　马乐惠
出版发行　西安电子科技大学出版社（西安市太白南路2号）
电　　话　（029）88242885　88201467　　邮　　编　710071
网　　址　www.xduph.com　　　　　电子邮箱　xdupfxb001@163.com
经　　销　新华书店
印刷单位　陕西天意印务有限责任公司
版　　次　2015年9月第1版　　2018年11月第2次印刷
开　　本　787毫米×1092毫米　1/16　印　张　14
字　　数　329千字
印　　数　3001～6000册
定　　价　29.00元
ISBN 978-7-5606-3835-5 /TN
XDUP 4127001-2
***** 如有印装问题可调换 *****
本社图书封面为激光防伪覆膜，谨防盗版。

应用型本科 电子及通信工程专业系列教材
编审专家委员会名单

主　任：沈卫康(南京工程学院通信工程学院 院长/教授)

副主任：张士兵(南通大学 电子信息学院 副院长/教授)

陈　岚(上海应用技术学院 电气与电子工程学院 副院长/教授)

宋依青(常州工学院 计算机科学与工程学院 副院长/教授)

张明新(常熟理工学院计算机科学与工程学院 副院长/教授)

成　员：(按姓氏拼音排列)

鲍　蓉(徐州工程学院 信电工程学院 副院长/教授)

陈美君(金陵科技学院 网络与通信工程学院 副院长/副教授)

高　尚(江苏科技大学 计算机科学与工程学院 副院长/教授)

李文举(上海应用技术学院 计算机科学学院 副院长/教授)

梁　军(三江学院 电子信息工程学院 副院长/副教授)

潘启勇(常熟理工学院 物理与电子工程学院 副院长/副教授)

任建平(苏州科技学院 电子与信息工程学院 副院长/教授)

孙霓刚(常州大学 信息科学与工程学院 副院长/副教授)

谭　敏(合肥学院 电子信息与电气工程系 系主任/教授)

王杰华(南通大学 计算机科学与技术学院 副院长/副教授)

王章权(浙江树人大学 信息科技学院 副院长/副教授)

温宏愿(泰州科技学院电子电气工程学院 讲师/副院长)

郁汉琪(南京工程学院 创新学院 院长/教授)

严云洋(淮阴工学院 计算机工程学院 院长/教授)

杨俊杰(上海电力学院 电子与信息工程学院 副院长/教授)

杨会成(安徽工程大学 电气工程学院副院长/教授)

于继明(金陵科技学院 智能科学与控制工程学院 副院长/副教授)

前　　言

通信工程专业培养从事与通信有关的设备制造、电子产品开发、软件开发、通信系统设计、安装调试、故障处理等多方向工作的人才。本专业在教学方面涵盖范围较广，包括通信理论、电子技术、计算机技术、软件技术等。若在大学一年级就开设一门入门级概论课，则不仅可以让学生及早了解通信行业，了解通信业务如何通过通信设备的相关功能得以实现，还可以让学生体会通信设备、通信网系统与通信理论之间的关系。这样一门课程能帮助学生搭建初步知识框架，从而更深入地学好通信工程专业的知识。

一门课程的开设离不开合适的配套教材。目前国内较常见的通信技术方面的书籍往往侧重通信技术理论而较少涉及通信设备、通信网系统，不能充分满足教学目标的要求，对于刚刚进入大学，缺乏数学和相关专业基础知识的学生而言，学习起来存在一定困难。作为低年级通信概论课程的教材，应对通信的发展历史、基本概念、基本技术、典型设备、典型应用系统等做出概括性介绍和有机串联。

基于以上因素，我们在西安电子科技大学出版社和该社应用型本科系列教材编委的大力支持下，用心编著了本教材。本教材的策划、内容安排及第一章内容的编写由沈卫康完成，第四章由李传森编写，杨小伟完成了第二、三、五、六章的编写及全书的统稿工作。

本教材对技术理论、设备系统、工程应用等内容做了调整平衡，以通信的发展历史、通信的基本业务指标、通信的基本技术为基础，较全面地介绍了典型的通信设备、系统，以及通信网和通信网的实际应用。书中行文适当减少了理论性教学语言，增加了图文描述及生动的典型实例，力求在内容充实的同时深入浅出、通俗易懂。

本书不仅可以作为通信工程专业初学者的专业启蒙教材，也可作为一本通信技术知识普及用书，同时，能为通信工作从业人员提供技术参考。

由于编写时间紧，编者自身水平有限，此书难免存在一些不足，建议读者在使用本书时适当借鉴参考其他相关书籍以相互补充相互完善。若有不妥之处，敬请读者批评指正。

作　者
2015年6月于南京工程学院

目　录

第一章 绪 论

1.1　通信发展史

1.1.1　电信技术的发展简史

1. 古代通信

利用自然界的基本规律和人的基础感官(视觉、听觉等)可达性建立通信系统，是人类基于需求的最原始通信方式。

广为人知的"烽火传讯(2700多年前的周朝)"、"信鸽传书"、"击鼓传声"、"风筝传讯(2000多年前的春秋时期，公输班和墨子为代表)"、"天灯(代表是三国时期的孔明灯的使用，发展到后期热气球成为其延伸)"、"旗语"以及随之发展依托于文字的"信件(周朝已经有驿站出现，用于传递公文)"都是古代传讯的方式，而信件在较长的历史时期内，都成为人们主要传递信息的方式。这些通信方式，或者是广播式，或者是可视化的、没有连接的，但是都满足现代通信信息传递的要求，或者一对一，或者一对多、多对一。

各种通信方式，随着人类科技的发展，有的消散在历史的潮流中，有的依然在使用，其时间跨度达到4000多年。

1661年，英国亨利·比绍普创制和使用了第一个有日期的邮戳。

1840年5月6日，英国发行了世界上第一枚邮票——"一便士黑票"，见图1-1。

图1-1　世界上第一枚邮票

2. 近现代通信

以电磁技术为起始，是电磁通信和数字时代的开始。19世纪中叶以后，随着电报、电话的发明和电磁波的发现，人类通信领域产生了根本性的巨大变革，从此，人类的信息传递可以脱离常规的视听觉方式，用电信号作为新的载体，由此带来了一系列新技术革新，开始了人类通信的新时代。利用电和磁的技术实现通信的目的，是近代通信起始的标志，代表性事件如下：

1835年，美国雕塑家、画家、科学爱好者塞缪尔·莫尔斯(Samuel Morse)成功地研制出世界上第一台电磁式(有线)电报机，如图1-2所示。他发明的莫尔斯电码，利用"点""划"和"间隔"，可将信息转换成一串或长或短的电脉冲传向目的地，再转换为原来的信息。1844年5月24日，莫尔斯在国会大厦联邦最高法院会议厅进行了用莫尔斯电码发出人类历史上第一份电报的实验，从而实现了长途电报通信。

1843年，美国物理学家亚历山大·贝思(Alexander Bain)根据钟摆原理发明了传真机，如图1-3所示。

 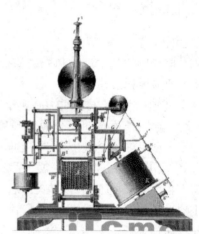

图1-2　第一台电磁式电报机　　　　　　　　图1-3　传真机

1875年，苏格兰青年亚历山大·贝尔(A.G.Bell)发明了世界上第一台电话机。并于1876年申请了发明专利。1878年在相距300 km的波士顿和纽约之间进行了首次长途电话实验，并获得了成功，如图1-4所示。后来就成立了著名的贝尔电话公司。

图1-4　首次长途电话

1878年，美国在纽黑文开通了世界上最早的磁石式电话总机(也称交换机)，预示磁石电话和人工电话交换机的诞生。

1880年，供电式电话机诞生，通过二线制模拟用户线与本地交换机接通。

1880年以后，有丹麦人在中国上海创办了中国第一个电话局，开创了我国通信历史的重要一页，中国从电话网开始建设电信网。

1885年，发明了步进式交换机。

1892年，美国人A.B.史端乔（Almon B.Strowger）发明了世界上第一部自动交换机，这是一台步进式IPM电话交换机，如图1-5所示。

图1-5　自动交换机

电报和电话开启了近代通信历史，但是都属于小范围内的通信，更大规模、更快速度的通信在第一次世界大战后得到迅猛发展。

1901年，意大利工程师马可尼发明火花隙无线电发报机，如图1-6所示，成功发射穿越大西洋的长波无线电信号。

图1-6　无线电发报机

1906年，美国物理学家费森登成功地研究出无线电广播。

1922年，16岁的美国中学生菲罗·法恩斯沃斯设计出第一幅电视传真原理图，1929年申请了发明专利，被裁定为发明电视机的第一人。

1924年，第一条短波通信线路在德国的瑙恩和布宜诺斯艾利斯之间建立，1933年法国人克拉维尔建立了英法之间和第一条商用微波无线电线路，推动了无线电技术的进一步发展。

1928年，美国西屋电气公司的兹沃尔金发明了光电显像管，并同工程师范瓦斯合作，实现了电子扫描方式的电视发送和传输。

20世纪30年代，信息论、调制论、预测论、统计论等都获得了一系列的突破。

1930年，发明超短波通信。

1931年，利用超短波跨越英吉利海峡通话获得成功。

1934年，在英国和意大利开始利用超短波频段进行多路(6～7路)通信。

1935年，发明频分复用技术。

1940年，德国首先应用超短波中继通信。

中国于1946年开始用超短波中继电路，开通4路电话。

1946年，美国宾夕法尼亚大学的埃克特和莫希里研制出世界上第一台电子计算机ENIAC。高速计算能力成为现实，二进制的广泛应用触发了更高级别的通信机制——"数字通信"，加速了通信技术的发展和应用。

1947年，发明大容量微波接力通信。

20世纪50年代以后，元件、光纤、收音机、电视机、计算机、广播电视、数字通信业都有极大发展。

1956年，建设欧美长途海底电话电缆传输系统。

1957年，发明电话线数据传输。

1959年，美国的基尔比和诺伊斯发明了集成电路，从此微电子技术诞生了。

1962年，地球同步卫星发射成功。

1964年，美国Tand公司Baran提出无连接操作寻址技术，目的是在战争残存的通信网中，尽可能可靠地传递数据报。

1967年，大规模集成电路诞生了，一块米粒般大小的硅晶片上可以集成1千多个晶体管线路，为通信系统的小型化创造了条件。

1969年，美军ARPAnet(The Advanced Research Projects Agency Network)问世，它是为美国国防部高级研究计划署开发的世界上第一个运营的封包交换网络，它是全球互联网的始祖。

1972年，发明光纤，开创了光纤通信的新时代。

1972年以前，通信网络只存在一种基本网络形态，这就是基于模拟传输，采用确定服务，有链接操作寻址和同步转移模式(STM)的公共交换电话网(PSTN)网络形态。这种技术体系和网络形态一直沿用到现在。

1972年，CCTIT(ITU的前身)通过G.711建议书(话音频率的脉冲编码调制——PCM)和G.712建议书(PCM信道音频四线接口间的性能特征)，电信网络开始进入数字化发展历程。

图1-7　第一个蜂窝移动电话

1973年，美国摩托罗拉公司的马丁·库帕博士发明第一台便携式蜂窝电话，也就是我们所说的"大哥大"。一直到1985年，才诞生出第一台现代意义上的、真正可以移动的电话，即"肩背电话"，如图1-7所示。

1972年至1980年这八年间，国际电信界集中研究电信设备数字化，这一进程提高了电信设备的性能，降低了电信设备的成本，并改善了电信业务的质量。最终，在模拟 PSTN 形态的基础上，形成了综合数字网（IDN）网络形态，在此过程中有一系列成就：

- 统一了话音信号数字编码标准；
- 用数字传输系统代替模拟传输系统；
- 用数字复用器代替载波机；
- 用数字电子交换机代替模拟机电交换机；
- 发明了分组交换机。

1977年，美国、日本科学家制成超大规模集成电路，$30\,mm^2$ 的硅晶片上集成了13万个晶体管。

1979年，发明局域网。

3. 当代通信

当代通信是移动通信和互联网通信时代。

这个时代的特征是，形成了高速数字化通信、全球互联、各种业务融合，通信技术与计算机、人工智能、自动化等技术的融合，极大地促进了人类社会的发展。

1982年，发明了第二代蜂窝移动通信系统，分别是欧洲标准的GSM，美国标准的 D-AMPS 和日本标准的 D-NTT。

1983年，TCP/IP 协议成为 ARPAnet 的唯一正式协议，伯克利大学提出内涵 TCP/IP 的 UNIX 软件协议。

20世纪80年代末，多媒体技术的兴起，使计算机具备了综合处理文字、声音、图像、影视等各种形式信息的能力，日益成为信息处理最重要和必不可少的工具，多媒体通信加入到通信技术行列。

1988年，成立"欧洲电信标准协会"（ETSI）。

1989年，原子能研究组织（CERN）发明万维网（WWW）。

20世纪90年代爆发的互联网，更是彻底改变了人类的工作方式和生活习惯。

1990年GSM标准被确定。

1992年，GSM 被选为欧洲900MHz系统的商标——"全球移动通信系统"。

2000年，提出第三代多媒体蜂窝移动通信系统标准，其中包括欧洲的 WCDMA、美国的 CDMA2000 和中国的 TD-SCDMA。

2007年，ITU 将 WIMAX 补选为第三代移动通信标准。

我们现在就处于当代通信的时代，只要你打开电脑、手机、PDA、车载GPS，很容易实现彼此之间的联系，人们生活更加便利。

1.1.2 通信发展趋势

1. 宽带化

宽带化主要是使通信线路所传输的数字信号的比特率逐渐升高。据估算，人类将所有的知识进行积累以后，通过一条单模光纤，仅仅用不超过五分钟的时间就可传输完成。

2. 4W化

4W（Who、What、Where、When）是指任何人任何事物在任何时候任何地点都可以建立起相互的联系。目前物联网的国际标准化工作已经开始，通信将有力促进社会的发展。

3. 智能化

智能网业务将会被广泛使用，它是在原有通信网络的基础上为用户提供新业务而设置的附加网络结构，它的最大特点是将网络的交换功能与控制功能分开。

用户可以自己定制业务，只需要几分钟的时间就能完成功能模块的添加。

4. 安全化

模拟信号传递的信息更容易被窃取，数字化之后增加了保密性，同时现在的通信越来越重视信息的加密算法。量子通信技术将为保密通信提供技术保障。

1.2 通信的基本概念

1.2.1 消息、信息、信号

消息是表达客观物质运动和主观思维活动的状态，指报道事情的概貌而不讲述详细的经过和细节，以简要的语言文字迅速传播新近事实的新闻体裁，也是最广泛、最经常采用的新闻基本体裁，如文字、语言、图像等。消息传递过程即是消除不确定性的过程：收信前，收信者存在不确定（疑问），不知消息的内容；干扰使收信者不能判定消息的可靠性；收信者得知消息内容后，消除原先的"不确定"。消息的三个特点是：真实性、实效性、传播性。

信息指的是消息中所包含的具体的内容。信息与消息的关系是：形式上传输消息，实质上传输信息；消息具体，信息抽象；消息是表达信息的工具，信息载荷在消息中，同一信息可用不同形式的消息来载荷；消息可能包含丰富的信息，也可能包含很少的信息。例如，桃花开了，这个事件，它是一种现象，可以作为一个消息，这个现象可以包含春天到来的信息。但是春天到来这个信息也可以用其他消息来载荷，如燕子飞回来了，也表示春天到来这个信息。同时，"桃花开了"包含丰富的信息，它不仅载荷春天到来这个信息，还有"这是一棵成长成熟的果树"等信息。

信号（也称为讯号）是运载消息的工具，是消息的载体。从广义上讲，它包含光信号、声信号和电信号等。例如，古代人利用点燃烽火台而产生的滚滚狼烟，向远方军队传递敌人入侵的消息，这属于光信号；当我们说话时，声波传递到他人的耳朵，使他人了解我们的意图，这属于声信号；遨游太空的各种无线电波、四通八达的电话网中的电流等，都可以用来向远方表达各种消息，这属于电信号。把消息变换成适合信道传输的物理量，如光信号、电信号、声信号和生物信号等，人们通过对光、声、电信号进行接收，就可以知道对方要表达的信息。

对信号的分类方法很多，信号按数学关系、取值特征、能量功率、处理分析方法、所具有的时间函数特性、取值是否为实数等，可以分为确定性信号和非确定性信号（又称随机信号）、连续信号和离散信号、能量信号和功率信号、时域信号和频域信号、时限信号和频限信号、实信号和复信号等。

1.2.2 信息及其度量

1. 消息的统计特性

消息可以是离散消息，也可以是连续消息。产生离散消息的信源被称为离散信源，产生连续消息的信源被称为连续信源。

离散信源只能产生有限种符号，因而离散消息可以看成是一种有限个状态的随机序列，因此我们可以用离散型随机过程的统计特性来进行描述。

设离散信源包含有 n 种符号，即 x_1，x_2，$\cdots$，x_n 的集合，每个符号出现的概率分别为 $P(x_1)$，$P(x_2)$，$\cdots$，$P(x_n)$，则可以用概率场：

$$\begin{pmatrix} x_1 & x_2 & \dots & x_n \\ P(x_1) & P(x_2) & \dots & P(x_n) \end{pmatrix} \quad 即 \quad \sum_{i=1}^{n} P(x_i) = 1 \tag{1-1}$$

来表示离散信源。例如，英语中26个字母以及单词间空格的出现概率如表1-1所示，汉字电报的十进制数字代码中，数字 0～9 的出现概率如表1-2所示。

表1-1 英文字母及空隙出现的概率

符 号	概 率	符 号	概 率	符 号	概 率
空隙	0.20	S	0.052	Y，W	0.012
E	0.105	H	0.047	G	0.011
T	0.072	D	0.035	B	0.0105
O	0.0654	I	0.029	V	0.008
A	0.063	C	0.023	K	0.003
N	0.059	F，U	0.0225	X	0.002
L	0.055	M	0.021	J，Q，Z	0.001
R	0.054	P	0.0175		

表1-2 汉字电报中数字代码的出现概率

数字	0	1	2	3	4	5	6	7	8	9
概率	0.26	0.16	0.08	0.062	0.06	0.063	0.155	0.062	0.048	0.052

在大多数情况下，离散信号中各符号之间并不相互独立，而往往存在着一定的关联。即当前符号出现的概率与先前出现的符号有关，由此必须用条件概率来描述离散消息。为了简化，通常只考虑前一个符号对后一个符号的影响。这是一个马尔可夫链问题，可以用转移概率矩阵来描述，即

$$\begin{pmatrix} P(x_1/x_1) & P(x_1/x_2) & \dots & P(x_1/x_n) \\ P(x_2/x_1) & P(x_2/x_2) & \dots & P(x_2/x_n) \\ \vdots & \vdots & & \vdots \\ P(x_n/x_1) & P(x_n/x_2) & \dots & P(x_n/x_n) \end{pmatrix} \tag{1-2}$$

连续信源可能产生的消息数目是无限的，其消息取值也是无限的，其统计特性必须用

概率密度函数来反映。消息各点之间的统计关联性可以用二维乃至多维概率密度函数来描述。我们通常只考虑各态历经的平稳随机过程。有关这方面的知识可以参考有关书籍。

2. 信源信息的信息量

由概率论我们知道，事件的不确定程度可以用其出现的概率来描述。也就是说，消息中的信息含量与消息发生的概率有关，消息出现的概率越小，则此消息携带的信息就越多。例如，在炎热的夏季，若气象预报说"明天的温度比今天高"，人们习以为常，因而得到的信息量很小；但若气象预报说"明天白天有雪"，人们将会感到十分意外，这一异常的气象预报给人们带来极大的信息量，其原因是在夏季出现这种气候的可能性极小。从这个例子可以明显地看出信息量的大小与消息出现概率的联系。

同样道理，当消息的持续时间增加时，其信息量也随之增加。而且可以认为，一份200字的报文所包含的信息量大体上是一份100字报文的两倍。因此，下列推论是合乎逻辑的：若干独立消息之和的信息量应该是每个消息所含信息量的线性叠加，即信息具有相加性。然而另一方面，对于由有限个符号组成的离散信息源来说，随着消息长度的增加，其可能出现的消息数目却是按指数增加的。例如，二元离散序列中，100位符号所构成的随机离散序列的信息量是200位序列的1/2，但100位序列可能出现的消息数为 2^{100}，而200位序列可能出现的消息数却为 2^{200}。

正是基于上述考虑，哈特莱首先提出采用消息出现概率的对数测度作为离散消息的信息度量单位。即某离散消息 x_i 所携带的信息量为

$$I(x_i) = \log_a \frac{1}{P(x_i)} = -\log_a P(x_i) \tag{1-3}$$

式中，$P(x_i)$ 为该消息发生的概率。当 a 为2时，信息量单位称为比特（bit）；当 a 为 e 时，信息量单位称为奈特（nit）；当 a 为10时，信息量的单位为笛特（Det）。目前应用最为广泛的单位是比特。

例1-1 已知二元离散信源只有"0"、"1"两种符号，若"0"出现概率为1/3，求出现"1"的信息量。

解： 由于全概率为1，因此出现"1"的概率为2/3。由信息量定义式（1-3）可知，出现"1"的信息量为

$$I(1) = -\text{lb} \frac{2}{3} = 0.585 (\text{bit})$$

例1-2 求英文字母 e 和 j 的信息量。

解： 由表2-1可知 e 的出现概率为0.105，故其信息量为

$$I(e) = -\text{lb} 0.105 = 3.24 (\text{bit})$$

j 的出现概率为0.001，故其信息量为

$$I(j) = -\text{lb} 0.001 = 9.97 (\text{bit})$$

如果消息由一串符号构成，且假设各符号的出现互相统计独立，离散信源的概率场如式（1-1）所示，则根据信息相加性概念，整个消息的信息量为

$$I = -\sum_{i=1}^{N} n_i \text{lb} P(x_i) \tag{1-4}$$

式中，n_i 为第 i 个符号出现的次数，$P(x_i)$ 为第 i 个符号出现的概率，N 为离散消息源的符号数目。

例1-3 某离散信源由0、1、2、3四种符号组成，其概率场为

$$\begin{pmatrix} 0 & 1 & 2 & 3 \\ 3/8 & 1/4 & 1/4 & 1/8 \end{pmatrix}$$

求消息 201 020 130 213 001 203 210 100 321 010 023 102 002 010 312 的信息量。

解： 此消息总长为45个符号，其中0出现18次，1出现11次，2出现10次，3出现6次。由式(1-4)可求得此消息的信息量为

$$I = -\sum_{i=1}^{N} n_i \, \mathrm{lb} P(x_i) = -18\mathrm{lb}\frac{3}{8} - 11\mathrm{lb}\frac{1}{4} - 10\mathrm{lb}\frac{1}{4} - 6\mathrm{lb}\frac{1}{8}$$

$$= 25.47 + 22 + 20 + 18 = 85.47 (\mathrm{bit})$$

3. 信源信息的平均信息量

通常通信中传输的消息都很长，那么用符号出现概率来计算消息的信息量显然是比较麻烦的，此时我们可以用平均信息量的概念来计算。所谓平均信息量，是指每个符号所含信息量的统计平均值，因此 N 个符号的离散消息源的平均信息量可用下式表示：

$$H(X) = -\sum_{i=1}^{N} P(x_i) \, \mathrm{lb} P(x_i) \tag{1-5}$$

上述平均信息量计算公式与热力学和统计力学中关于系统熵的公式一样，因此我们也把信源输出消息的平均信息量叫做信源的熵。

例1-4 计算例1-3中信源的平均信息量。

解： 由式(1-5)得

$$H = -\frac{3}{8}\mathrm{lb}\frac{3}{8} - \frac{1}{4}\mathrm{lb}\frac{1}{4} - \frac{1}{4}\mathrm{lb}\frac{1}{4} - \frac{1}{8}\mathrm{lb}\frac{1}{8} = 1.9056 （\mathrm{bit}/符号）$$

注意，用上述平均信息量可计算出例1-3中消息的总信息量为

$$I = 1.9056 \ \mathrm{bit}/符号 \times 45 \ 符号 = 85.752 (\mathrm{bit})$$

这里的总信息量与例1-3算得的结果并不完全相同，其原因是例1-3的消息序列还不够长，各符号出现的频次与概率场中给出的概率并不相等。随着序列长度增大，其误差将趋于零。

当离散信源中每个符号等概出现，而且各符号的出现为统计独立时，该信源的平均信息量最大。此时最大熵为

$$H_{\max} = -\sum_{i=1}^{N} \frac{1}{N}\mathrm{lb}\frac{1}{N} = \mathrm{lb} N \tag{1-6}$$

例如：例1-3中信源的四种符号为等概率，即每个符号的概率均为1/4，则平均信息量为

$$H_{\max} = -\sum_{i=1}^{N} \frac{1}{4} \mathrm{lb} \frac{1}{4} = \mathrm{lb} 4 = 2(\mathrm{bit}/\text{符号})$$

若消息中各符号的出现统计相关，则式(1-5)将不再适用，具体可参见相关书籍。

1.2.3　通信系统组成模型

传递信息所需的一切技术设备的总和称为通信系统。一个简单的通信系统模型如图1-8所示。

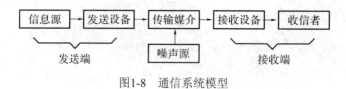

图1-8　通信系统模型

（1）信息源和收信者

在通信系统中，根据信息源输出信号的性质不同可分为模拟信源和离散信源。模拟信源(如电话机、电视摄像机)输出连续幅度的信号；离散信源(如电传机、计算机)输出离散的符号序列或文字。模拟信源可通过抽样和量化变换为离散信源。随着计算机和数字通信技术的发展，离散信源的种类和数量愈来愈多。随着信息源和接收者不同，信息速率在很大范围内变化。例如，电传打字机有26个英文字母和其他符号，它总共能产生32种离散符号，因此需要由5位二进制数字来表示($2^5 = 32$)。假设电传打字机产生符号的速率为10个符号/秒，则作为一个离散信源来说，它每秒能传送的二进制信息速率为50 b/s（比特/秒）；再如一路数字电话二进制信息速率为64 kb/s；一路模拟电视要占用6 MHz带宽，转换成二进制信息速率为119.7 Mb/s等。由于信息源产生信号的种类和速率不同，因而对传输系统的要求也就各不相同。

（2）发送设备

信息的传输媒介多种多样，如电缆、光纤、微波等。发送设备的基本功能就是将信源和传输媒介匹配起来，即将信源产生的信号变换为便于传送的信号形式，送往传输媒介。

（3）传输媒介

传输媒介是用于连接发送设备和接收设备的部分，它可以是无线的，也可以是有线的（包括光纤），有线和无线均有多种传输媒介形式。如同轴电缆、光纤等有线传输媒介；短波、微波等无线传输媒介。信号在传输媒介中传输时必然会引入干扰，如热噪声、脉冲干扰、衰落等。媒介的固有特性和干扰特性直接关系到变换方式的选取。

（4）接收设备

接收设备的功能是完成发送设备的反变换，它的任务是从带有干扰的信号中正确恢复出原始信号来。

由于信源有模拟和数字两类，因此通信系统相应地也分成两类，即模拟通信系统和数字通信系统。应当强调的是，模拟信号可以通过模/数转换后变成数字信号并在数字通信系统中传输，当然在接收端再通过数/模转换后还原成模拟信号。

对于模拟通信系统，消息的传输需要包含两种重要的变换，第一种是在发送端将连续的消息变换成连续的电信号(简称模拟信号),在接收端再将电信号反变换成连续的消息。这种变换设备是一种换能器,如将声能或光能转换成电能。大多数的传输信道不适合于模拟信号的直接传输,这主要是因为模拟信号多为低通型(信号的最低频率几乎为零)信号而大多数的信道却为带通型(低频率和高频率都受限制)。因此,模拟通信系统中就有第二种重要的变换:将低通型信号转换成其频带适合于在带通型信道中传输的信号,并在接收端进行相反变换。这种变换与反变换在通信中被称为调制与解调。经过调制后的信号称为已调信号,它应有两个基本特性:一是携带有消息,二是适应在信道中传输。通常,我们将调制前和解调后的信号称为基带信号。

从消息的发送到消息的恢复,事实上并非只有以上两种变换,系统中可能还有滤波、放大、天线的辐射与接收等过程。

因此,一个模拟通信系统的模型可由图1-8略加改变后得到,如图1-9所示。由图1-9可以得出,模拟通信所涉及的基本问题应包括:

① 收发两端的换能过程及基带信号的特性。

② 调制解调原理。

③ 信道与噪声的特性及其对信号传输的影响。

④ 在有噪声情况下的系统性能等。

图1-9 模拟通信系统模型

对于数字通信系统来讲,模拟通信系统中的基本问题在数字通信系统中同样存在。由于数字信号所具有的"离散"或"数字"特征,从而使数字通信带有许多特殊的问题。如上面提到的第二种变换,在模拟通信中强调变换的线性特性,即已调参量与信号间的比例关系;而在数字通信中,则强调的是开关特性,即已调参量与信号间的一一对应关系。此外,数字通信还有以下突出的问题:第一,在传输过程中,信道噪声和干扰所造成的数字信号差错;第二,数字信号的加密;第三,数字信号在传输过程中的收发同步。另外,还有在消息内容的表述上应采用那种编码规则等。

综上所述,数字通信系统的模型如图1-10所示。图中没有给出数字通信系统的同步环节。当然,在实际的通信系统中,并非一定要包括如图1-10中所示的所有环节。如加密与解密、信道编码与解码等环节是否采用取决于具体的设计条件和要求。另外,这里的信息源和收信者可以是数字的,也可以是模拟的。如果是模拟的,则信息源和收信者中应包含有模/数和数/模转换部分。通常把模/数和数/模转换归入所谓的"信源编码"范畴。信源编码的任务完全不同于抗信道干扰编码(信道编码),它除解决模拟信号数字化问题外,主要任务是提高数字信号传输的有效性。

归纳起来,图1-10所示的数字通信系统其主要研究的基本问题为:

① 收发两端的换能过程、模拟信号数字化以及数字基带信号的特性。

② 数字调制与解调原理。

③ 信道和噪声的特性及其对数字信号传输的影响。

④ 抗信道干扰的差错控制编码，即信道编码问题。

⑤ 数字通信的保密性。

⑥ 通信系统的同步问题（包括载波同步、位同步、网同步）。

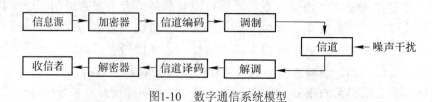

图1-10　数字通信系统模型

此外还需要补充说明两点：第一，以上所给出的是一个点到点的单向通信系统，但在大多数场合下，信源兼为收信者，通信的双方需要随时交流信息，因而要求双向通信；第二，在许多情况下，一个通信系统是可以进行多路信号的传输，这时系统中将包括多路信号复用器和分路器，常用的多路信号的复用方式有频分复用、时分复用和码分复用。

1.2.4　通信系统的分类

通信系统的分类方法很多，这里仅讨论由通信系统模型所引出的分类。

1. 按消息的物理特征分类

根据消息的物理特征的不同，有电报通信系统、电话通信系统、数据通信系统、图像通信系统等各种通信系统。这些通信系统可以是专用的，但通常是兼容的或并存的。由于电话通信最为发达，因而其他通信常常借助于公共的电话通信系统进行。例如，电报通信通常是从电话话路中划分出一部分频带传送，或者是用一个话路传送多路电报。又如，随着电子计算机发展而迅速增长起来的数据通信，近距离时多用专线传送，而远距离时则常常借助电话通信信道传送。未来的综合数字通信网中，各种类型的消息都能在一个统一的通信网中传输、交换和处理。

2. 按调制方式分类

根据是否采用调制，可将通信系统分为基带传输和调制传输。基带传输是将未经调制的信号直接传送，如音频市内电话、数字信号基带传输等。调制传输是对各种信号变换方式后传输的总称，调制的目的有以下三个方面：

① 将消息变换为便于传送的形式。如无线传输时必须将消息载在高频上才能在自由空间发射出去。又如在数字电话中将连续信号变换为脉冲编码调制信号，以便于在数字信道中传输。

② 提高性能，特别是抗干扰能力。

③ 有效地利用频带。

各种调制方式正是为了达到这些目的而发展起来的。调制方式很多，表1-3给出一些常见的调制方式，我们将陆续详细讲述它们的原理。应当指出，在实际使用时常常采用复合的调制方式，即用不同调制方式进行多级调制。

表1-3 常用调制方式及用途

调制方式			用 途
连续波调制	线性调制	常规双边带调幅AM	广播
		抑制载波双边带调幅DSB	立体声广播
		单边带调幅SSB	载波通信、无线电台、数据传输
		残留边带调幅VSB	电视广播、数据传输、传真
	非线性调制	频率调制FM	微波中继、卫星通信、广播
		相位调制PM	中间调制方式
	数字调制	幅度键控ASK	数据传输
		频率键控FSK	数据传输
		相位键控PSK、DPSK、QPSK等	数据传输、数字微波、空间通信
		其他高效数字调制QAM、MSK等	(提高频带利用率)数字微波、空间通信
脉冲调制	脉冲模拟调制	脉幅调制PAM	中间调制方式、遥测
		脉宽调制PDM(PWM)	中间调制方式
		脉位调制PPM	遥测、光纤传输
	脉冲数字调制	脉码调制PCM	市话、卫星、空间通信
		增量调制DM、CVSD、DVSD等	军用、民用电话
		差分脉码调制DPCM	电视电话、图像编码
		其他语音编码方式ADPCM、APC、LPC等	中、低速数字电话

3．按传输信号的特征分类

变换后的信号与原信号之间必须建立一一对应关系，否则在收端就无法恢复出原来的消息。调制时消息携带在正弦波或脉冲序列的某个参量或几个参量上，按参量的取值方式可将信号分为模拟信号和数字信号。模拟信号中参量的取值范围是连续的，因此可有无限多个取值。数字信号中携带消息的参量仅可取有限个数值。按照信道中所传输的是模拟信号还是数字信号，可以相应地把通信系统分成两类，即模拟通信系统和数字通信系统。数字通信在近20年来得到了迅速发展，其原因是：

① 抗干扰能力强。

② 便于进行各种数字信号处理，有利于实现综合业务通信网。

③ 易于实现集成化。

④ 功耗低、体积小。

⑤ 保密性强。

⑥ 采用时分多路复用，可省去大量的滤波器。

4．按传送信号的复用方式分类

传送多路信号有三种复用方式，即频分复用、时分复用、码分复用。频分复用是用频谱搬移的方法使不同信号占据不同的频率范围；时分复用是用脉冲调制的方法使不同信号占据不同的时间区间；码分复用则是用一组正交的脉冲序列分别携带不同信号。

传统的模拟通信中都采用频分复用。随着数字通信的发展，时分复用通信系统的应用愈来愈广泛。码分复用主要用于卫星通信和移动通信。

5．按传输媒介分类

按传输媒介，通信系统可分为有线通信（包括光纤）和无线通信两类。所谓有线通信，是指消息传递是用导线来完成的通信方式；所谓无线通信，是指利用无线电波或其他物理波在空间的传播方式来传递消息的方法。表1-4中列出了常用的传输媒介及其主要用途。

表1-4　常用传输媒介及用途

频率范围/Hz	波　长	符　号	传输媒介	用　途
$3\sim30$ k	$100\sim10$ km	甚低频VLF	对称电缆 长波无线电	音频、电话、数据终端、长距离导航、时标
30 k~300 k	$10\sim1$ km	低频LF	对称电缆 长波无线电	导航、信标、电力线通信
300 k~3 M	$1000\sim100$ m	中频MF	同轴电缆 中波无线电	调幅广播、移动陆地通信、业余无线电
3 M~30 M	$100\sim10$ m	高频HF	同轴电缆 短波无线电	移动无线电话、短波广播、定点军用通信、业余无线电
30 M~300 M	$10\sim1$ m	甚高频VHF	同轴电缆 米波无线电	电视、调频广播、空中管制、车辆通信、导航
300 M~3 G	$100\sim10$ cm	特高频UHF	波导分米波 无线电	电视、空间遥测、雷达导航、点对点通信、移动通信
3 G~30 G	$10\sim1$ cm	超高频SHF	波导厘米波 无线电	微波接力、卫星和空间通信、雷达
30 G~300 G	$10\sim1$ mm	极高频EHF	波导毫米波 无线电	雷达、微波接力、射电天文学
10^5 G$\sim10^7$ G	$3\sim0.03$ μm	紫外、可见光、红外	光纤、激光空间传播	光通信

1.2.5　通信系统的主要性能指标

通信的任务是传递信息，因此传输信息的有效性和可靠性是通信系统最主要的质量指标。有效性是指在给定信道内能传输的信息内容的多少，而可靠性是指接收信息的准确程度。这两者是相互矛盾而又相互联系的，通常也是可以互换的。

模拟通信系统的有效性可用有效传输频带来度量，同样的消息用不同的调制方式，则需要不同的频带宽度。可靠性用接收端最终输出信噪比来度量，如通常电话要求信噪比为$20\sim40$ dB，电视则要求40 dB以上。不同调制方式在同样信道信噪比下所得到的最终解调后的信噪比是不同的。如调频信号抗干扰性能比调幅好，但调频信号所需传输频带却宽于调幅。

对于数字通信系统，有效性可用信息传输速率来衡量。二进制数字消息的信息速率用 b/s（比特/秒）作单位。比特(bit)是信息量单位，当二进制数字0、1取值等概率时，传送一个二进制数字其信息量就等于1 bit。信息速率常称比特率，如比特率为1200 b/s，意味着每秒传送1200个二进制脉冲。显然，当信道一定时，信息速率愈高，有效性也就愈好。为了提高有效性，可以采用多进制传输，此时每个码元携带的信息量超过1bit。若码元速率为R_s，信息速率为R_b，每个码元有M种可能采用的符号，即M进制码元，则它们之间的关系为

$$R_b = R_s \, \mathrm{lb} M \quad \text{(b/s)} \tag{1-7}$$

或

$$R_s = \frac{R_b}{\mathrm{lb} M} \quad \text{(baud)} \tag{1-8}$$

码元速率的单位为波特(baud)，故常称为波特率。如每秒传送1200个码元，若采用二进制，则码元速率为1200波特；若采用四进制，每个码元携带2 bit信息，则信息速率为2400 b/s。

数字通信系统的有效性也可用频谱利用率来表示。所谓频谱利用率，是指在单位带宽（1 Hz）内的信息传输速率，即

$$\eta = \frac{R_b}{B} \quad \text{(b/s·Hz)} \tag{1-9}$$

数字通信系统的可靠性可用差错率来衡量。误比特率为

$$P_b = \frac{\text{错误比特数}}{\text{传输总比特数}} \tag{1-10}$$

误码元率为

$$P_e = \frac{\text{错误码元数}}{\text{传输总码元数}} \tag{1-11}$$

有时将误比特率称为误信率，误码元率称为误符号率或误码率。

显然，在二进制中有

$$P_b = P_e$$

不同信号对错误率的要求不同。如传输数字电话时，误比特率通常要求为$10^{-3} \sim 10^{-6}$，而传输计算机信息时常常要求更高，即P_b更小。当信道不能满足要求时，必须加纠错措施（信道编码）。

可靠性与有效性是可以互换的，而其极限性能则遵从信息论中著名的香农公式。

1.2.6　信道与噪声

正如图1-8所示的通信系统模型所指出的那样，信道是任何一个通信系统必不可少的组成部分，而信道中存在的噪声又是不可避免的，因而，对信道与噪声的认识往往是研究通信问题的基础。

在通信系统中，能够作为实际通信的信道有很多，而存在于各种信道中的噪声种类则更是数不胜数。因此，不可能详细地研究每一信道的特征及各种噪声的特性。本书将只对信道和噪声的共性特性加以分析与表述。这样做也许与实际信道的特性有一个不小的差距，但是，它对信道的研究却具有普遍意义。

1. 信道的定义

信道是指用于传输信号的媒介。目前可用于信号传输的媒介概括如下：

① 架空明线。

② 同轴电缆。

③ 中长波地表波传播。

④ 超短波及微波视距传播(包括人造卫星中继)。

⑤ 短波电离层反射。

⑥ 超短波流星余迹散射。

⑦ 超短波及微波对流层散射。

⑧ 超短波电离层散射。

⑨ 超短波超视距绕射。

⑩ 毫米波波导传播。

⑪ 光导纤维。

⑫ 光波视距传播。

应该说，信道的这种定义是直观的。但从研究消息传输的观点来说，我们所关心的只是如1.2.3小节所指出的基本问题，因而，信道的范围还可以扩大。它除包括传输媒介外，还可能包括有关的转换器(如发送设备、接收设备、馈线与天线、调制器、解调器等)。我们称这种扩大范围的信道为广义信道，而把仅指传输媒介的信道称为狭义信道。在讨论通信的一般原理时，通常采用的是广义信道。

在通信原理中，我们常常遇见的广义信道之一就是所谓的调制信道。调制信道是从研究调制与解调的基本问题出发而构成的，它的范围是从调制器输出端到解调器输入端。因为，由调制和解调的角度来看，从调制器输出端到解调器输入端的所有转换器及传输媒质，不管其中间过程如何，它们不过是把已调信号进行了某种变换而已，我们只需关心变换的最终结果，而无需关心形成这个最终结果的详细物理过程。因此，研究调制和解调问题时，定义一个调制信道是方便和恰当的。

同样的道理，在数字通信系统中，如果我们仅着眼于编码和译码问题，则可得另一种广义信道——编码信道。这是因为，从编译码的角度看来，编码器的输出仍是某一数字序列，而译码器输入同样也是某一数字序列，它们可能是不同的数字序列。因此，从编码器输出端到译码器输入端的所有转换器及传输媒介可用一个完成数字序列变换的方框加以概括，这个方框就称为编码信道。调制信道和编码信道的示意图见图1-11。当然，根据我们研究对象和关心问题的不同还可以定义其他形式的广义信道。

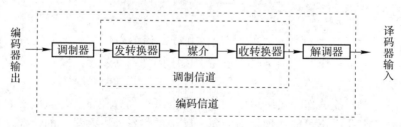

图1-11 调制信道与编码信道

应该指出，狭义信道(传输媒介)是广义信道十分重要的组成部分。事实表明，通信效果的好坏，在很大程度上将依赖于狭义信道的特性。因而，在研究信道的一般特性时，"传输媒介"是讨论的重点。当然，根据实际的需要，有时除重点关心传输媒介外，还应该考虑到其他组成部分的有关特性。

为叙述方便，以下均把广义信道简称为信道，此时的通信模型可以简化为如图1-12所示。

2. 信道模型

在信息理论中，通常并不直接研究信号在信道中传输的物理过程，而总是假定信道的输入、输出统计关系已知，来研究信道传输信息的特点和能力。

为表述信道的一般特性，我们先来引入信道的模型，如图1-13所示。图中，$x(t)$为信道的输入信号，$y(t)$为信道的输出信号，$k(t)$为依赖于信道的特性，$n(t)$为加性噪声（或称加性干扰）。根据信道模型，信道的输出$y(t)$可表示为

$$y(t)=k(t)x(t)+n(t) \tag{1-12}$$

$k(t)$乘$x(t)$就反映信道特性对$x(t)$的最终作用。$k(t)$的存在，对$x(t)$来说是一种干扰，故可称$k(t)$是乘性干扰。

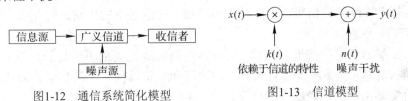

图1-12　通信系统简化模型　　　　图1-13　信道模型

由此可见，信道对信号的影响可归结到两点：一是由于乘性干扰$k(t)$的存在，二是由于加性干扰$n(t)$的存在。如果我们了解了$k(t)$与$n(t)$的特性，则信道对信号的具体影响就能搞清楚。不同特点的信道，仅反映信道模型有不同特性的$k(t)$及$n(t)$而已。

乘性干扰$k(t)$一般是一个复杂的函数，它可能包括各种线性畸变、非线性畸变、衰落畸变等，而且往往只能用随机过程加以表述，这是由于网络的迟延特性和损耗特性随时间在做随机变化的原因。但是，经大量观察表明，有些信道的$k(t)$基本不随时间变化，也就是说，信道对信号的影响是固定的或变化极为缓慢的。而有些信道却不然，它们的$k(t)$是随机快变化的，因此，分析研究乘性干扰$k(t)$时，在相对的意义上可把信道分为两大类：一类称为恒（定）参（量）信道，即它们的$k(t)$可看成不随时间变化或基本不变化的；另一类称为随（机）参（量）信道，它便是非恒参信道的统称，或者说它的$k(t)$是随机快变化的。通常，把上一节列举的前四种和最后三种传输媒介所构成的信道归于恒参信道，而其他传输媒介所构成的信道就归于随参信道。

3. 信道特性及其对信号传输的影响

信道特性指的是信道的传输特性。传输特性通常可用幅度-频率特性及相位-频率特性来表征。因此，在原理上讲只要得到了这个网络的传输特性，就可求得信号通过信道后的变化规律。

1）幅度-频率畸变

幅度-频率特性简称幅频特性，是指在不同频率时信道的输入输出关系。理想信道的幅频特性应是一条水平直线。

幅度-频率畸变是由信道的幅度-频率特性的不理想所引起的。导致畸变的原因是，在信道中可能存在各种滤波器、电容和电感元器件等。由于这些元器件的存在，通常导致信道传输通带特性的高频段和低频段衰耗逐步增加，如图1-14所示。

图中不均匀衰耗必然使传输信号的幅度和频谱发生畸变，引起信号波形的失真。

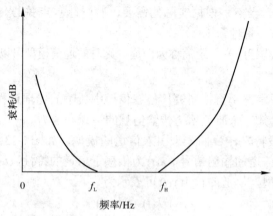

图1-14　信道的衰减特性

2）相位-频率畸变（群迟延畸变）

相位-频率特性简称相频特性，是指不同频率在信道中的传输延时关系。理想信道的相频特性应是一条直线。

相位-频率畸变是指信道的相移-频率特性偏离线性关系所引起的畸变。与幅度-频率畸变一样，相位-频率畸变主要来自于滤波器和电抗器件。尤其在信道频带的边缘，由于衰耗特性陡峭引起的相频畸变更严重。

相频畸变对模拟话音通信影响并不显著，这是因为人耳对相频畸变不太灵敏。但对数字信号传输却不然，尤其当传输速率高时，相频畸变将会引起严重的码间串扰，对数字信号带来很大损伤。

信道的相位-频率特性还经常采用群迟延-频率特性（简称群迟延特性）来衡量。所谓群迟延特性，便是相位-频率特性对频率的导数，若相位-频率特性用 $\phi(\omega)$ 表示，则群迟延-频率特性 $\tau(\omega)$ 为

$$\tau(\omega) = \frac{\mathrm{d}\phi(\omega)}{\mathrm{d}\omega}$$

显然，如果 $\phi(\omega)$ 呈现线性关系，则 $\tau(\omega)$ 将是一条水平直线，见图1-15所示。此时，信号的不同频率成分将有相同的迟延，因而信号经过传输后不发生畸变。但实际的信道特性总是偏离如图1-15所示的特性的，例如，一个典型的电话信道的群迟延-频率特性示于图1-16。不难看出，当非单一频率的信号通过信道时，信号频谱中的不同频率分量将有不同的迟延（使它们的到达时间先后不一），从而引起信号的畸变。

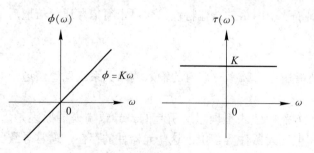

图1-15　理想相频特性和群迟延特性

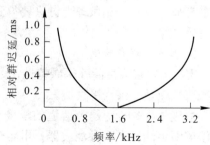

图1-16　话音通道群迟延特性

群迟延畸变和幅频畸变是一种线性畸变。为了减小畸变，在设计总的信道传输特性时，一般都要求把畸变控制在一个允许的范围内。这就要求改善信道中的滤波性能，或者再通过一个线性补偿网络使衰耗特性和群迟延特性曲线变得平坦。后一措施通常称之为"均衡技术"。

3）加性噪声的类型

加性噪声通常独立于有用信号（携带信息的信号），但它却始终干扰有用信号，因而就不可避免地对通信造成影响。

信道中加性噪声（简称噪声）的来源是多方面的，但一般可以分为三方面：

● **人为噪声** 来源于无关的其他信号源，例如，外台信号、开关接触时产生的电火花、工业的点火辐射等。

● **自然噪声** 指自然界存在的各种电磁波源，例如，闪电、大气中的电暴、银河系噪声及其他各种宇宙噪声等。

● **内部噪声** 是系统设备本身产生的各种噪声，例如，在电阻一类的导体中自由电子的热运动（常称为热噪声）、真空管中电子的起伏发射和半导体中载流子的起伏变化（常称为散弹噪声）及电源噪声等。

在加性噪声中，某些类型的噪声是可以消除或忽略的，如接触不良、电源噪声、自激振荡、各种内部的谐波干扰等。虽然消除这些噪声不一定很容易，但至少在原理上是可以设法消除或基本消除的。另一些噪声则往往是无法避免的，而且它们是存在于整个通信频谱且波形不能预测的随机噪声，通常称为固有噪声。

常见的和基本的随机噪声又可分为单频噪声、脉冲噪声和起伏噪声三类。

（1）单频噪声

单频噪声是一种连续波的干扰（如外台信号），它可视为一个已调正弦波，但其幅度、频率及相位都是事先不能预知的。这种噪声的主要特点是占有极窄的频带，但在频率轴上的位置可以实测。因此，单频噪声并不是在所有通信系统中都存在。

（2）脉冲噪声

脉冲噪声是在时间上无规则地时而安静时而突发的噪声，例如，工业的点火辐射、闪电和电气开关通断等产生的噪声。这种噪声的主要特点是其突发的脉冲幅度大，但单个突发脉冲持续时间短且相邻突发脉冲之间往往有较长的安静时段。从频谱上看，脉冲噪声通常有较宽的频谱（从甚低频到高频），但频率越高，其频谱成分就越小。

（3）起伏噪声

起伏噪声是以热噪声、散弹噪声及宇宙噪声为代表的噪声。这些噪声的特点是，无论在时域内还是在频域内，它们总是普遍存在和不可避免的。

4）信道容量和香农公式

在通信系统中，信息是通过信道进行传输的。而在一条传输信道上所传输的信息并不是无限制的，在单位时间内信道能无错误传输的最大信息量被称为信道容量。信道容量单位是比特每秒或比特每符号。

信道容量的大小与信号自身有关，发送信号质量好、功率大，传输速率就高，即信道容量就大。信道中噪声的大小对信道容量产生影响，噪声大，就容易出错，传输速率就不得不降低，即信道容量就会下降。当然信道的质量好、带宽高，传输速率也就高。

信道容量与上述三者的关系为

$$C = B\mathrm{lb}\left(1 + \frac{S}{N}\right) \qquad (\mathrm{b/s})$$ （1-13）

其中，S 表示信号功率，N 表示噪声功率，B 是信道带宽。

上式就是著名的香农信道容量公式，简称为香农公式。

由香农公式可得如下结论：

① 提高信号与噪声功率之比能增加信道容量。

② 当噪声功率 $N \to 0$ 时，信道容量 C 趋于 ∞，这意味着无干扰信道容量为无穷大。

③ 增加信道频带（也就是信号频带）B 并不能无限制地使信道容量增大。当噪声为白色高斯噪声时，随着 B 增大，噪声功率 $N = B \cdot n_0$（这里 n_0 为噪声的单边功率谱密度）也增大，在极限情况下，有

$$\lim_{W \to \infty} C = \lim_{W \to \infty} W\mathrm{lb}\left(1 + \frac{S}{n_0 W}\right) = \frac{S}{n_0} \lim_{W \to \infty} \frac{n_0 W}{S} \mathrm{lb}\left(1 + \frac{S}{n_0 W}\right)$$

$$= \frac{S}{n_0}\mathrm{lb}\,\mathrm{e} \approx 1.44 \frac{S}{n_0}$$

由此可见，即使信道带宽无限增大，信道容量仍然是有限的。

④ 信道容量一定时，带宽 B 与信噪比 S/N 之间可以彼此互换。

香农公式虽然给出了理论极限，但对如何达到或接近这一理论极限，并未给出具体的实现方案。

第二章 通信系统基本技术

2.1 信源信号

2.1.1 常见信号的获取

由通信的演变历程可以看到，除古代通信外，信息的传输都是以电信号作为消息的载体，并延续到今天的。然而有相当多电信号的信息源属于非电信号。如我们每天都在使用的电话，它的原始信号是声音；还有在自动控制系统中，前端采集的诸如温度、压力、烟雾等，其原始信号都不是电信号。

1. 电信号的获得

将非电信号转换为电信号的部件称为传感器。将不同的物理量转换成电信号所用的传感器是不同的。如将声音转换成电信号需要采用声/电传感器；将光转换成电信号需要采用光/电传感器。

传感器一般由敏感元件、转换器件、转换电路三个部分组成，如图2-1所示。

图2-1 传感器的基本组成结构

敏感元件是指能直接感受（或响应）被测量的部分，即将被测量通过传感器的敏感元件转换成与被测量有确定关系的非电量或其他量。

转换器件则将上述非电量转换成电参量。

转换电路的作用是将转换元件输入的电参量经过处理转换成电压、电流或频率等可测电量，以便进行显示、记录、控制和处理的部分。

2. 常见信号的获取

1）声/电变换——传声器

传声器是通信行业最常用的传感器。传声器又叫话筒、拾音器或MIC，是接收声波并将其转变成对应电信号的声/电转换器件。传声器首先把声能变换成机械能，再把机械能变换成电能。可以用传声器的灵敏度、频率响应、指向性、信噪比及失真度等指标来衡量传声器性能的优劣。

因应用场合不同，技术要求也不同，传声器的种类繁多。人们最常用的传声器有两种，即MIC和话筒。图2-2（a）为属于驻极体式传声器的MIC；图2-2（b）为属于动圈式传声器的话筒。

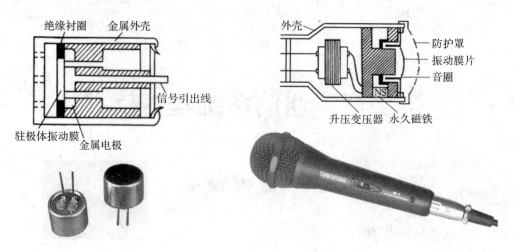

图2-2 常用的传声器

驻极体振动膜是声/电转换的关键元件。它是一片极薄的塑料膜片，在其中一面蒸发上一层纯金薄膜，然后再经过高压电场驻极后，两面分别驻有异性电荷。膜片的蒸金面向外，与金属外壳相连通。膜片的另一面与金属极板之间用薄的绝缘衬圈隔离开。这样，蒸金膜与金属极板之间就形成一个电容。当驻极体膜片遇到声波振动时，引起电容两端的电场发生变化，从而产生了随声波变化而变化的交变电压。驻极体传声器具有体积小、结构简单、电声性能好、价格低的特点，广泛用于盒式录音机、无线话筒及声控等电路中。

动圈式话筒是依据电磁感应原理制成的，接收声波的膜片发生受迫振动，带动处于恒定磁场内的线圈，从而产生交变的感应电动势，形成变化着的电信号。动圈式传声器是历史最悠久的传声器，直到今天仍有很强的生命力。这种传声器由于结构简单、稳定可靠、使用方便、固有噪声低等优点，广泛应用于语言广播和扩声中。

2）光/电转换

目前常用的光电转换器多为半导体类型的器件。其原理是利用这类特殊半导体器件的光电效应来实现光/电转换。如当光照射在半导体器件上时，使其电阻率 ρ 发生变化的光敏电阻就是典型的一种。此外光电二极管和光电三极管的应用也极其普遍。图2-3所示为常见的光电/转换半导体器件。

光电二极管   光电三极管   光敏电阻

图2-3 常见光/电转换半导体器件

　　图像传感器CCD是一种新型光电转换器件，它能存储由光产生的信号电荷。当对它施加特定时序的脉冲时，其存储的信号电荷便可在CCD内作定向传输而实现自扫描。它主要由光敏单元、输入结构和输出结构等组成。它具有光/电转换、信息存储和延时等功能，而且集成度高、功耗小，已经在摄像、信号处理和存储三大领域中得到广泛的应用。CCD有面阵和线阵之分，面阵是把CCD像素排成一个平面的器件；线阵是把CCD像素排成一条直线的器件。图2-4所示为常见的CCD图像传感器。

紫外CCD　　　　　　　　　　线形CCD　　　　　　　　相机CCD模块

图2-4　常用CCD图像传感器

3）压/电转换

　　压电式传感器的工作原理是基于某些介质材料的压电效应。某些物质沿某一方向受到外力作用时，会产生变形，同时其内部产生极化现象，此时在这种材料的两个表面产生符号相反的电荷，当外力去掉后，它又重新恢复到不带电的状态。当作用力方向改变时，电荷极性也随之改变。这种机械能转化为电能的现象称为"压电效应"。

　　目前压电转换器常用的材料主要为压电晶体和压电陶瓷。它们都具有较大的压电常数、机械性能良好、时间稳定性好、温度稳定性好等特性。两者的区别在于压电陶瓷的压电常数优于压电晶体，但稳定性不如压电晶体。图2-5所示为压电转换器用于测距。

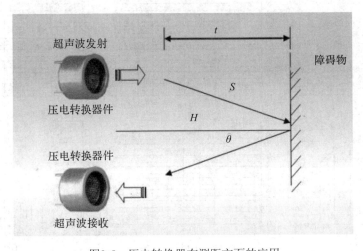

图2-5　压电转换器在测距方面的应用

2.1.2 信号的数字化过程

现在的通信系统基本都为数字通信系统，当信号源是模拟信号时就需要将其转换成数字信号，这一转换过程称为模/数（A/D）转换。反之有时在接收侧还需要再将数字信号还原成相应的模拟信号，这一反过程称为数/模（D/A）转换。

目前语音通信最常用的 A/D 转换技术为脉冲编码调制（PCM）。A/D 转换的过程也是将模拟信号调制成数字信号的过程。除此技术之外还有增量调制（ΔM）技术、差分脉冲编码调制（DPCM）、自适应差分脉冲编码调制（ADPCM）等。

1. 脉冲编码调制（PCM）的基本原理

我们知道，数字信号是离散信号，其离散包括时间和幅度取值的离散。因此将模拟信号转换成数字信号就是对连续信号进行离散化，即进行时间上的离散和幅度取值的离散。时间上的离散通常采用抽样来实现，幅度取值的离散通常采用量化过程来实现。

对连续信号采用一定时间间隔的抽样脉冲进行抽样来实现在时间上的离散，如图2-6（a）所示。抽样的过程又称为脉冲幅度调制（PAM），抽样后的信号称为 PAM 信号。连续信号经过抽样后，虽然在时间上离散了，但是它的每一个取值仍然是一个连续量，也即抽样值的幅度取值可能有无穷多个数值，因而用有限状态的数字信号是无法表示它的。这就需要对 PAM 信号进行幅度取值上的量化。

将幅度连续取值量化为离散量，通常可采用量化的办法来完成。所谓量化，就是"分级"和"分层"的意思，相当于用"四舍五入"的方法，使每一个连续量归为某一临近的"整数"。图2-6（b）就是一个量化的示意图。图中，把输入信号的最大变化范围划分成八份（等分），每一份的范围分别为：$0 \sim 1$、$1 \sim 2$……$6 \sim 7$，其中每一份成为一个量化级（用 Δ 表示），图中共划分了8个量化级。同时规定落入某一份中的信号幅度量化成该份的中间值（量化成中间值的目的是可以使量化带来的误差最小）。由此可见，经过量化处理后，原可在 $0 \sim 8$ 范围内任意取值的信号变成只有8个量的数字信号。

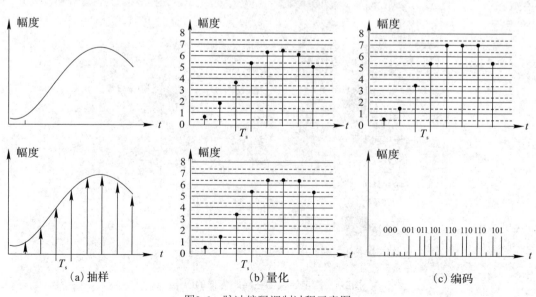

图2-6 脉冲编码调制过程示意图

通常二进制码是最常用的数字信号，因此可以通过编码方式将量化后的信号变成二进制码，如图2-6（c）所示。图2-6（b）中的8个量化级可以用3位二进制码元来表示，即用000～111来表示第一个到第八个量化级。由此看出，经过抽样、量化、编码三个环节就可以完成模/数变换，即达到连续信号数字化的目的。

经抽样、量化与编码形成PCM信号之后，它就可被送入通信信道。在接收端可以依据发送端的变换过程进行相反变换：首先通过译码器把代码还原成量化的抽样值，然后对其进行低通滤波即可恢复出连续信号，从而完成数/模变换。

综上所述，采用PCM方式进行通信的过程可由图2-7示意。它就是PCM通信系统的一个简单模型。

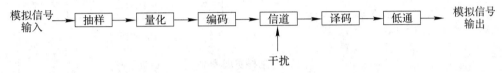

图2-7　PCM通信系统模型

上述环节中的量化是一个舍取的过程，它固然可以把连续量量化为离散量，可是由于量化过程中的舍取，将使离散量与原来的连续量间产生差别。这种差别从信号传输观点看，量化将对信号造成"误差"。这种误差完全是由于量化所造成的，故称其为量化误差。这种量化误差的影响，相当于干扰或噪声，故又称其为量化噪声（或量化干扰）。从上述的模/数变换过程可以看出，只要量化级分得足够多，则量化噪声就会相当小。当然，分级越多，所需编码的位数就越多，从而使码的速率增加，需要占用更宽的传输带宽，同时也使编码设备复杂化。

2. 抽样——时间上的离散

抽样是任何模拟信号（语音、图像以及生物医学信号等）进行数字化过程的第一步，也是时分复用的基础。那么一个时间上连续的模拟信号经过抽样后变成离散脉冲序列，原来在时间上连续的信号现在只传输其中的一部分，这样是否会对原来的信号产生破坏，即在接收端还能还原出原来的模拟信号吗？奈奎斯特抽样定理将对这一问题给出答案。

抽样定理　对于一个频带受限于 $0 \sim f_m$ Hz内的模拟信号 $x(t)$，如果以时间间隔为 $T_s \leqslant \dfrac{1}{2f_m}$ 对 $x(t)$ 进行抽样，则抽样后的序列包含 $x(t)$ 的所有信息。

抽样定理告诉我们，当抽样频率 $f_s = \dfrac{1}{T_s} \geqslant 2f_m$ 时，抽样后的信号就包含原连续信号的全部信息，而不会有信息丢失。当需要时，可以根据这些抽样信号的样本来还原原来的连续信号。若抽样频率 $f_s < 2f_m$，则还原出的信号就会产生失真，这种失真称为折叠失真。

对于抽样定理的正确性，我们可以用信号频谱的演进过程来定性地验证。

图2-8为抽样模型图，图中的开关受抽样脉冲控制。当高电位时开关闭合，信号输出，低电位时开关断开，无信号输出。可见抽样器具有相乘的功能，因此在有些书中抽样器就用乘法器表示。

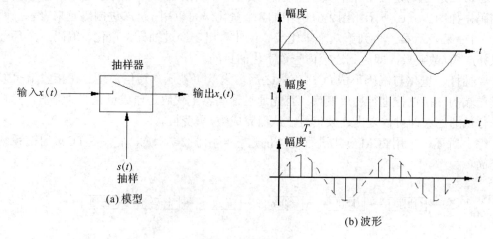

图2-8 抽样实现模型

设输入信号 $x(t)$ 的频谱为 $x(\omega)$。抽样信号是周期为 T_s 的冲击脉冲信号 $s(t)$。任何一周期函数均可以用傅里叶级数展开，即

$$s(t) = a_0 + \sum_{n=1}^{\infty} a_n \cos n\omega_s t \tag{2-1}$$

可见 $s(t)$ 可以看成是直流 a_0、基波 $\cos \omega_s t$ 及一系列谐波 $\cos n\omega_s t$ 的叠加。由于抽样器就是乘法器，且具有不随时间变化的线性特性，这种特性满足叠加原理，因此抽样器的输出 $x_n(t)$ 可以表示为

$$x_n(t) = x(t) \cdot s(t) = x(t) \cdot \left(a_0 + \sum_{n=1}^{\infty} a_n \cos n\omega_s t \right)$$

$$= a_0 \cdot x(t) + \sum_{n=1}^{\infty} a_n x(t) \cos n\omega_s t \tag{2-2}$$

由式(2-2)可以得出，抽样后输出信号是输入信号与每个余弦波分别相乘后的叠加。输入信号与余弦波相乘就是将输入信号的频谱搬移到余弦波频率的位置，如图2-9所示。其原理见2.3节。

根据上述关系可以得出抽样后输出信号的频谱如图2-10所示。当抽样符合抽样定理，即 $f_s \geqslant 2f_m$ 时，抽样后输出信号的频谱没有重叠现象，如图2-10（a）所示。该信号可以通过一个截止频率为 f_m 的低通滤波器，得到的信号频谱与输入频谱完全一样，也即完全还原出了原始信号。然而当抽样不符合抽样定理，即 $f_s < 2f_m$ 时，抽样后输出信号的频谱将出现重叠现象，如图2-10（b）所示。这种信号通过低通滤波器后恢复出的信号将存在失真。

3. 量化——幅度取值上的离散

量化是模拟信号数字化过程的第二步，就是把抽样信号的幅度离散化。量化过程会对信号带来损伤从而产生噪声(量化噪声)。在原理上，只要设备复杂性容许，就可以使量化噪声减到任意小。可是，这是不现实的。在实际应用中，设备复杂性与设备的经济性、维护使用

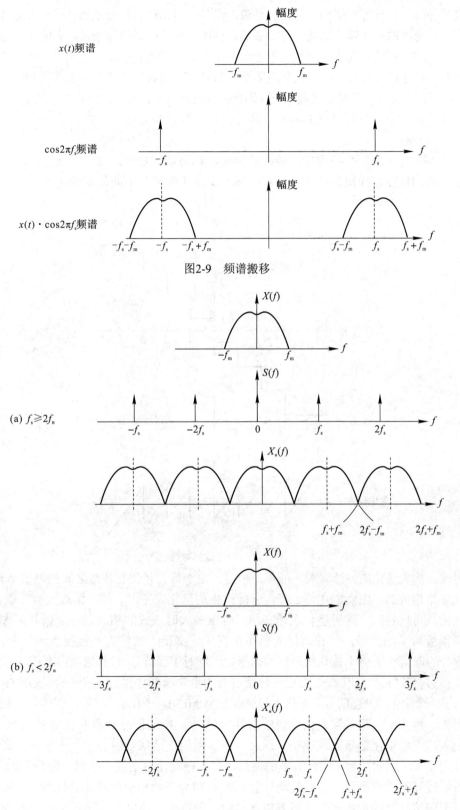

图2-9 频谱搬移

图2-10 抽样后的频谱

性以及设备的可靠性等密切相关，也就是说，设备的复杂性总是受限的。另一方面就信号本身而言，任意小的量化噪声也是没有必要的。例如，对于电话信号来说，人的耳朵对存在很小量化误差的话音信号很难与原话音信号区分出来。更为重要的是，当信号在传输中遭受噪声影响时，原连续信号按模拟通信传输的质量与量化后按数字通信传输的质量相比，前者不见得比后者好，而实际效果却可能相反，因此，片面地追求任意小的量化误差是不恰当的。

对抽样后的信号进行量化的方式有两种：均匀量化和非均匀量化。

1）均匀量化

把输入信号的取值域按等间隔分割的量化，称为均匀量化。通常采用量化特性曲线来表示量化器的性能，如图2-11所示。图中每一个量化级用其中间值来量化。

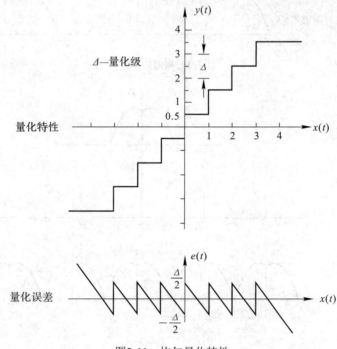

图2-11　均匀量化特性

显然，均匀量化的方法直观、简单。但是，由于均匀量化时各级之间的差值是相同的，即量化级是相等的，因而，在每一级内可能产生的量化误差也一样，即最大量化误差为0.5个量化级。可以看出，这种量化误差在信号幅度较大时造成的相对误差一般并不大，但对于信号幅度较小的信号，其相对误差就可能很大，甚至大到使人不能接受的程度。例如，假定信号的取值域按64个量化级进行均匀量化，则对于强信号(设其幅度占有64个量化级)，其最大相对误差(最大量化误差与信号幅度占有的量化级数之比)为$\pm 0.5/64 \approx \pm 0.8\%$；而幅度相当于一个量化级的弱信号，其最大相对误差为$\pm 0.5/1 = \pm 50\%$。可见，弱信号的相对误差实在严重。事实上，相对误差也反映着信号与量化噪声的比值(或称量化信噪比)，即相对误差越大，表示量化信噪比就越小。通常，在实际的连续信号中弱信号出现的机会往往比强信号还要多。因此，为了实现有效的通信，量化信噪比总是要求达到一定数值的。例如，为了保证较高的通话质量，在接收端可能要求约30分贝的输出信噪比。显然，采用均匀量化，对于弱信号时的量化信噪比就难以达到给定的要求。通常，把满足信噪比要求的输入信号取值范围定义为动态范围。于是，由上述分析看出，均匀量化时的信号动态范围将受到很大的限制。

解决小信号信噪比小的方法可以采用增加量化级数的方式，但这样做将使编码位数增加，从而导致信号速率增加。因此为达到不增加编码位数而提高小信号信噪比，可采用非均匀量化方式。

2）非均匀量化

非均匀量化的基本思想就是使量化级的大小随信号而变，即信号小时量化级就小，信号大时量化级就随之增大。从而使小信号的信噪比提高，而大信号的信噪比被适量减小，以获得通信所需的动态范围。非均匀量化过程是利用了压缩扩张的原理。因此非均匀量化过程可以用如图2-12所示的压缩扩张的方法来实现。非均匀量化的大致过程是：将抽样后的样值信号通过一个压缩器（非线性放大器），它使弱信号有大的增益，而使强信号有较小增益。此时小信号的幅度变得较大，而大信号的幅度略有下降。经压缩后的信号再进行均匀量化与编码。此时由于小信号的幅度已被放大，因此相对误差变小，信噪比得到提高。在接收端，先进行译码，然后送入扩张器，它的作用恰好与压缩器的相反（抵消压缩作用），还原出未经压缩扩张的信号。这样，扩张器的输出再经滤波便可获得所需信号。

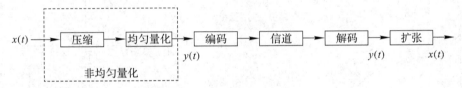

图2-12　非均匀量化原理图

由上述过程我们看到，非均匀量化的主要部分是压缩和扩张。设压缩器的特性如图2-13所示。压缩前的A、B脉冲分别表示强、弱信号，且假定A脉冲占有64个量化级，B脉冲占有5个量化级。经压缩后，A脉冲变成A'脉冲，假定仍然占有64个量化级，而B脉冲变成B'脉冲，它被放大到20个量化级。显然，强信号经压缩后，其相对误差保持不变，即仍为0.5/64≈0.8％，但弱信号经压缩后，其相对误差从0.5/5=10％下降到0.5/20=2.5％。可见，弱信号的相对误差得到了明显减小。采用压缩方法，将可能部分地牺牲大幅度信号的量化信噪比，但对小幅度信号来说却得到了改善。事实上，强信号的信噪比往往是有富余的，只是弱信号的信噪比太低，因此，压缩法是可取的。

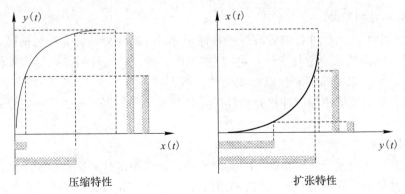

图2-13　压缩扩张特性

由于压缩法提高了弱信号的量化信噪比，而可能较少地降低强信号的量化信噪比，因而，这也相当于把信号的动态范围展宽了。例如，在同样划分256个量化级的情况下，均匀量化与非均匀量化的信噪比特性曲线如图2-14所示。不难看出，没有压缩扩张时输入信号需要约大于-22 dB的电平值才能满足量化信噪比大于30 dB的要求；有压缩扩张时，输入信号只要大于-46 dB的电平就能满足量化信噪比大于30 dB的要求。这相当于动态范围增加了24 dB。

以 X 表示输入、以 Y 表示输出的压缩特性曲线也可看做是扩张器的特性曲线，此时只要把 Y 当做输入、X 当做输出即可。因而，扩张器的特性无需再说明。

如果我们将从压缩器的输入到扩张器的输出视作为一个网络并令该网络的输入为 $x(t)$、输出为 $y(t)$，则可以得到图2-15所示的非均匀量化特性。比较图2-15和图2-11可以看出，非均匀量化时其量化级的大小不是一个固定值，在各量化级中的量化误差大小也不相同，而是随信号幅度大小而变化的，信号越小量化级也越小。

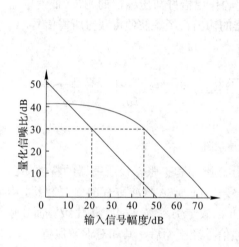

图2-14 均匀与非均匀量化性能比较

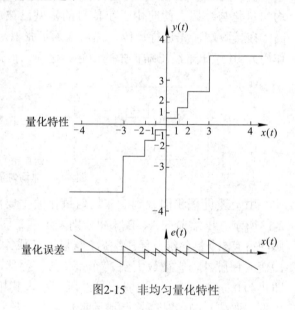

图2-15 非均匀量化特性

2.1.3 数字化过程对信号的影响

1. 实际抽样的影响

抽样定理中要求用于抽样的脉冲序列是理想冲激脉冲序列，称为理想抽样。但实际抽样电路中用于抽样的脉冲是具有一定宽度 τ 的矩形脉冲，其抽样后，在脉宽期间其幅度可以是不变的，也可以是随信号幅度而变化的。前者属于平顶抽样，后者则属于自然抽样。当采用具有一定宽度的矩形脉冲进行抽样时，其结果又将如何？是否还能完全还原出原始信号？

1）自然抽样

采用自然抽样的模型与理想抽样的模型一样，即如图2-8（a）所示，所不同的只是控制抽样器的脉冲具有一定的宽度 τ。此时的结果可以用图2-16来说明。（关于自然抽样的理论证明可参考"通信原理"课程的内容。）

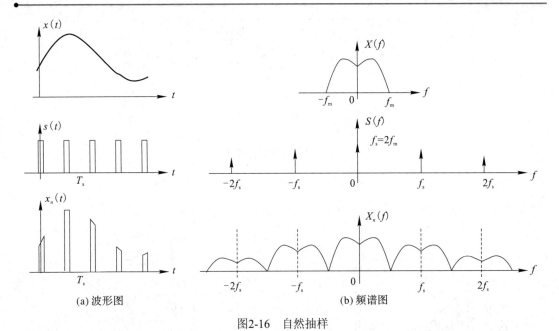

(a) 波形图　　　　　　　　　(b) 频谱图

图2-16　自然抽样

由图中结果可见，只要用于抽样的脉冲信号频率符合抽样定理，抽样后被搬移的频谱形状就与原始信号的频谱一样，只是大小会有所变化。只要形状没有变化，就可以完全恢复出原始信号。因此采用自然抽样是不会有影响的。但是从脉冲编码的角度出发，抽样后的信号是要进行量化编码的，而自然抽样后的脉冲顶部的幅度大小是不一致的。这就给量化带来问题——究竟应该量化成哪个幅度。如果将抽样脉冲取窄一点，那么这一问题可以得到弱化。然而用窄脉冲抽样却将给编码带来新的问题，即来不及编码。因为编码是需要一定时间的，在这一时间内被编码的抽样值的幅度应尽量不发生变化。

所以，自然抽样虽然不会对信号产生影响，但其用于抽样的脉冲宽度却对量化和编码产生影响，因此这种抽样大多不被采用。

2）平顶抽样

由于量化、编码器要求抽样值的幅度大小在量化、编码期间尽可能维持不变，而采用自然抽样后的样值大小在脉冲期间(τ)内是变化的，显然不适合于量化、编码。平顶抽样就是用于解决这个问题的，即使每个抽样后脉冲的顶部不随信号变化（维持一个固定值）。在实际应用中，平顶抽样的实现方式是先采用较窄的抽样脉冲进行抽样，然后由保持电路对窄的抽样脉冲进行保持来实现的。

为了便于分析，我们将平顶抽样看成是理想抽样后再经过一个保持电路来形成的，其模型如图2-17所示。平顶抽样的结果可以用图2-18来说明，关于平顶抽样的理论证明亦可参考"通信原理"课程的内容。

由抽样后的信号频谱可以看出，被搬移后频谱的形状产生了变形，这样的频谱还原出来的信号将产生失真。由于产生的失真是可已知的，因此可以采用补偿电路对还原出的信号进行补偿以消除失真。

平顶抽样能够符合量化和编码的要求，虽然对信号会产生影响，但可以进行补偿，因此在实际应用中被采用。

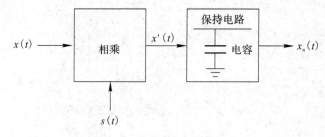

图2-17 平顶抽样模型

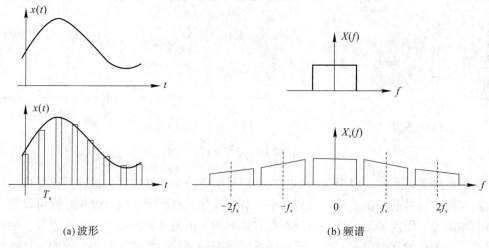

(a) 波形 (b) 频谱

图2-18 平顶抽样

2. 量化的影响

量化的影响主要是量化所带来的误差——量化误差。量化误差是落在一个量化级内抽样值与被量化值之差。根据量化值的取值方式不同，一般最大量化误差有两种情况，即Δ或$\pm 1/2\Delta$（Δ为量化级）。前者是将抽样值量化成该量化级起点值时的最大量化误差结果；后者是将抽样值量化成该量化级中间值时的最大量化误差结果，这种情况时的平均量化误差为最小。Δ就是所谓的分辨率，如满幅为5 V，则编8位码时的$\Delta=5/256$。显然编码位数越高，量化误差就越小，但码的速率将变高。

量化误差对信号的影响可以视为在信号上叠加了一个干扰，因此量化误差是以噪声（干扰）的形式呈现的，因此又称为量化噪声。

2.2 信号的基带传输

2.2.1 基带传输的基本概念

在1.2.3节的通信系统组成模型中介绍过，通常将调制前解调后的信号称为基带信号。所谓信号的基带传输，就是将数字脉冲信号不经调制直接加到信道中传输（一般是有线通信方式）。这种传输方式在许多近距离的情况下被采用，如通信系统中传统的语音通信直接将语音信号接入到电信局设备，还有RS-232、RS-485等串行数据传输，采用RJ45连接的数据局域网传输等。

对于信号的基带传输，根据两根用于信号传输的导线对地阻抗的不同可有两种传输方式，即不平衡传输方式和平衡传输方式。所谓不平衡传输，指的是两根导线中有一根对地阻抗为0，也就是和地相连，如图2-19（a）所示。所谓平衡传输，指的是两根导线对地阻抗是一样的，如图2-19（b）所示。不平衡传输方式最典型的应用有同轴线（缆）、RS-232串行线等，平衡传输方式最典型的应用有电话线、网线等。平衡传输方式的抗干扰能力要大大优于不平衡传输的，同轴线（缆）传输除外。

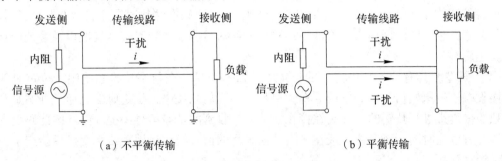

（a）不平衡传输 　　　　　　　　　　　　（b）平衡传输

图2-19　基带传输的基本方式

由图2-19可以看出，对于不平衡传输，当外界有干扰耦合到传输线路中来时，其干扰电流将通过负载流入地。这样干扰电流在负载上就会产生干扰电压。如果负载是耳机，那么干扰就被我们所听到。如果干扰很大就会掩盖我们所要听的声音。同轴线（缆）不受外界干扰是因为同轴线的内导体被外导体所包裹，外导体起到屏蔽的作用，而外导体是接地的，这样外界干扰不会干扰到内导体上，因此负载上没有干扰。

对于平衡传输，当外界有干扰耦合到传输线路中来时，两根线上收到的干扰大小基本一样，且流向一致。这样两线上的干扰电流在负载上就会相互抵消，因此负载上就不会有干扰存在。由于两根导线相对于干扰的位置总是有一定的偏差，这就导致两线上的干扰不一样大，在负载上就不能做到完全抵消。最好的解决方法就是不断地倒换两线的位置，这就是为什么电话线和网线中的两线是相互对绞在一起的原因。

由此我们就知道了为什么同样速率的数据用RS-232只能传输十几米，而用RS-485可以传输1千米。这是因为RS-232采用的是不平衡传输方式，而RS-485采用的是平衡传输方式。

2.2.2　基带传输对码型的要求

数字基带信号是以电脉冲形式来表示的，这种表示可以有许许多多种形式，这种形式就称为码型。由于码型的不同，也即电脉冲形式的不同，因此具有不同的频谱结构。如何选择合理的数字基带信号的码型，以使数字信息变换为适合于给定信道传输特性的频谱结构，是基带传输首先要考虑的问题。

1. 基带传输的码型要求

在有线信道中传输的基带信号码型又称为线路传输码型。对于本地的距离较近的设备与设备之间的相互连接又叫做接口码型。作为线路传输码型在设计选择时应考虑以下原则：

① 对于传输频带低端受限的信道，一般来讲线路传输码型的频谱中应不含直流分量，且低频分量要少。这是因为，虽然用于数字基带传输系统的传输通道多为低通型信道，但系统中会含有交流耦合电路，而使直流分量无法通过，且靠近直流部分的低频失真较大。

② 码型变换(或叫码型编译码)过程应对任何信源具有透明性，即与信源的统计特性无关。所谓信源的统计特性，是指信源产生各种数字信息的概率分布，简单的讲就是0码和1码的概率。一个通信系统的传输性能是与数字信息的统计特性密切相关的，而通信的服务业务非常广泛，因此一个通信系统不能因服务的对象不同而使通信质量不一。另外，在信源编码中不可避免地会出现长串连"0"现象，而0码在传输过程中是以0电平表示的，使得信号在较长的时间内不含有能量。这也就会对接收端的定时信号提取以及系统的稳定性产生影响。

③ 码型应具有便于从中提取的位定时(时钟)信息。在数字传输系统中，位定时信息是接收端再生原始信息所必需的。在大多数数字通信系统中，位定时信息通常并不是利用单独的信道来进行传输的，而是在接收端从被接收到的基带信号中提取的。因此码型中就需要含有位定时的频率分量，或在接收端该码型的信号经简单地非线性变换后能产生出位定时频率分量。

④ 具有便于实时监测传输系统信号传输质量的能力，即应能检测出基带信号码流中错误的信号状态。这就要求基带传输信号具有内在的检测差错的能力，对于基带传输系统的维护与使用，这一能力是有实际意义的。

⑤ 对于某些基带传输码型，信道中产生的单个误码会扰乱一段译码过程，从而导致译码输出信息中出现多个错误，这种现象称为误码扩散(或误码增殖)。显然，我们希望误码增殖愈少愈好。

⑥ 当采用分组形式的传递码型时(所谓分组码，就是把输入的码流以 m 比特为一组，编成 n 比特为一组的输出码，其中 $n>m$。)，在接收端不但要从基带信号中提取位定时信息，而且要恢复出分组同步信息，以便将收到的信号正确地划分成固定长度的码组。

⑦ 尽量减少基带信号频谱中的高频分量。这样可以节省传输频带，提高信道的频谱利用率，还可以减小串扰。串扰是指同一电缆内不同线对之间的相互干扰，基带信号的高频分量愈大，则对相邻线对产生的干扰就愈严重。

⑧ 码型变换的实现电路应尽量简单。

上述各项原则并不是任何基带传输码型均能完全满足的，往往是依照实际要求满足其中的若干项。

2. 基带信号常用的码型

根据各种数字基带信号中每个码元的幅度取值不同，可以把它们归纳分类为二元码、三元码和多元码等。注意：二元码一定是二进制码，但三元码和多元码则不一定是三进制码和多进制码。如二进制码的0码用0电平表示，1码用交替的正、负电平表示，显然二进制码有了三个幅度，变成了三元码。

1) 单极性非归零码(见图 2-20(a))

单极性非归零码是最常见的一种二元码，通常数字电路处理的就是这种信号，用高电平和低电平(常为零电平)分别来表示二进制信息的1和0，在整个码元期间内电平保持不变，常记作NRZ。如我们常见的TTL电平信号，高电平为5 V，低电平为0 V。也就是说，无论什么样的码型，它们的源码都是 NRZ 码，当然最后还要还原成 NRZ 码。

单极性非归零码的功率频谱如图 2-21 所示。可以看出，这种码型中含有极其丰富的直流和低频分量，在低频受限的通道中传输将产生很大的频率失真；没有时钟分量，不利于定时信号的提取，特别是可能存在有长串的连 0 和连 1。

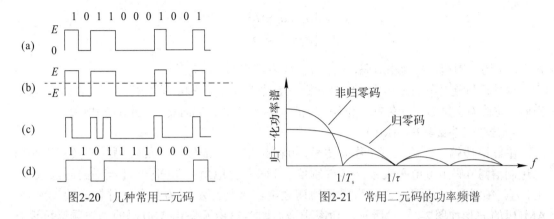

图 2-20　几种常用二元码　　　　图 2-21　常用二元码的功率频谱

2）双极性非归零码（见图 2-20(b)）

双极性非归零码与单极性非归零码基本一样，只是在电平表示上 0 码用负电平表示。因此它是一个正负电平变化的信号，不存在零电平，其功率谱也与单极性非归零码基本一样，只是当 0、1 等概率时不存在直流分量。RS-232 就属于这种码的典型应用（1 码用负电平表示，0 码用正电平表示）。

3）单极性归零码（见图 2-20(c)）

所谓归零，是指代表码元的电平持续时间只占整个码元周期的一部分，通常为 1/2。单极性归零码，其 0 码与单极性非归零码一样，为零电平，而 1 码时高电平只是整个码元期间的一部分，而在码元的其余时间内则返回到零电平，常记作 RZ。由于归零，其功率谱与不归零有所不同。由图 2-21 可见，归零码同样含有丰富的直流和低频分量，但信号中的跳变多了一倍，因而该码型频谱中含有时钟分量，因此有利于定时信号的提取。另外，第一零点内的频谱被拉宽，因此高频分量要比非归零码丰富。

不难看出，还应当存在一种双极性归零码，它兼有双极性和归零的特点。但由于它的幅度取值存在三种电平，因此我们将它归入三元码。

上述三种是通常最常用的二元码，比较这三种码型的特性可以得出一个简单的结果：要使数字基带信号中不含有直流分量，其所选码型应是双极性的；要使信号中含有时钟分量，则选择的码型必须是归零码。

上述的码型中还存在着一个共同的问题，即它们不具有检测错误的能力。这是由于在上述二元码信息中每个 1 与 0 分别独立地对应于某个传输电平，相邻信号之间不存在任何制约，正是这种不相关性使这些基带信号不具有检测错误信号状态的能力。由于这些问题，它们通常只用于机内或很近距离的信息传递。

4）差分码（见图 2-20(d)）

差分码又称相对码。上面的几种码型有一个共同特点就是信息 0 和 1 使用幅度不同的电位来表示的，这种表示方式就称为绝对码。而所谓的相对码，就是信息的 1 和 0 码分别用电平的跳变和不变来表示。显然，相对码的电平幅度与码1和0之间不存在绝对的对应关系，相对码是利用电平幅度的相对变化来传输信息的。相对码可以解决某些传输中，因初始码0、1不确定而带来的信号电平反转问题。如采用同步解调方式的频带传输系统。相对码与绝对码之间的逻辑关系为

$$\begin{cases} b_n = a_n \oplus b_{n-1} \\ a_n = b_n \oplus b_{n-1} \end{cases} \qquad (2\text{-}3)$$

式中，a_n 为绝对码，b_n 为相对码，a_{n-1}、b_{n-1} 代表相应的前一位码。

相对码与绝对码的波形形状完全一样，因此具有同样的功率频谱。由于相对码不仅与当前一位码有关，还与相邻前一位码有关联，因此出现误码时将会引起误码增殖。

5）传号交替反转码（AMI）

在数据传输中，将码元1称为传号，0称为空号。传号交替反转码的变换规则是将二进制信息0码用 0电平表示，二进制信息1码交替地用 +1电平和 –1电平的脉冲表示，±1为归零脉冲，且脉冲宽度为码元周期之半。因此AMI码为具有三种幅度的三元码。AMI码的波形如图2-22（a）所示，功率频谱如图2-23所示。由AMI码的功率频谱可以看出，其频谱中无直流分量，低频分量较小，能量集中在 $\frac{1}{2}f_s$ 之处。AMI码虽然没有时钟分量，但只要将基带信号进行两倍频就可获得时钟频率，两倍频可以通过对信号进行全波整流来实现。

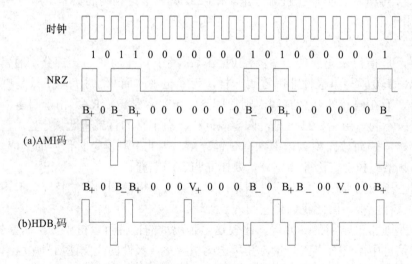

图2-22　常用三元码

如果在传输过程中因出现误码使传号极性交替规律受到破坏，那么在接收端这种错误是很容易被发现的。因此，AMI码具有检错能力。例如：

二进制信息　 1　0　1　0　0　0　0　0　0　1　0　0　1　1
发送AMI码　 +1　0　–1　0　0　0　0　0　+1　0　0　–1　+1
接收AMI码　 +1　0　–1　0　+1　0　0　0　+1　0　0　–1　+1

显然，当传输中出现误码时传号交替的规律被破坏。但当出现连续偶数个误码时将无能为力。从信息论观点看，AMI码之所以有检错能力是因为它含有冗余的信息量。事实

上，任何具有检错能力的码型必须带有这种冗余性，否则便丧失了检错能力。

虽然AMI码具有许多满足作为传输码的特性，但AMI码还存在着一个主要的缺点，这就是它的性能与信源统计特性有密切关系。它的功率谱形状随信息中传号率（即出现"1"的概率）而变化，如图2-24所示。特别是当信息中出现长串连"0"码时，信号将维持长时间的零电平，因而定时提取遇到困难。通常在PCM传输中，连"0"码一般不得超过15个，否则位定时就要丢失。

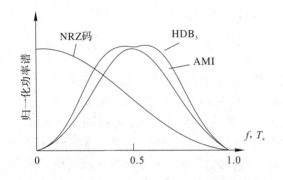

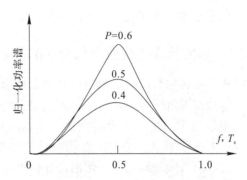

图2-23 AMI码和HDB3码的功率频谱 　　　图2-24 不同传号率时的AMI码功率频谱

解决AMI码存在的上述问题，是将二进制信息先进行随机化处理，变为伪随机序列，然后再进行AMI编码。随机化处理可以缩短连"0"数，并使AMI码功率谱形状不受信源中传号率的影响。但随机化处理的缺点是会产生误码扩散。

6）HDB$_3$码

HDB$_3$码是三阶高密度双极性码的缩写，它是在AMI码的基础上用特定码组来取代AMI码中的4个连0，使HDB$_3$码中的连0数被限制为小于或等于3。这种特定码组称为取代节。为了在接收端识别出取代节，人为地在取代节中设置"破坏点"，在这些"破坏点"处，传号极性交替规律受到破坏。

HDB$_3$码是一种模态取代码，它有两种取代节：B00V和000V。其中B表示符合极性交替规律的传号，V是破坏点，表示破坏极性交替规律的传号。这两种取代节的选取原则是：若相邻V脉冲间的B脉冲数目为奇数，则用000V取代；若相邻V脉冲间的B脉冲数目为偶数，则用B00V取代。且V脉冲的极性与其之前相邻的B脉冲一致。取代后使任意两个相邻V脉冲间的B脉冲数目为奇数。这样，相邻V脉冲的极性也满足交替规律，因而整个信号仍保持无直流分量。根据上述替代原则，可得到以下结果：

二进制信息　1　0　1　1　0　0　0　0　0　0　1　0　1　0　0　0　0　0　0　1

HDB$_3$码　　 B$_+$　0　B$_-$　B$_+$　0　0　0　V$_+$　0　0　B$_-$　0　B$_+$　B$_-$　0　0　V$_-$　0　0　B$_+$

上述HDB$_3$码波形示于图2-22（b）中，它是在信息序列前一破坏点为V$_-$，且它至第一个连"0"串前有奇数个B的情况下得到的。但若前一破坏点为V$_+$，且它至第一个连"0"串前有偶数个B，则HDB$_3$码变为另一种形式：

二进制信息　1　0　1　1　0　0　0　0　0　0　1　0　1　0　0　0　0　0　1

HDB$_3$码　　 B$_+$　0　B$_-$　B$_+$　B$_-$　0　0　V$_-$　0　0　B$_+$　0　B$_-$　B$_+$　0　0　V$_+$　0　0　B$_-$

从上面的结果可以看到，无论哪种形式，经过HDB$_3$码转换后，传号（B脉冲）相互之间呈现正负极性交替，破坏点（V脉冲）相互之间也符合正负极性交替。同时V脉冲与相邻的前一个B脉冲极性相同。另外HDB$_3$码的波形不是唯一的，它与初始的假设有关，也即与电路的初始工作状态有关，但这不影响码型的还原。

HDB$_3$码同样具有检测差错的能力，当传输过程中出现单个误码时，破坏点序列的极性交替规律将受到破坏，因而可以在使用过程中监测传输质量。但单个误码有时会在接收端译码后产生多个误码。HDB$_3$码的平均误码增殖系数在1.1 ~ 1.7之间，有时高达2，这取决于译码方案。

图2-23中给出了HDB$_3$码的功率谱特性，其特性与AMI码的基本一样。

2.2.3   基带传输系统模型及面对的问题

在基带传输系统中，数字信号被变换成相应的发送基带波形后，被送入信道中进行传输。信号在通过信道传输时，一方面要受到信道特性的影响，使信号产生畸变；另一方面信号被信道中的加性噪声所叠加，造成信号的随机畸变。因此，到达接收端的基带波形信号已发生了畸变。为此，在接收端通常都安排一个接收滤波器，使噪声尽量地得到抑制，而使信号顺利地通过。然而，在接收滤波器的输出信号里，总还是存在畸变和混有噪声的。因此，为了提高接收系统的可靠性，通常要在接收滤波器的输出端安排一个识别电路。常用的识别电路由整形器和抽样判决器组成。整形器把接收信号整理成适合于抽样判决的波形，即使信号波形在抽样点处最大，如图2-25（c）所示。抽样判决器对整形后的信号波形进行抽样，然后将抽样值与判决门限进行比较，若抽样值大于门限值，则判为"有"基带波形存在，即"1"码，否则就判为"无"基带波形存在，即"0"码。这样就获得一系列新的基带波形——再生的基带信号，如图2-25（d）所示。不难看出，无论是整形还是抽样判决，它们都有进一步排除噪声干扰和提取有用信号的作用。只要信号畸形不大及噪声影响较小，我们就可以获得与发送端几乎一样的基带信号。

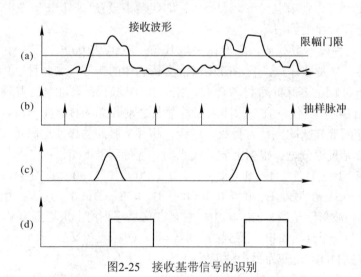

图2-25   接收基带信号的识别

有必要指出，基带信号的恢复或再生总是要求有一个良好的同步系统（位同步及群同步等）。例如，上述过程中的抽样脉冲就是由接收端的位定时提取电路给出的，位定时的准确与否将直接影响判决效果。

基于上述脉冲传输过程，我们可以把一个基带系统用图2-26的模型来概括。图中，$G_T(\omega)$、$C(\omega)$、$C_R(\omega)$分别为发送滤波器、信道和接收滤波器的传输特性，$\{a_n\}$为要传输的数字信息序列，$\{a'_n\}$为识别再生出的数字信息序列。若没有畸变和噪声，则$\{a_n\}=\{a'_n\}$。结合这个模型，我们来讨论数字脉冲信号的传输过程。

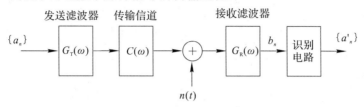

图2-26　基带传输模型

根据信号与系统理论，由$\{a_n\}$到$\{a'_n\}$的总传输特性$H(\omega)$为

$$H(\omega)=G_T(\omega)\cdot C(\omega)\cdot C_R(\omega)$$ （2-4）

图2-26的模型可简化为如图2-27所示。

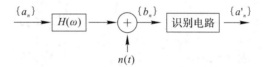

图2-27　基带传输简化模型

因此，基带传输系统对传输信号的影响主要包括两部分：一是传输系统特性$H(\omega)$不理想所带来的畸变；二是信号被叠加上噪声$n(t)$。无论是信号产生畸变还是被叠加上噪声，其结果都将可能引起识别出现差错，从而导致误码。

畸变和噪声究竟对信号产生了什么样的影响？又将如何面对？这是下面将要讨论的。在讨论之前，先要明白一个道理。那就是不能将畸变和噪声放在一起加以讨论，如果这样去做将很难得到所需要的结果。我们要学会将两者区分开来分别进行讨论，最后进行综合。因此在下面的讨论中，当讨论畸变的影响时将忽略噪声的影响，即认为基带传输系统是没有噪声的。反之，在讨论噪声的影响时，认为基带传输系统不会产生畸变。

1．畸变的影响与应对

1）基带脉冲传输与码间干扰

基带传输系统的传输特性的不理想将使信号的波形产生畸变，而畸变的结果将会使接收到的序列码流的波形出现前后码的波形相互叠加干扰，即码间干扰。由于码间干扰的存在，使得抽样识别电路抽取的样值中不仅包含当前码的幅值，还包含有之前和之后码的幅值。如果码间干扰很大及之前和之后的幅值很大，就有可能产生识别错误，引起误码。

关于码间干扰的形成可以通过图2-28来简单说明。图2-28（a）为基本低通型特性；图2-28（b）为基本高通型特性。图中描述了码元宽度为T_s的脉冲通过时输出结果的波形。可见无论是哪种特性，都将带来共同的结果，即传输延时τ和拖尾现象。如果将脉冲看成是1码，则输入的码可视为1000……显然该1码对之后的0码产生了干扰——码间干扰。

这里虽然讨论的是两种基本特性的影响，但理论证明，任何复杂的系统特性都是可以分解为由m个基本低通和n个基本高通的叠加。因此只要不是理想的特性都会产生码间干扰。

既然送入抽样判决器的基带信号波形与传输特性$H(\omega)$有关，那么，什么样的$H(\omega)$可以做到在抽样时刻没有码间干扰呢？

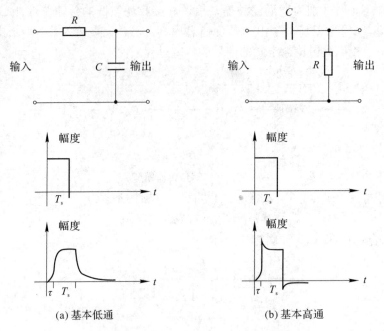

(a) 基本低通   (b) 基本高通

图2-28　传输特性对线性波形的影响

2）无码间干扰传输

在上面的讨论中，我们知道传输系统特性的不理想将必然产生码间干扰。那么无码间干扰传输又是如何做到的呢？在接收端信号的识别大多采用抽样判决的方式来识别0和1的信号。因此只要在抽样的时刻没有码间干扰就可以实现无码间干扰的传输。也就是说，在信号的传输过程中，没有必要要求整个波形保持不变，即波形是可以有畸变的。只需要做到在抽样判决的时刻波形幅值无畸变地传送就可以实现无码间干扰传输（奈奎斯特第一准则：抽样值无失真）。

我们先来看一下 $H(\omega)$ 为一理想低通型特性的基带传输系统。这类特性的系统在现实中是非常普遍的，如图2-29（a）所示。根据"信号与系统"的理论分析，当数字脉冲通过低通后输出的波形如图2-29（b）所示。

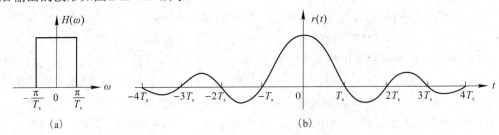

图2-29　脉冲通过理想低通后的波形

图2-29中，T_s 为码元的宽度，$r(t)$ 为低通输出波形，$\dfrac{\pi}{T_s} = \dfrac{\omega_s}{2} \rightarrow \dfrac{f_s}{2}$，即低通的截止频率为码元速率的一半，频带宽度 B 为 $0 \sim \dfrac{1}{2}f_s$。由 $r(t)$ 的波形可以看出，在 $t=0$，即本码位抽样时不为0，在其他抽样时刻（$t=kT_s$，$k \neq 0$）均为0，这意味着采用这种波形作为接收波

形时，不存在码间串扰。通常，我们把此时的 B 称为奈奎斯特带宽，把 T_S 称为奈奎斯特间隔。由于抽样值传输速率为 f_s，而所需频宽为 $\frac{1}{2}f_s$，因而采用理想低通传输特性的接收波形，且抽样值序列为二元信号时，其单位带宽所能传输的信息量——频带利用率为 $2\,\mathrm{b/s\cdot Hz}$。若抽样值序列为 n 元信号，则频带利用率为 $2\,\mathrm{lb}\,n\,\mathrm{b/s\cdot Hz}$。这是在抽样值无失真条件下，所能达到的最高频带利用率。也就是说在理想情况下，无论传输的是几元码，其传输频带的利用率最多只能做到 1 赫兹带宽内每秒传送两个码。

当然像门函数这样的理想低通是不可能实现的。由"通信原理"理论证明，只要传输系统的特性 $H(\omega)$ 能满足如图 2-30 所示的要求就可以实现无码间干扰传输。图中的含义是：无论什么样的传输特性，将该特性在 ω 轴上以 $2\pi/T_S$ 为间隔进行分割，然后将各分段沿 ω 轴平移到 $(-\pi/T_s,\pi/T_s)$ 区内进行叠加，如果叠加出的结果为理想低通，则可以实现无码间干扰传输。显然，满足条件的传输特性有无穷多种。图 2-30 的特性为升余弦型，是常用的一种传输系统特性。这种特性的带宽为 $2\pi/T_s$，比理想低通时的宽了一倍，此时的频带利用率只有 $1\,\mathrm{b/s\cdot Hz}$。

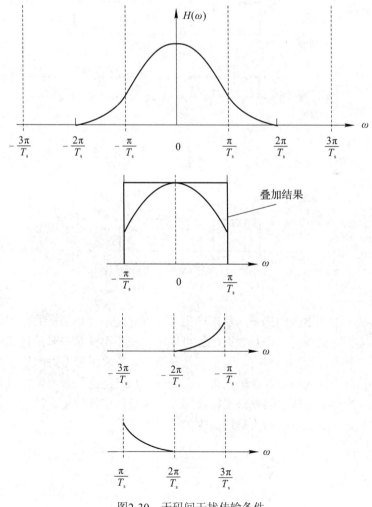

图2-30　无码间干扰传输条件

2. 噪声的影响与应对

1）噪声对信号传输的影响

前面我们提到，在讨论噪声的影响时忽略传输系统特性的影响，即认为传输系统特性是理想的。在1.2.6节中指出加性噪声有多种，如单频噪声、脉冲噪声、起伏噪声等。但这里只讨论在所有通信方式中都存在的具有共性的噪声——热噪声。

热噪声是由电路中的自由电子热运动所产生的噪声。由于自由电子热运动没有任何规律，因此热噪声属于随机噪声。热噪声具有均匀分布的频谱，其频谱覆盖了目前用于通信的所有频谱；热噪声具有正态分布的统计特性，其平均电压为零，有效电压的平方为 n_0（参见"通信原理"）。噪声对通信的影响如图2-31所示。图中假设传输的信号码为010010。由于噪声的存在使接收到的传输信号被叠加上了噪声，如图2-31（b）所示。因而在抽样判决时抽取的信号值受到了噪声的干扰，导致判决的结果为010100，出现了误码，如图2-31（d）所示。

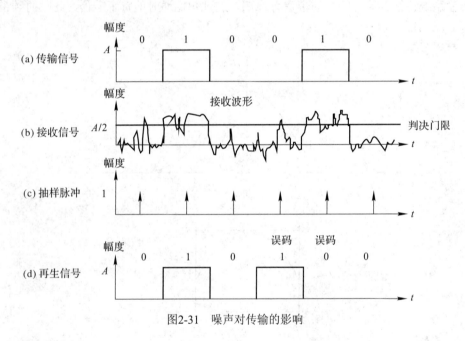

图2-31　噪声对传输的影响

2）最佳接收机

图2-31只是一种概念性的描述，从中产生了一些疑问：一是抽样的时刻是否在最佳的时刻，如果抽样的时刻取得合适是否误码就可以小一些；再就是信号的传输时间为 T_s，而只对这其中的一个点进行抽样判决，这一个点好像不能反映所有 T_s 内的信号，如果将 T_s 内的信号都收齐后再进行判决是否误码也可以小一些。也就是说，是否可以建立基于某种抽样判别的准则下的接收系统，以获得在这种准则下的最佳接收效果。符合某种准则的接收机称为最佳接收机。图2-32所示为最佳接收机模型图。

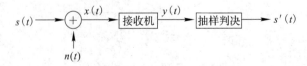

图2-32　最佳接收机模型

图2-32中的接收机基于某种准则对接收到的信号进行处理，以使得判决结果得到最佳。当然准则不同接收机也就不一样。例如，均方误差最小准则、输出信噪比最大准则，这两种准则都能获得判决后的最小差错率。

下面来讨论一种基于"能量比较准则"的最佳接收机。设接收机的输入为

$$x(t) = s(t) + n(t) \tag{2-5}$$

传输信号以二元码为例，且0、1等概率，则$s(t)$可表示为

$$s(t) = \begin{cases} s_1(t) & \text{发1码时} \\ s_2(t) & \text{发0码时} \end{cases}$$

其中，$s_1(t)$和$s_2(t)$分别为发送1码和0码的波形。

采用能量比较准则是出于如下考虑：当发送1码时，接收到的信号为$x(t)=s_1(t)+n(t)$，用$x(t)$分别与$s_1(t)$和$s_2(t)$相减，并求出相减后的能量大小，显然与$s_1(t)$相减后的能量要小于与$s_2(t)$相减后的能量，此时判决为1码更为合理；同理，当发送0码时，用$x(t)$与$s_2(t)$相减后的能量要小于与$s_1(t)$相减后的能量，此时判决为0码更为合理。将$x(t)$减$s_1(t)$后的能量用$\int_0^{T_s}[x(t)-s_1(t)]^2\mathrm{d}t$表示，减$s_2(t)$后的能量用$\int_0^{T_s}[x(t)-s_2(t)]^2\mathrm{d}t$表示，因此有

$$\begin{cases} \int_0^{T_s}[x(t)-s_1(t)]^2\mathrm{d}t < \int_0^{T_s}[x(t)-s_2(t)]^2\mathrm{d}t & \text{判为1码} \\ \int_0^{T_s}[x(t)-s_1(t)]^2\mathrm{d}t > \int_0^{T_s}[x(t)-s_2(t)]^2\mathrm{d}t & \text{判为0码} \end{cases} \tag{2-6}$$

利用式(2-6)的关系，我们可以构成如图2-33所示的最佳接收机结构。图中的比较器在$t=T_s$时刻进行比较。

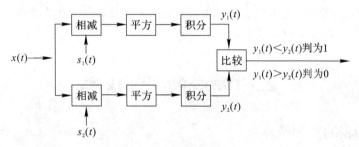

图2-33 最佳接收机的结构图

假设发送信号$s_1(t)$和$s_2(t)$有相同的能量，即

$$\int_0^{T_s} s_1^2(t)\mathrm{d}t = \int_0^{T_s} s_2^2(t)\mathrm{d}t = E$$

则式(2-6)不等式的左边可简化为

$$\begin{aligned} \int_0^{T_s}[x(t)-s_1(t)]^2\mathrm{d}t &= \int_0^{T_s} x^2(t)\mathrm{d}t - 2\int_0^{T_s} x(t)s_1(t)\mathrm{d}t + \int_0^{T_s} s_1^2(t)\mathrm{d}t \\ &= \int_0^{T_s} x^2(t)\mathrm{d}t - 2\int_0^{T_s} x(t)s_1(t)\mathrm{d}t + E \end{aligned} \tag{2-7}$$

右边可简化为

$$\begin{aligned} \int_0^{T_s}[x(t)-s_2(t)]^2\mathrm{d}t &= \int_0^{T_s} x^2(t)\mathrm{d}t - 2\int_0^{T_s} x(t)s_2(t)\mathrm{d}t + \int_0^{T_s} s_2^2(t)\mathrm{d}t \\ &= \int_0^{T_s} x^2(t)\mathrm{d}t - 2\int_0^{T_s} x(t)s_2(t)\mathrm{d}t + E \end{aligned} \tag{2-8}$$

比较式(2-7)、式(2-8),则式(2-6)可进行化简:

$$\begin{cases} \int_0^{T_s} x(t)s_1(t)\mathrm{d}t > \int_0^{T_s} x(t)s_2(t)\mathrm{d}t & \text{判为1码} \\ \int_0^{T_s} x(t)s_1(t)\mathrm{d}t < \int_0^{T_s} x(t)s_2(t)\mathrm{d}t & \text{判为0码} \end{cases} \tag{2-9}$$

式中的 $\int_0^{T_s} x(t)s_1(t)\mathrm{d}t$ 和 $\int_0^{T_s} x(t)s_2(t)\mathrm{d}t$ 表示接收信号 $x(t)$ 与 $s_1(t)$ 和 $s_2(t)$ 的相关性。因此式(2-9)的含义为如果接收信号与 $s_1(t)$ 的相关性大于与 $s_2(t)$ 的相关性就判为 1 码,反之判为 0 码。

根据式(2-9)构成的最佳接收机结构如图 2-34 所示。由于是根据相关性大小进行判决的,因此这种接收机是基于"最大相关性准则"的最佳接收机。该最佳接收机又被称为"相关检测器"。图中的比较器是在时刻 $t = T_s$ 上进行比较的,故可理解为是一个抽样加判决的电路,因此图 2-34 可以用图 2-35 来完整表示。

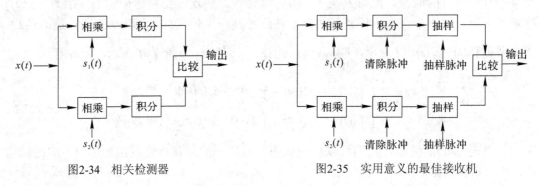

图2-34　相关检测器　　　　　　图2-35　实用意义的最佳接收机

由于以上的讨论中并没有规定 $s_1(t)$ 和 $s_2(t)$ 的波形形状,因此其结果可以适用于任何场合,如在下一节的频带传输系统中依然适用。

2.3　信号的频带传输

2.3.1　频带传输的实现技术

1.频带传输的意义

通常基带信号属于低通类型的信号,这类信号只适合于在低通型信道中传输。一般的有线电缆构成的信道多为低通型信道,显然两者是相匹配的,因此基带信号用电缆是可以实现传输的。然而像无线信道、光纤类等有线信道则属于带通型信道。这种类型的信道只适合于传输带通型信号,是不能用来传输基带信号的。那么基带信号如何才能实现在带通型信道中传输呢?

基带信号要想利用带通型信道来传输,就必须将其频带搬移到与信道相适应的频谱。频带搬移是通过调制技术来实现的,搬移(调制)后的信号称为频带信号。在接收端再将频带信号搬移回原基带信号,这个搬移是由解调技术来完成的。因此调制解调技术是实现基带信号与频带信号间转换的关键。从调制后到解调前的这部分传输的是频带信号,因此将这段传输称为频带传输。

采用调制解调技术除了实现频带传输外，还可以达到抗干扰的目的。

2. 调制解调基本原理

所谓调制，就是用一个信号去控制另一个信号相关参数的过程。调制过程中的被控信号称为载波，载波通常为正弦波；控制信号称为调制信号，也就是基带信号。以正弦波为载波，其一般形式可表示为：$c(t)=A\cos(\omega_c t+\varphi)$。这其中共有三个决定正弦波波形的参数，即幅度 A、频率 ω_c 和相位 φ。调制信号可以去控制这三个参数中的任何一个。如果用调制信号去控制载波的幅度 A，即载波的幅度 A 随调制信号呈正比变化，这种调制称为幅度调制（AM），简称调幅。如果用调制信号去控制载波的频率 ω_c 或相位 φ，称为频率调制（FM）或相位调制（PM），简称调频或调相。

1）幅度调制

幅度调制是正弦型载波的幅度随调制信号作线性变化的过程。设载波为

$$c(t)=A\cos(\omega_c t+\varphi_0) \tag{2-10}$$

式中，ω_c 为载波角频率；φ_0 为载波的初始相位；A 为载波的幅度。

为讨论方便，通常令初始相位 $\varphi_0=0$。则式（2-10）可简化为

$$c(t)=A\cos\omega_c t \tag{2-11}$$

那么幅度调制信号（已调信号）一般可表示为

$$f_{AM}(t)=As(t)\cos\omega_c t \tag{2-12}$$

式中，$s(t)$ 为基带调制信号。

由式（2-12）可以得出实现幅度调制的一般模型如图 2-36 所示。在该模型中，选择适当的带通滤波特性可以实现不同类型的幅度调制方式。如双边带调幅、单边带调幅、残留边带调幅等。

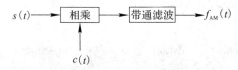

图2-36　幅度调制一般模型

下面来讨论幅度调制是如何实现频谱搬移的。设调制信号为

$$s(t)=\cos\omega_1 t$$

则幅度调制信号为

$$\begin{aligned}
f_{AM}(t) &= s(t)\times c(t) = \cos\omega_1 t \cdot \cos\omega_c t \\
&= \frac{1}{2}\cos(\omega_c+\omega_1)t + \frac{1}{2}\cos(\omega_c-\omega_1)t
\end{aligned} \tag{2-13}$$

为分析方便，令 $s(t)$ 和 $c(t)$ 的幅度为1（归一化）。由式（2-13）可见，当调制信号为单一正弦波时，调制后的已调信号包含两个频率项。其中第一项在载波频率 ω_c 的右侧，称为上边带；第二项在载波频率 ω_c 的左侧，称为下边带。幅度调制信号的频谱如图 2-37 所示。由幅度调制信号的频谱图可以看出，基带信号频谱被搬移到了以载波频率为中心的附近。

通常基带信号是有一定频带宽度的信号，如图2-37(a)所示，其频谱范围为0～f_m Hz。因此基带信号可以视作是0～f_m Hz内的许许多多频率的叠加结果。幅度调制就是将基带信号的各个频率分别搬移到了载波f_c的左右形成如图2-37(b)实线所示的频谱图。

这种幅度解调具有上、下两个边带，因此称为双边带调幅。双边带调幅信号的频谱宽度为基带信号的两倍，即带宽$B=2f_m$。

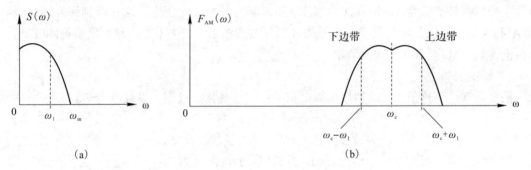

图2-37 幅度调制信号的频谱

由图2-37还可以看出，搬移后的频谱形状与基带信号的频谱形状是一样的。因此幅度调制实现了频谱的线性搬移，故这种调制又称为线性调制。

幅度调制的解调原理非常简单，只要将接收到的幅度调制信号与载波相乘就可以获得基带信号。设幅度调制信号为式(2-13)，则与载波相乘为

$$s'(t) = f_{AM}(t) \times c(t) = \left[\cos(\omega_c + \omega_1)t + \cos(\omega_c - \omega_1)t\right] \cdot \cos\omega_c t$$

$$= \frac{1}{2}\cos(2\omega_c + \omega_1)t + \frac{1}{2}\cos\omega_1 t + \frac{1}{2}\cos(2\omega_c - \omega_1)t + \frac{1}{2}\cos\omega_1 t$$

$$= \cos\omega_1 t + \frac{1}{2}\cos(2\omega_c + \omega_1)t + \frac{1}{2}\cos(2\omega_c - \omega_1)t \tag{2-14}$$

可见式(2-14)中的第一项为基带信号，其余为远远高于基带频率的2倍载波的项(二次谐波项)。因此可以通过低通滤波器将二次谐波项进行滤除，最终得到被传输的基带信号。幅度调制的解调器模型如图2-38所示。

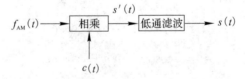

图2-38 幅度调制的解调器模型

需要强调的是，解调器所用的载波必须与调制器的载波保持同步。图2-38所示的解调方式被称为同步解调。

根据式(2-13)、式(2-14)可以发现，将式(2-13)中的任意一项去掉，同样可以由式(2-14)解调出基带信号。这种调制方式称为单边带调幅。单边带调幅信号的频带

宽度是双边带调幅的一半，因此具有传输效率高的特点。此外大多数的通信都采用两次调制，其中的第二次调制通常称为变频或混频，就是采用单边带调幅方式来完成的。

2）频率调制和相位调制

频率调制和相位调制统称为角度调制。由于频率和相位调制后已调信号的频谱形状与基带信号的频谱形状不一样，因此又称为非线性调制。

角度调制信号一般表示为

$$f(t) = A\cos\left[\omega_c t + \varphi(t)\right] \tag{2-15}$$

式中，A 为载波的幅度；$\left[\omega_c t + \varphi(t)\right]$ 是角度调制信号的瞬时相位，而 $\varphi(t)$ 称为瞬时相位偏移。$\dfrac{\mathrm{d}\left[\omega_c t + \varphi(t)\right]}{\mathrm{d}t} = \omega(t)$ 为角度调制信号的瞬时频率，$\dfrac{\mathrm{d}\varphi(t)}{\mathrm{d}t} = \Delta\omega(t)$ 称为瞬时频率偏移，即相对于 ω_c 的瞬时频率偏移。

如果瞬时相位偏移随基带信号成比例变化，则这种调制就称为相位调制，即

$$\varphi(t) = K_p s(t) \tag{2-16}$$

式中，K_p 为比例常数。于是频率调制信号可表示为

$$f_{\mathrm{PM}}(t) = A\cos\left[\omega_c t + K_p s(t)\right] \tag{2-17}$$

如果瞬时频率偏移随基带信号成比例变化，则这种调制就称为频率调制，即

$$\Delta\omega(t) = \frac{\mathrm{d}\varphi(t)}{\mathrm{d}t} = K_p s(t) \tag{2-18}$$

或有

$$\varphi(t) = \int_{-\infty}^{t} K_p s(\tau)\mathrm{d}\tau \tag{2-19}$$

将式（2-19）代入式（2-15），则频率调制信号为

$$f_{\mathrm{FM}}(t) = A\cos\left[\omega_c t + \int_{-\infty}^{t} K_p s(\tau)\mathrm{d}\tau\right] \tag{2-20}$$

由以上说明可见，无论是频率调制还是相位调制，都将使载波的频率和相位产生变化。因此这两种调制在性质上具有相似之处。下面来进一步讨论频率调制。

设调制信号为

$$s(t) = U\cos\omega_1 t$$

载波为

$$c(t) = A\cos\omega_c t$$

则频率调制信号的瞬时角频率为

$$\omega(t) = \omega_c + \Delta\omega(t) = \omega_c + K_p U\cos\omega_1 t = \omega_c + \Delta\omega\cos\omega_1 t \tag{2-21}$$

式中，$\Delta\omega$ 是由调制信号 U 决定的频率偏移，称作频偏或频移。此时频率调制信号的瞬时相位为

$$\varphi(t) = \int_{-\infty}^{t} \omega(\tau) d\tau + \varphi_0$$

式中，φ_0 为信号的初始角频率。设 $\varphi_0 = 0$，则

$$\varphi(t) = \int_{-\infty}^{t} \omega(\tau) d\tau = \omega_c t + \frac{\Delta\omega}{\omega_1} \sin \omega_1 t = \omega_c t + m_f \sin \omega_1 t \qquad (2\text{-}22)$$

式中，$\dfrac{\Delta\omega}{\omega_1} = m_f$ 为调频指数。因此频率调制信号可表示为

$$f_{FM}(t) = A\cos\left[\omega_c t + m_f \sin \omega_1 t\right] \qquad (2\text{-}23)$$

频率调制信号的波形如图 2-39 所示。

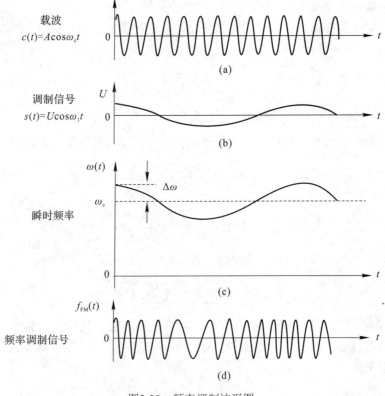

图2-39　频率调制波形图

根据分析，频率调制信号(取最高频率 f_m 时)的频谱宽度为

$$B = 2(m_f + 1)f_m = 2\left(\frac{\Delta f}{f_m} + 1\right)f_m = 2(\Delta f + f_m) \qquad (2\text{-}24)$$

由此可见，角度调制信号的带宽要比幅度调制信号的带宽宽。由香农公式，即式 (1-6) 可知，在容量一定的情况下，带宽越宽传输所需的信噪比就越低。也就是说，角度

调制的抗干扰性能要优于幅度调制。

频率调制信号解调的基本原理如下。

设调制信号为

$$s(t)=U\cos\omega_1 t$$

频率调制信号为

$$f_{FM}(t)=A\cos\left[\omega_c t+\frac{\Delta\omega}{\omega_1}\sin\omega_1 t\right]$$

在接收端将接收到的信号进行微分，其结果为

$$f_o(t)=\frac{\mathrm{d}f_{FM}(t)}{\mathrm{d}t}=-A\left(\omega_c+\Delta\omega\cos\omega_1 t\right)\sin\left[\omega_c t+\frac{\Delta\omega}{\omega_1}\sin\omega_1 t\right]$$

可见微分的作用是将等幅的频率调制信号变换成了幅度与频率变化成正比的调频调幅复合信号，即复合信号的包络就是随 $\cos\omega_1 t$ 变化的调幅信号。只要采用包络检波的方式就可以恢复出基带信号。频率调制的解调原理框图及波形如图2-40所示。这种解调方式又称为鉴频器。

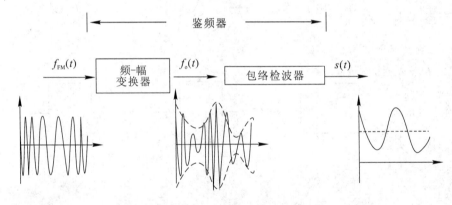

图2-40　频率调制的解调原理框图及波形

2.3.2　数字信号频带传输的实现

在数字化的今天，大多数的基带信号都为数字信号。对于基带信号为数字信号的调制通常称为数字调制。

因为数字信号可以看成是模拟信号的一种特定形式，就调制的目的与原理而言没有什么不同，因此数字调制也分为调幅、调频和调相。然而，应该强调指出，数字调制却还有一些模拟调制所没有的特点。这主要表现在：数字调制还可以利用数字信号"有"和"无"的特点去对载波进行控制，从而实现调制。这种调制方式称为"键控"法。根据数字脉冲序列去控制正弦载波参数（振幅、频率或相位）的不同，就可获得所谓的振幅键控（ASK）、移频键控（FSK）或移相键控（PSK）。我们以二进制为例，其ASK、FSK及PSK的实现逻辑图如图2-41所示。图中，$s(t)$ 表示矩形的基带脉冲序列，用它

去控制"开关电路"中开关 S 的倒向来实现对载波的控制，以得到调制信号；$f(t)$ 为输出信号。

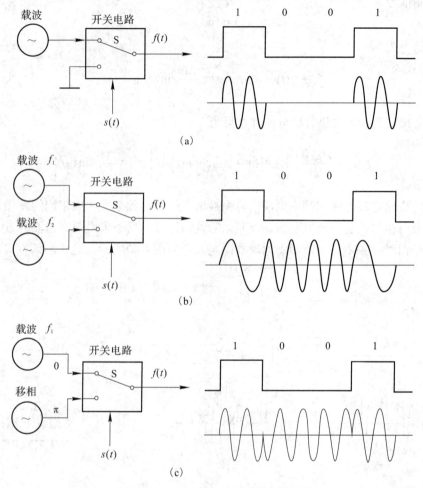

图2-41　二进制数字调制的实现逻辑

由于键控法的开关特性，使数字调制的实现通常可以用数字电路来完成。这就使得数字调制具有调制变换速度快、调整测试方便、体积小、设备可靠性高等特点。这种方法在数字通信中获得了广泛的应用。基于上述原因，在下面的讨论中将以讨论采用键控法实现的数字调制为主，但是，不要误认为只有用数字控制法实现的调制才算是数字调制，有些场合还是采用模拟调制技术实现数字调制的。

1.　**数字振幅调制（ASK）**

在实际的应用中，因数字信号的开关特性可采用数字开关电路来实现调制。这种实现方法称作键控法，记为 ASK。二进制的 ASK 调制又常叫做通断键控（OOK）。在这种调制方式中，基带信号由单极性矩形脉冲组成，它便是决定"通断"的控制信号。当脉冲为高电平，即基带信号为 1 码时，控制开关电路导通，使载波得以输出；反之，为低电平，即基带信号为 0 码时，使开关电路截止。以数字电路为主实现 OOK 调制的原理图如图 2-42 所示。图中，带通滤波的作用是滤除高次谐波，使输出为正弦波。

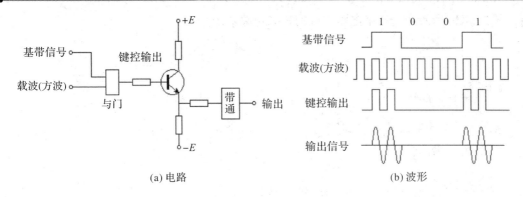

(a) 电路　　　　　　　　　　　　　(b) 波形

图2-42　OOK调制实现电路

ASK信号可以表示为

$$f_{ASK}(t) = s(t)\cos\omega_c t$$

式中，$s(t)$可以表示为

$$s(t) = \begin{cases} 1 & \text{1码时} \\ 0 & \text{0码时} \end{cases}$$

则

$$f_{ASK}(t) = s(t)\cos\omega_c t = \begin{cases} \cos\omega_c t & \text{发送1码时} \\ 0 & \text{发送0码时} \end{cases} \tag{2-25}$$

由图2-42(b) ASK输出波形可以看出，ASK的解调除了可以采用前面所述的同步解调外，还可以采用包络检波的方式进行解调。

2. 数字频率调制(FSK)

数字频率调制是数字通信中使用较早的一种通信方式，目前在大多数低速数据传输时仍然采用这种方式。这种方式的实现比较容易，解调时不需要本地载波，也不需要与信号速度同步，设备简单，抗噪声和抗衰落的性能也较强，所以在中、低速数据传输，尤其在衰落信道中传输数据的场合有着广泛应用。

我们知道，频率调制的基本原理是利用载波的频率变化来传递信息。数字频率调制同样如此，只不过这里的频率变化不是连续的，而是离散的。例如，在二进制的数字频率调制系统中，可用两个不同的载频来对应数字信号的两种不同状态，或在N进制系统中则用N个不同的载频来对应数字信号的N种不同状态。因此，数字频率调制系统就是在发送端把基带脉冲信号的变化规则转换成一一对应的载频变化，再在接收端进行相反的转换以还原基带脉冲信号。

同样，数字频率调制的实现除采用与模拟调频相同的FM信号产生方法外，还可以利用键控的方法。

频率键控法的原理如图2-43所示，它将产生二进制FSK信号。图中，数字信号控制两个独立振荡器。门电路 I 和 II 按数字信号的变化规律通断。若门 I 打开，则门 II 关闭，故输出为f_1，反之则输出f_2。这种方法的特点是转换速度快、波形好，而且频率稳定度可以做得很高，设备的集成度高。这种方法还有一个特点，由于在两个独立振荡器之间进行键控，故相加得到的波形相位一般失去连续性，且其起始相位往往是随机的。另外，在实际使用键控法时，一般不需要多个独立振荡器，各种所需的不同频率可用频率合成的方法获得。图2-43(b)所示为用数字电路构成的FSK电路。

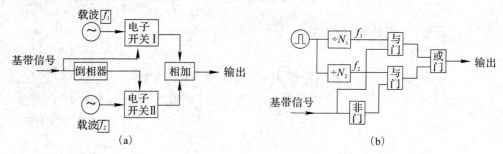

图2-43　FSK的实现方法

FSK信号可以表示为

$$f_{FSK}(t) = \begin{cases} \cos\omega_1 t & \text{发送1码时} \\ \cos\omega_2 t & \text{发送0码时} \end{cases}$$

数字调频信号的解调除了可以采用鉴频法外，还可以采用过零点检测法。

所谓过零点检测法，就是通过接收信号波形中过零点的多少来区分两个不同的频率。我们知道，正弦波过零点数与它的频率成正比，频率越高过零点数就越多。因此只要检出信号过零点数，就可以得到其频率的差异。过零点检测法的原理框图如图2-44所示。将输入信号经过一限幅器使之变成矩形波序列，经微分整流检测出过零点数以形成一个与频率变化相对应的脉冲序列，然后将其变换成具有一定宽度的矩形波。此时若频率高则矩形波几乎前后相连，其矩形波中具有很大的低频分量；若频率低则矩形波前后的间距较大，其矩形波中的低频分量较少。最后将展宽的矩形波经低通滤波器滤除高频分量，就能得到对应于原数字信号的基带脉冲信号。

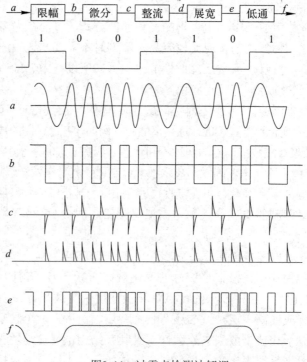

图2-44　过零点检测法解调

3. 数字相位调制（PSK）

数字相位调制是用基带脉冲信号去控制载波的相位改变。由于基带信号的幅度是离散的，因此调制后的载波相位也将是离散的。通常离散的各个载波相位之间取相等的间隔。如二进制时，对应的载波相位为0°和180°；四进制时，对应的载波相位为0°、90°、180°和270°。前者称为二进制数字相位调制，记作2PSK；后者称为四进制数字相位调制，记作4PSK。

数字相位调制在数字通信中是一种使用相当普遍的调制方式。之所以被广泛采用是因为数字调相具有非常独特的特点。

设载波为$\cos\omega_c t$，数字信号为$s(t)$，则调相信号可表示为

$$f_{PSK} = \cos[\omega_c t + \varphi(t)] = \cos\varphi(t)\cos\omega_c t + \sin\varphi(t)\sin\omega_c t \qquad (2\text{-}26)$$

式中的$\cos\varphi(t)$和$\sin\varphi(t)$是由数字信号所决定的，因此令$a(t)=\cos\varphi(t)$，$b(t)=\sin\varphi(t)$，则式（2-25）可写成

$$f_{PSK} = a(t)\cos\omega_c t + b(t)\sin\omega_c t \qquad (2\text{-}27)$$

二进制时$\varphi(t)$只有两个取值，即

$$\varphi(t) = \begin{cases} 0 & \text{发送1码时} \\ \pi & \text{发送0码时} \end{cases}$$

则2PSK信号可表示为

$$f_{PSK} = \begin{cases} +\cos\omega_c t & \text{发送1码时} \\ -\cos\omega_c t & \text{发送0码时} \end{cases} = s(t)\cos\omega_c t \qquad (2\text{-}28)$$

其中，

$$s(t) = \begin{cases} +1 & \text{1码时} \\ -1 & \text{0码时} \end{cases}$$

比较式（2-28）和式（2-25），可见数字调相的表示与调幅完全一样。这表明数字调相可以用调幅方式来实现。

式（2-27）中，$\cos\omega_c(t)$和$\sin\omega_c(t)$是两个相互正交的载波，因此式（2-27）表示的调制称为正交调幅。也就是说，任何数字调相都可以采用正交调幅来实现。

由此可以得出这样的结论：数字调相因和调幅类同，因此其频谱带宽与调幅的一样宽；数字调相可以用调幅电路来实现，而调幅电路在三种调制中是最简单的。理论分析（见"通信原理"）可知，数字调相的抗干扰（白噪声）能力在三种调制中是最好的，因此在实际应用中没有理由不采用数字调相。

数字调相又分**绝对调相**和**相对调相**。下面以二进制数字调相为例来介绍这两种调制。

绝对调相是指数字符号与载波的相位成固定的对应关系，就是利用载波的不同相位去直接表示数字信息0和1，记作2PSK。如数字信号的1码与载波相位0°（或180°）相对应；数字信号的0码与载波的相位180°（或0°）相对应。绝对调相的波形如图2-45所示。

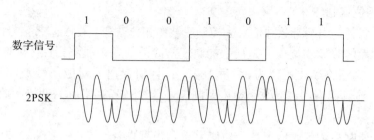

图2-45 绝对调相的波形

相对调相又称为差分调相，记为 DPSK。相对调相的相位变化规则与绝对调相完全不同，其每一个码对应的载波相位不是固定的，而是以前一个码的载波相位状况作为参考，其相位的具体变化规则如下：

若 $s(t)=1$，则该比特载波的相位相对于前一比特的载波相位变化 $180°$（或 $0°$）；

若 $s(t)=0$，则该比特载波的相位相对于前一比特的载波相位变化 $0°$（或 $180°$），即不发生变化。

相对调相的波形如图2-46所示。图中绝对码就是数字基带信号，相对码即为差分码。绝对码和相对码的关系见式（2-3）。

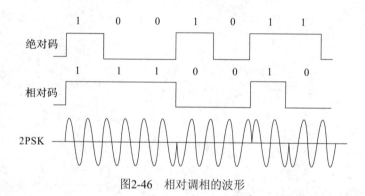

图2-46 相对调相的波形

比较绝对码和相对码的波形可以看出，图2-46中相对码与载波的对应关系和图2-45的一样。即2DPSK中相对码与载波相位成固定对应关系。因此相对调相可以通过先将数字信号变换成相对码，然后用相对码对载波进行绝对调相来实现。

实现绝对调相常用的方法有两种：相位选择法和直接调相法。这两种方法中前者多用于低速数据的传输，后者主要用于高速数据的传输。两种实现方法见图2-47。

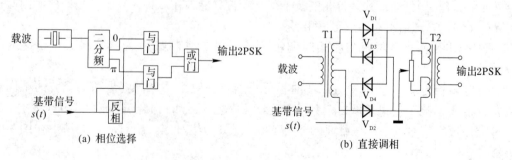

图2-47 数字调相的实现

图2-47（a）的实现原理与FSK类同，不同的是0和π相位的载波。

图2-47（b）为采用直接调相法产生两相绝对调相信号的实际电路。此电路又称为环形调制器，在模拟调幅中普遍采用。图中数字信号$s(t)$为双极性不归零码，即

$$s(t) = \begin{cases} +1 & \text{1码时} \\ -1 & \text{0码时} \end{cases}$$

当$s(t)=+1$时，二极管V_{D1}、V_{D2}导通，V_{D3}和V_{D4}截止，输出的载波信号为$\cos(\omega_c t+0°)$；当$s(t)=-1$时，二极管V_{D3}、V_{D4}导通，V_{D1}和V_{D2}截止，由于V_{D3}、V_{D4}的交叉使信号加在变压器T2初级的方向与前者相反，因此输出的载波信号为$\cos(\omega_c t+180°)$。从而在环形调制器的输出端获得2PSK信号。

数字调相信号的解调多采用同步解调，其解调原理如图2-48所示。其中，图（a）为绝对调相的解调；图（b）为相对调相的解调。图中，解调用的同步载波是由载波恢复电路从接收到的调相信号中提取出来的。由于同步载波对解调起着至关重要的作用，因此有必要先来讨论载波提取的方法。图2-49给出了一种载波提取的实现原理。

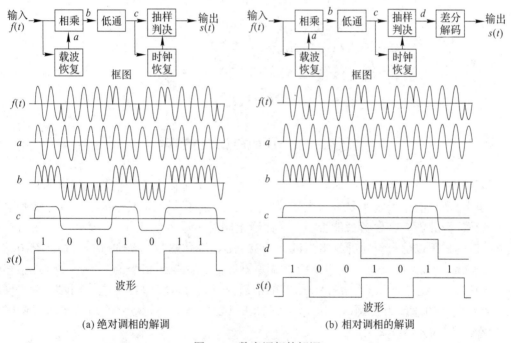

(a) 绝对调相的解调　　　　　　　　(b) 相对调相的解调

图2-48　数字调相的解调

在图2-49中，全波整流起的是倍频作用，即相当于$(\pm\cos\omega_c t)^2$。这样就使得信号中的相位信息被消除，因此就会使得还原出的载波的初始相位可能是0°也可能是180°不定。这种不定现象称为载波相位模糊。

显然，由于载波相位模糊的存在，使得图2-48（a）的绝对调相解调出的数字信号可能倒相。由于倒相与否是不确定的，因此绝对调相在实际意义中没有应用的价值。然而对于相对调相则可以克服载波相位模糊带来的影响，因此被实际采用。

综上所述，无论是什么样的调制，其调制后的信号无非是幅度在变化或频率和相位在变化的正弦波。而正弦波本质是模拟信号，即便是数字调制也不过是携带数字信息的模

拟信号。因此数字化时代并不代表模拟技术应该被淘汰，恰恰相反，因携带信息的特殊性，模拟技术应得到加强。这也正是还要学习模拟技术的原因所在。

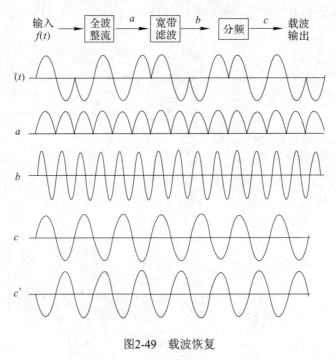

图2-49　载波恢复

2.4　信号的复用传输

"复用"是一种将若干个彼此独立的信号合并为一个可以在同一信道上传输的复合信号的方法。之所以要采用复用是因为大多数的信道可以提供较大的传输容量，而单个信号的容量较小，因此就有必要考虑能否在一个信道上同时传输多个信号。例如，一个对称电缆信道可以提供用以信号传输的频谱为 $60 \sim 108\,kHz$，即传输带宽 $B=48\,kHz$，而一路电话信号的带宽为 $4\,kHz$，因此可以利用单边带调幅原理将12路电话信号的频谱不重叠地搬移到 $60 \sim 108\,kHz$，这样对称电缆 $48\,kHz$ 带宽的信道内一共可以容纳12路电话同时传输。同样一路数字电话的速率为 $64\,kb/s$，因此一个 $2\,Mb/s(2.048\,Mb/s)$ 的数字信道最多可以同时传输32路数字电话信号。

多个信号实现复用传输的方式有多种，如频分复用（如上面的第一个例子）、时分复用（如上面的第二个例子）、波分复用、码分复用等。

2.4.1　频分复用（FDM）

频分复用（FDM，Frequency Division Multiplexing）就是将用于传输信道的总带宽划分成若干个子频带（或称子信道），每一个子信道传输1路信号。频分复用要求总频率宽度大于各个子信道频率之和，同时为了保证各子信道中所传输的信号互不干扰，应在各子信道之间设立隔离带，这样就保证了各路信号互不干扰（条件之一）。频分复用技术的特点是所有子信道传输的信号以并行的方式工作。FDM技术主要用于模拟信号（数字调制信号也属于模拟信号）。在通信系统中，频分复用技术的应用非常广泛。

频分复用系统的组成框图如图2-50所示。图中的低通滤波器用于对各基带信号的最高频率进行限制；各调制器采用不同的载波频率，用于将各基带信号搬移到相应的子频带；带通滤波器的作用是滤除一个边带，该滤波器又称为边带滤波器，显然调制方式采用的是单边带调幅；相加器的作用是将各调制后的信号合并形成复用信号。解调的过程与之相反。

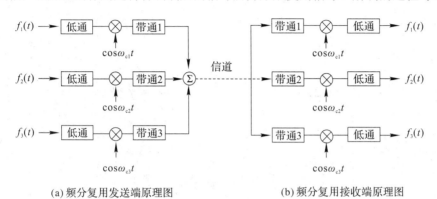

(a) 频分复用发送端原理图　　　　　　　(b) 频分复用接收端原理图

图2-50　频分复用原理框图

FDM的复用过程可用图2-51表示，其解复用的过程如图2-52所示。

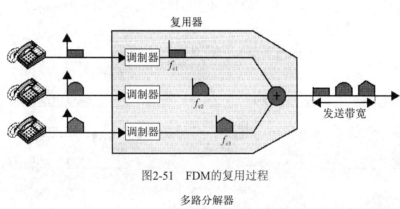

图2-51　FDM的复用过程

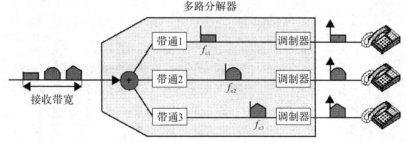

图2-52　FDM解复用过程

2.4.2　时分复用（TDM）

时分复用（TDM，Time Division Multiplexing）就是将提供给整个信道传输信息的时间划分成若干时间片（简称时隙），并将这些时隙分配给每一个信号源使用，每一路信号在自己的时隙内独占信道进行数据传输。TDM技术广泛应用于包括计算机网络在内的数字通信系统。

时分复用的实现原理如图2-53所示。收发两端各用一个相同速率的匀速旋转电子开关。旋转开关依次接通各路信号，相当于对各路信号按一定的时间间隙(时隙)进行传输。旋转一周完成对各路传输一次，所用的时间周期称为一帧。图中的起始标志又称为同步标志，作用是保证收发两端的起始时间相一致，即做到同步(既同频又同相)传输。时分复用实现过程如图2-54所示。

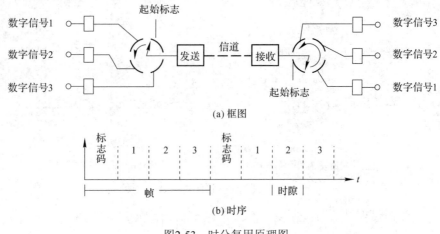

图2-53　时分复用原理图

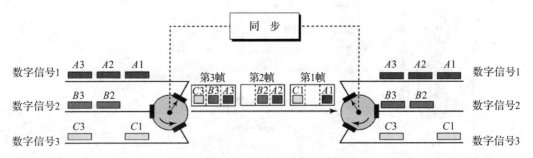

图2-54　时分复用实现过程

2.4.3　码分复用（CDM）

码分复用(CDM，Code Division Multiplexing)是靠不同的编码来区分各路原始信号的一种复用方式，主要和各种多址技术结合产生了各种接入技术，包括无线和有线接入。最常见的应用是在手机通信(移动通信)中，即CDMA（码分多址）制式的移动通信。

码分复用可以用鸡尾酒会原理来形象表达：在一个大房间里，许多对人正在交谈。TDM就是房间里有人依次讲话，一个结束后另一个再接上；FDM就是所有的人分成不同的组，每个组同时进行自己的交谈，但依旧独立；码分复用(CDM)就是房间里的不同对的人分别用不同的语言进行交谈，讲法语的人只理会法语，其他的就当做噪音不加理会。因此，码分复用的关键就是能够提取出所需的信号，同时将其他的一切当做随机噪声抛弃。

在CDMA中，每比特时间被分成m个短的时间段，称为码片。通常情况下，每比特有64个或128个码片。但在下面的例子中，为了简化问题，假定每比特有8个码片。使用

CDMA的每一个站被指派一个唯一的m比特码片序列。一个站如果要发送比特1，则发送它自己的每m比特码片序列。如果要发送比特0，则发送该码片序列的二进制反码。

例如：指派给S站的8比特码片序列是00011011。当S发送比特1时，它就发送序列00011011；当S发送比特0时，就发送11100100。将码片中的0写为-1，将1写为+1，则S站的码片序列为(-1-1-1+1+1-1+1+1)。

假定S站要发送信息的数据率为b b/s。由于每一个比特要变成m个比特的码片，因此S站实际上发送的数据率提高到mb b/s，同时S站所占用的频带宽度也提高到原来数值的m倍。系统给每一个站分配的码片序列不仅必须各不相同，并且还必须互相正交：即它们的内积为零。令T表示其他任何站的码片向量，且假设：

向量S为(-1-1-1+1+1-1+1+1)——00011011

向量T为(-1-1+1-1+1+1+1-1)——00101110

因两个不同站的码片序列是正交的，因此向量S和T的内积都是0，即

$$S \cdot T = \frac{1}{m} \sum_{i=1}^{m} S_i T_i = 0$$

同样，向量S和各站码片反码的向量的内积也是0。而任何一个码片向量与自己的内积都是1；自己反码的向量内积值是-1。

假定X站要接收S站发送的数据，X站就必须知道S站所特有的码片序列。X站用它得到的码片向量S与接收到的未知信号进行求内积的运算。X站接收到的信号是各个站发送的码片序列之和。求内积的结果是，所有其他站的信号都被过滤掉（其内积的相关项都是0），而只剩下S站发送的信号。当S站发送比特1时，在X站计算内积的结果是+1，当S站发送比特0时，在X站计算内积的结果是-1。图2-55所示为码分复用的工作原理。

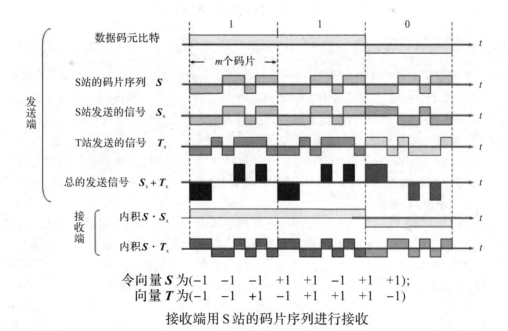

令向量S为(-1 -1 -1 +1 +1 -1 +1 +1)；

向量T为(-1 -1 +1 -1 +1 +1 +1 -1)

接收端用S站的码片序列进行接收

图2-55 码分复用工作原理

2.4.4 波分复用（WDM）

波分复用（WDM，Wavelength Division Multiplexing）是一种在同一根光纤中同时传输两个或众多不同波长光信号的技术。这种技术主要用于光纤传输。在光通信领域，人们习惯按波长而不是按频率来命名。因此，所谓的波分复用（WDM），其本质上也是频分复用而已。每一个波长可以视为一个独立的信道，因此WDM相当于将1根光纤转换为多条"虚拟"纤，每条虚拟纤独立工作在不同波长上，这样可以极大地提高光纤的传输容量。

一般认为，信道间距大于1 nm且信道总数低于8以下，称之为WDM系统。若波道间距小于1 nm且信道总数大于8，则称之为密集波分复用（DWDM）系统。图2-56为波分复用系统示意图。

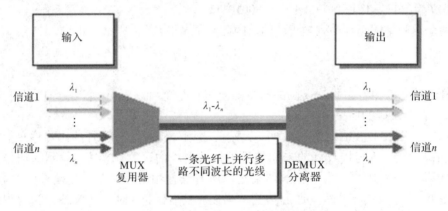

图2-56　波分复用系统示意图

2.5　常用通信系统

2.5.1　无线通信系统

1. 无线电信号的产生与特性

无线电属于电磁波，即无线电在空间是以电磁波的方式进行传输的。那么什么是电磁波？它是怎样产生的？有些什么性质以及怎样利用它来传递各种信号呢？

1）电磁波是由电磁振荡产生的

大家知道，大小和方向都作周期性变化的电流叫做振荡电流，能够产生振荡电流的电路称为振荡电路。例如由电感线圈和电容器组成的电路，就是一种简单的振荡电路，又称为LC振荡电路或LC谐振电路。

在振荡电路产生振荡电流的过程中，电容器极板上的电流，也作周期性变化。与此同时，跟电流相联系的磁场和跟电荷相联系的电场也都周期性地变化。这种电、磁场的变化现象称为电磁振荡。如果在电磁振荡过程中，没有任何能量的损失，振荡应该永远持续下去，电路中振荡电流的振幅应该永远保持不变。这种振荡叫做无阻尼振荡或等幅振荡。

电磁振荡完成一次周期性变化需要的时间叫做周期，记作T。一秒钟内完成周期性变化的次数称为频率，记作f（振荡电路里发生无阻尼振荡的频率，称为振荡电路的自然频率）。

至于电磁振荡能够产生电磁波这一事实，人们并不是了解到电磁振荡之后就马上发现的，也不是先从实验观察到电磁波后才认识的。19世纪60年代，英国物理学家麦克斯韦在总结前人研究电磁现象成果的基础上，从数学上建立了完整的电磁理论，使得人们对电磁现象有了一个全面深入的认识。电磁波就是这一理论的科学预见。而在二十多年之后，赫兹才第一次用实验证实了电磁波的存在。

麦克斯韦的电磁理论指出：任何变化的电场都要在周围空间产生磁场，振荡电场会在周围空间产生同样频率的振荡磁场；任何变化的磁场都要在周围空间产生电场，振荡磁场也会在周围空间产生同样频率的振荡电场。可见，变化的电场和变化的磁场总是相互联系着的，形成一个不可分离的统一体，这就是交变电磁场。

显而易见，如果空间某处产生了振荡电场，在周围空间就要产生振荡磁场，这个振荡磁场又要在较远的空间产生新的振荡电场，接着又要在更远的空间产生新的振荡磁场……这样，交替产生振荡的电场和磁场，即电磁场波及的空间越来越大。这就是说，电磁场并不局限于空间某个区域，而是要由发生的区域向周围空间传播开去，如图2-57所示。图中分别用虚线和实线表示电场 E 和磁场 H；图中 v 的方向是电磁波传播的方向。这种向空间传播的交变电磁场，就形成了电磁波。

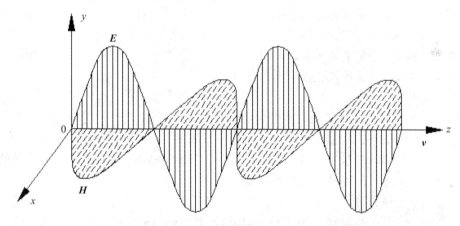

图2-57 电磁波传播示意图

综上所述，麦克斯韦电磁理论证明只要空间某个区域有振荡的电场或磁场，就会产生电磁波。振荡电路在发生电磁振荡时，电容器里的电场和线圈周围的磁场都在振荡着，因此振荡电路就有可能产生电磁波。

2）电磁波的特性

麦克斯韦的电磁理论不但预见到电磁波的存在，而且还指出，在电磁波中，每一点的电场强度 E 与磁感应强度 H 的方向总是互相垂直的，并且还都与那里的电磁波的转播方向垂直。这就是说，电磁波传播的方向跟电场和磁场构成的平面垂直，如图2-57所示。

麦克斯韦还从理论研究中发现，在真空中电磁波的传播速度与实验测得的光速相等。这个论断后来得到实验的证实。因此，任何形式的电磁波在真空（或在空气）中的传播速度 c 都是

$$c = 3 \times 10^8 \text{ m/s} \tag{2-29}$$

电磁波在一个振荡周期 T 内传播的距离叫做波长。记作 λ。它等于电磁波转播速度 c 乘以电磁振荡完成一次循环所需要的时间 T（即周期），用公式表示为

$$\lambda = c \cdot T = \frac{c}{f} \qquad\qquad (2\text{-}30)$$

这是电磁振荡的一个基本关系式。知道了电磁振荡的频率 f，利用上式就可以算出波长 λ。如果 c 的单位是"米/秒"，f 的单位是"赫兹"，则 λ 的单位是"米"。例如，频率为 20 kHz 的电磁振荡，则波长为

$$\lambda = \frac{c}{f} = \frac{3 \times 10^8}{20 \times 10^3} = 1.5 \times 10^4 \, \text{m}$$

相当于 15 km 长。又如某短波广播电台发射频率为 15.55 MHz 的电磁波，它的波长为

$$\lambda = \frac{3 \times 10^8}{15.55 \times 10^6} = 19.3 \, \text{m}$$

可见，各种电磁波在真空(或空气)中的传播速度都是 $3 \times 10^8 \, \text{m/s}$，频率不同的电磁波在真空(或空气)中的波长也不同。

电磁波的另一重要性质是它具有能量。电磁波向空间传播时，其能量也一起向四周传递。因此，振荡电路产生电磁波的过程，同时也是向外辐射能量的过程。在传播的过程中，电磁波所具有的能量要逐渐衰减，不过它在绝缘介质(如空气)中衰减得很慢，因而能传播到很远的地方。这是声波传播所望尘莫及的。

3）电磁波的发射

由普通的电容器和线圈组成的振荡电路如图 2-58（a）所示，虽然能产生电磁振荡，但事实上它向外辐射能量的本领是很差的。这是因为这种振荡电路的电场能量几乎完全在电容器两极板之间，磁场能量也大多集中在线圈内。在振荡过程中，电场能量和磁场能量主要是在电路内互相转换，辐射出去的能量极少。

为了使振荡电路有效地向空间辐射能量，即能很好地发射电磁波，必须尽可能使电场和磁场分散开。如果把电路改成图 2-58（b）那样，辐射能量的本领会好些，如果再改成图 2-58（c）那样，辐射能量的能力就更强了。在实际应用时，把线圈下端用导线接地，这条导线叫做地线，把线圈上端接到比较长的导线上，这条导线叫做天线。天线和地线(以及大地)形成了一个敞开的电容器，从而使电场分布在天线周围的整个空间。

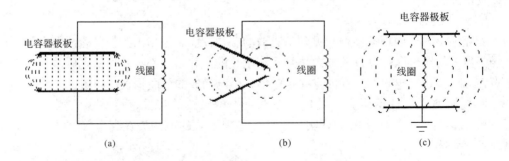

图2-58　发射电磁波振荡回路的演变

对于电磁波发射的进一步研究表明，天线的尺寸必须足够长，才能使电磁波有效地发

射。具体地说，天线长度只有在和电磁振荡的波长可比拟时，才能有效地将电磁振荡的能量辐射出去。声音信号的频率为 $20 \sim 20\,000$ Hz，其波长范围是 $1.5 \times 10^4 \sim 1.5 \times 10^7$ m，要制造出与此尺寸相当的天线是不可能的。所以无法直接将音频电信号辐射到空间去；即使辐射出去，各个电台所发出的信号都是在同一频率范围，它们在空中混在一起，接收者也无法选择所要接收的某一信号。要想不用导线传播声音信号，就必须利用频率更高（即波长更短）的电磁振荡，并设法把音频信号"装载"在这种高频振荡之中，然后由天线辐射出去。这样，天线尺寸就可以比较短，不同广播电台也可以采用不同的高频振荡频率，彼此互不干扰。将音频"装载"在高频振荡之中的过程，就是所谓的"调制"。

2. 无线电波段的划分与应用场合

电磁波的范围很广，包括无线电波、红外线、可见光、紫外线、X射线、宇宙射线等，如图2-59所示。

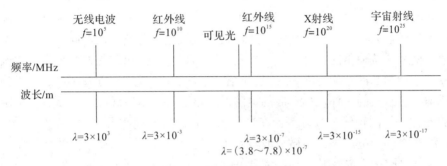

图2-59 电磁波辐射波谱

无线电波所占的范围很广，波长最短的只有几百微米，与红外线相连；长的达两三万米，即频率从几十千赫兹至几万兆赫兹的电磁波都属于无线电波的范围。对这样一个宽广的范围，有必要将其分为若干区段，称为波段，也叫做频段。这种划分，原因是由于不同波段电波的产生、放大和接收方法有所区别；另一重要的原因是它们的传播特点很不相同，而这些传播特点又决定了各个频段的应用范围。

无线电波各波段的名称、波长与频率范围，相应的频段名称以及主要用途等见表2-1。在实际应用中，把表2-1中米波和分米波合称为超短波，把分米波到毫米波统称为微波。

表2-1 无线电波波段的划分

频段名称	频率范围	波段名称	应 用
极低频（ELF）	$3 \sim 30$ Hz	极长波	地下通信，地下遥感，对潜通信等
超低频（SLF）	$30 \sim 300$ Hz	超长波	地质结构探测，电离层研究，对潜通信等
特低频（ULF）	$300 \sim 3000$ Hz	特长波	水下潜艇通信，电离层结构研究等
甚低频（VLF）	$3 \sim 30$ kHz	甚长波	导航，声呐，时间与频率标准传递等
低频（LF）	$30 \sim 300$ kHz	长波	无线电信标，导航等
中频（MF）	$300 \sim 3000$ kHz	中波	调幅广播，海岸警戒通信，测向等

频段名称	频率范围	波段名称	应用
高频（HF）	3～30 MHz	短波	电话、电报、传真；国际短波广播；业余无线电；民用频段；船—岸通信；船—空通信等
甚高频（VHF）	30～300 MHz	米波	电视、调频广播，空中交通管制，出租汽车移动通信，航空导航信标等
特高频（UHF）	300～3000 MHz	分米波	电视，卫星通信，无线电控空，警戒雷达，蜂窝移动通信，飞机导航等
超高频（SHF）	3～30 GHz	厘米波	机载雷达，微波线路，卫星通信等
极高频（EHF）	30～300 GHz	毫米波	短路径通信，雷达，卫星遥感等
超极高频	300～3000 GHz	亚毫米波	短路径通信等

上述各波段的划分是相对的，因为波段之间并没有显著的分界线，不过各个不同波段的特点仍然有明显的差别。粗略地把无线电波分成上述各种波段，对问题的讨论将带来很大的方便。例如，从使用的元件、器件以及线路结构与工作原理等方面来说，中波、短波和米波段基本相同，而它们与微波波段（包括分米波和厘米波等）则有明显的区别。前者大都采用所谓集总参数的元件，如一般的电阻器、电容器和电感线圈等，后者则采用所谓分布参数的元件，如同轴线和波导等。在器件方面，中、短波主要采用一般的晶体二极管、三极管、线性组件和电子管，而微波波段除了上述器件外，还需要一些特殊的器件，如速调管、行波管、磁控管以及其他的固体器件。它们在作用原理上和通常的晶体管与电子管也很不一样。

3. 无线通信系统

1）无线通信系统组成

无线通信，即无线电通信（radio communication），是利用无线电波传输信息的一种通信技术和通信方式。图2-60所示的是一种最基本的无线通信系统。它只用来实现从一点到另一点单方向传输信息，所以简称为点对点单工无线通信系统。

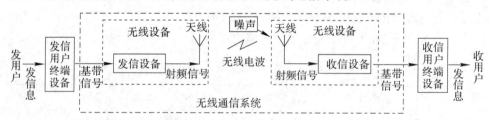

图2-60　点对点单工无线通信系统

由上图可看出，一个点对点单工无线通信系统由无线发信机和无线信道及无线收信机组成。发信端用户使用的终端设备可能是电话机、电报机、计算机或摄像机等，把所要发送的话音、数据或图像转换成基带电信号送入发信设备，变成为功率足够高的射频信号，再经馈线送入天线，转换成适合在无线信道中传播的无线电波，通过无线信道发送到对方；同时，各种噪声产生的噪声干扰波，也源源不断地通过无线信道进入接收天线；接收端天线把收到的无线电波转换成含有噪声的射频信号，再经馈线输送入收信设备，经该设备进行选择和处理后，恢复出对方发来的基带电信号，送给收信用户终端设备。这样，信息就由发送点单向地传递到接收点了。但是，为要把一定数量的信息正确地通过一定距离及时送达对方，就必须在发信机和收信机中采用一系列技术措施，使发送的电信号与所通过的通信线路和无线信道相匹配。

如果想要构成一个点对点双工无线通信系统，只需将两个点对点单工无线通信系统适当组合即可获得，如图2-61所示。该系统的每一端各有一对发信和收信设备，通过一个双工器共用一部天线，组成一台无线通信机，用它才能同时收发信号。通信机在发信时，双工器保证将发信设备输出的大功率射频信号送入天线，而不泄入收信设备，确保收信设备中的小功率器件不会被损伤。实际上，单工系统只能用于广播，双工系统才能进行实用的通信。利用点对点双工无线通信系统，还可以构成点对点双工无线接力通信系统，或点对多点双工无线通信系统。不过，为要进行接力通信，还需将两台无线通信机组合成一台无线中继站。利用中继站对无线电波的转发，可在地球表面以接力传播的方式把几段无线信道首尾连接起来，实现远程点对点的无线通信。

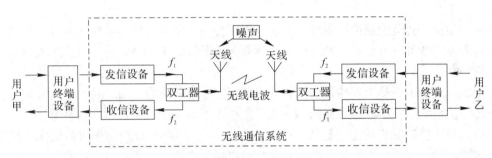

图2-61　点对点双工无线通信系统

2）无线通信设备的基本组成

无线通信的类型很多。可以根据传输方法、频率范围、用途等分类。不同的无线通信系统，其设备组成和复杂度虽然有较大差异，但它们的基本组成不变。图2-62是无线通信设备基本组成的方框图。

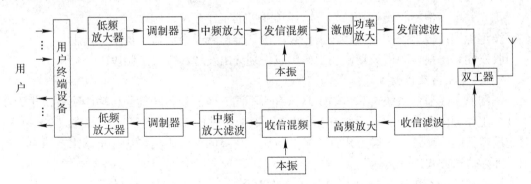

图2-62　无线通信设备基本组成方框图

图中上部分为发送设备（发信机），下部分为接收设备（收信机）。由用户终端设备来的低频信号首先经过一个低频放大器使信号电平满足调制器所需的要求；低频放大器输出的信号在调制器中控制中频载波振荡器的某个（些）参数（幅度、频率或相位），从而实现调制；调制后的信号经中频放大送到发信混频器，由本振进行调制，实现频带搬移，获得无线发射用的射频信号；射频信号经激励、功率放大，获得无线发射所需的发射功率；最后经发信滤波送到天线向空间发射。有些无线通信设备的发信设备为了简化，将低频放大器输出的信号直接调制到射频频率。接收机一般都采用超外差的形式。在通过高频选频放大（初步的选择放大并抑制其他无用信号）后进行下混（变）频，取出中频后再进行中频放大（主选择放大，具有较大的放大增益和较强的滤波能力）和其他处理，然后进行解调。超外差接收机的主要特点就是由频率固定的中频放大器来完成对接收信号的选择和放大。当信号频率改变时，只要相应地改变本地振荡信号频率即可。

在无线通信系统中，通常需要某些反馈控制电路，这些反馈控制电路主要是自动增益控制（AGC）或自动电平控制（ALC）电路、自动频率控制（AFC）电路和自动相位控制（APC）电路（也称锁相环PLL）。此外，还要考虑高频电路中所用的元件、器件和组件，以及信道或接收机中的干扰与噪声问题。需要说明的是，虽然许多通信设备可以用集成电路（IC）来实现，但是上述的单元电路通常都是由有源的和无源的元器件构成的，既有线性电路，也有非线性电路。

应当指出，实际的通信设备比上面所举例子要复杂得多。如发射机的振荡器和接收机的本地振荡器就可以用更复杂的组件——频率合成器（FS）来代替。它可以产生大量所需频率的信号。

图2-62实际上是模拟无线通信设备的组成。对于数字无线通信，其设备组成只需将图中上部分的低频放大器改成线路接口+数字复接；下部分的低频放大器改成数字分接+线路接口。线路接口的作用是进行数字码型的变换，数字复接/分接的作用是组成无线通信所需的帧结构。必须指出的是，这里只是给出数字无线通信设备的组成结构，并不是说只要将模拟无线通信设备中的低频放大器改成相应的线路接口+数字复接和数字复接+线路接口就可用于数字信号的传输。

4. 无线通信系统的主要技术性能

无线通信系统的性能指标主要包含以下几方面。

1）工作频段及频谱安排

工作频段：根据频谱规划，划分给该项业务的工作频率范围。

波道配置：根据频谱规划，在工作频段内划分出若干个波道，供用户选用。

收发配置：根据频谱规划，在工作频段内划分出发送和接收子频段。

2）传输距离及传输方式

不同的无线通信系统，其传输距离将有所不同。地面视距传播的传输距离取决于天线高度、工作频段和地形，一般在50 km以内；地面绕射传播的传输距离一般在20 km以内；对流层传播的传输距离一般为几百千米；电离层传播的传输距离可达几千千米；卫星通信则以洲际传播方式进行传输。

无线通信系统的传输方式可以是单工点对点方式（多为广播类通信）、双工点对点方式、中继（或称接力）方式、地面点对多点方式、卫星点对多点方式、平流层气球方式等。

3）传输容量和信道速率

传输容量指对用户有效的传输信息容量。传输容量的表示方法有：

① 用总的电话路数来表示，如AM16路、PCM30路等；

② 用PDH的群路数来表示，如$1\times EI$、$4\times E1$等；

③ 用有效传输的比特率来表示，如2 Mb/s、8 Mb/s等。

传输容量有时还要考虑一些附加的信息。

信道速率指在无线信道中传送的总速率，一般用比特率表示。信道比特包括用户信息比特和辅助信息比特。辅助信息比特有信道编码比特、勤务和监控比特、帧同步比特等。

4）传输质量和误码门限

数字信号的传输质量包括误码性能和同步性能两部分。误码性能又包括长时间统计的零星误码、短时间统计的误码及其超过某个值（如10^{-3}、10^{-6}）的时间百分数等。同步性能包括时钟抖动、时钟丢失等指标。

误码门限指为达到一定误码率所需要的最小接收电平，是无线传输系统的重要性能指标之一。

5）调制解调方式

调制方式的选择与信道的干扰和带宽有关。不同的调制方式，其抗干扰的能力不同，例如，调频具有较好的抗信道选择性衰落能力。要想在有限的信道带宽内传输更多的信息就需采用频谱利用率高的多进制调制，如64QAM（六十四进制正交调幅）等。

解调方式有相干解调和非相干解调两类。对于相干解调，同步问题极其重要。

6）信道编码方式

信道编码的目的是消除由于信道不理想所带来的误码以及在理想信道上取得一定的功率增益。信道编码考虑原则为：系统对信道编码的要求和系统能提供多少冗余度。常用的信道编码有分组码、卷积码、Turbo码等。

7）发送频谱和发送功率

发送频谱框架用于对发射信号的功率频谱进行限制，以避免对其他通信产生干扰。

为了保证有一个较好的电磁环境，无线通信系统的发送功率有较严格的规定。通常无绳电话的发送功率在毫瓦级；移动电话的发送功率在瓦级；微波通信的发送功率在十瓦级；卫星通信的发送功率在百瓦级。

8）供电方式及耗电量

通信设备的供电方式分交流供电和直流供电。供电的电源方式有AC 220 V市电、柴油发电机、太阳能、蓄电池、干电池等。

耗电量也是无线通信系统的重要指标之一。降低耗电量的方法有：减少整个系统的传输损耗，以减少发射功率；采用效率高的功率器件；提高电源变换器的效率等。

9）环境条件

环境条件包括温度条件、湿度条件、冲击及振动条件、电磁干扰条件、腐蚀条件、特种条件等。其中，温度条件又分为保证指标的温度范围、保证工作的温度范围和储存的温度范围。

10）可靠性

可靠性基本关系有：

① 失效率λ：在单位时间内从正常转为失效的概率。

② 平均无故障工作时间T：$T=1/\lambda$。

③ 可靠度P：即无故障工作的概率$P=\exp(-\lambda t)$。

④ 可用率 p：$p = t_{\text{工作}}/(t_{\text{工作}} + t_{\text{中断}})$。

无线通信的可靠性包括：设备可靠性和传播可靠性。为提高设备可靠性可：采用高可靠性的元件；采用设备的备份措施。为提高传播可靠性可：在传播能力上留有余量；采用抗信道衰落技术；采用波道的备份措施。

2.5.2 光纤通信系统

1. 光纤通信的基本组成

1）光纤通信使用波段

光波与无线电波相似，也是一种电磁波，只是它的频率比无线电波的频率高得多。红外线、可见光和紫外线均属于光波的范畴。图2-63所示为电磁波波谱图。可见光是人眼能看见的光，其波长范围为 $0.39 \sim 0.76\,\mu m$。红外线是人眼看不见的光，其波长范围为 $0.76 \sim 300\,\mu m$。一般分为：近红外区，其波长范围为 $0.76 \sim 15\,\mu m$；中红外区，其波长范围为 $15 \sim 25\,\mu m$；远红外区，其波长范围为 $25 \sim 300\,\mu m$。

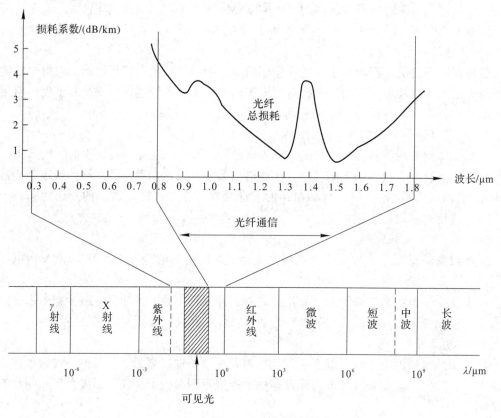

图2-63 电磁波波谱图

光纤通信所用光波的波长范围为 $0.8 \sim 2.0\,\mu m$，属于电磁波谱中的近红外区。其中 $0.8 \sim 1.0\,\mu m$ 称为短波长段，$1.0 \sim 2.0\,\mu m$ 称为长波长段。目前光纤通信使用的波长有三个波长窗口：$0.85\,\mu m$、$1.31\,\mu m$、$1.55\,\mu m$。从图2-63中可以看到，波长 $0.8 \sim 2.0\,\mu m$ 为光纤的低损耗区域，或称为低损耗窗口。

光在真空中的传播速度约为$3×10^8$m/s，根据波长λ、频率f和光速c之间的关系式

$$f = \frac{c}{\lambda}$$

可计算出各电磁波的频率范围。对应光纤通信所用光波的波长范围，由上式可得相应的频率范围为$1.67×10^{14} \sim 3.75×10^{14}$Hz($167 \sim 375$THz)。可见光纤通信所用光波的频率是非常高的。正因为如此，光纤通信具有其他通信无法比拟的巨大的通信容量。在常用的$1.31\,\mu m$、$1.55\,\mu m$两个波长窗口，频带宽度也在20THz。

2）光纤通信的特点

光纤通信与电缆或微波等电通信方式相比的优点如下：

① 传输频带极宽，通信容量很大。目前，单波长光纤通信系统的传输速率一般为2.5Gb/s和10Gb/s，采用外调制技术传输速率可以达到40Gb/s。如果再结合波分复用或光时分复用技术更是可极大地增加传输容量。如密集波分复用(DWDM)最高可以提供132个单波长，传输容量可达到20Gb/s×132=2640Gb/s。

② 光纤衰减小，无中继传输距离远。石英光纤在$1.13\,\mu m$和$1.55\,\mu m$波长时，传输损耗分别为0.5dB/km和0.2dB/km，甚至更低。由于光纤的损耗小，因此光纤通信系统的中继距离长。如当采用外调制技术和波长为$1.55\,\mu m$的色散位移单模光纤，其传输速率为10Gb/s时，中继距离可达200km以上。

传输容量大、传输误码率低、中继距离长的优点，使光纤通信系统非常适合于长途干线通信。

③ 泄漏小，保密性好。光在光纤中传输时的泄漏非常小，且没有专用的特殊工具光纤是不能分接的，因此信息在光纤中传输是非常安全的。

④ 光纤抗电磁干扰强。由于制作光纤的石英属于绝缘材料，因此光线通信线路不受各种电磁场的干扰，不会因为闪电和雷击而损坏。非常适合在强电磁场以及高电压的环境中使用。

⑤ 光纤尺寸小，重量轻，便于传输和铺设。由于光纤非常细，因此在芯数相同的条件下，光缆的质量要比电缆轻得多，体积也小得多。

⑥ 耐化学腐蚀。石英材料在空气中不会被氧化，且具有耐酸碱的能力。

⑦ 光纤是石英玻璃拉制成形，原材料来源丰富，并节约了大量有色金属。制造光纤的石英，即SiO_2在地球上基本是取之不尽的材料。

光纤通信同时具有以下缺点：

① 光纤弯曲半径不宜过小。石英材料比较坚硬，因此光纤的抗伸拉和抗弯曲的能力较差，如果使用当中拉力过大或弯曲半径较小时容易折断。同时光纤是利用全反射原理传输的，弯曲半径过小会影响全反射，使得无法传输光信号。

② 光纤的切断和连接操作技术复杂。光纤的切割和连接(熔接)需要专门的工具和设备。

③ 分路、耦合麻烦。光纤的分路和耦合都需要采用专门的元器件，普通的电路是无法胜任的。

由于光纤具备一系列优点，所以广泛应用于公用通信，有线电视图像传输，计算机、航空、航天、船舰内的通信控制，电力及铁道通信交通控制信号，核电站通信，油田、炼油厂、矿井等区域内的通信。

3）光纤通信系统的基本组成

光纤通信系统就是以光为载体，以光纤作为传输介质的通信系统，可以传输数字信号，也可以传输模拟信号。

图2-64所示为光纤通信系统的基本组成图。光纤通信系统中光端机的作用是对来自信息源的信号进行处理，例如模拟/数字转换多路复用等。发送端光端机的作用是将光源（如激光器或发光二极管）通过电信号调制成光信号，输入光纤传输至远方；在接收端的光端机内，由光检测器（如光电二极管）将来自光纤的光信号还原成电信号，经放大、整形、再生恢复原形后，输至接收端。对于长距离的光纤通信系统还需中继器，其作用是将经过长距离光纤衰减和畸变后的微弱光信号经放大、整形、再生成一定强度的光信号，继续送向前方以保证良好的通信质量。中继器可以采用光—电—光形式，即将接收到的光信号用光电检测器变换为电信号，经放大、整形、再生后再调制光源将电信号变换成光信号重新发出。采用光纤放大器的全光中继及全光网络已经得到应用。

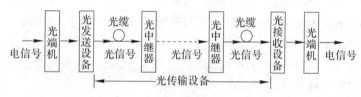

图2-64　光纤通信系统的基本组成图

2. 光纤及其导光原理

1）光纤的结构

光纤典型结构是多层同轴圆柱体，如图2-65所示，自内向外为纤芯、包层和涂覆层。核心部分是纤芯和包层，其中纤芯由高度透明的材料制成，是光波的主要传输通道；包层的折射率略小于纤芯，使光的传输性能相对稳定。纤芯粗细、纤芯材料和包层材料的折射率，对光纤的特性起决定性影响。涂覆层包括一次涂覆、缓冲层和二次涂覆，起保护光纤不受水汽的侵蚀和机械的擦伤，同时又增加光纤的柔韧性，起着延长光纤寿命的作用。

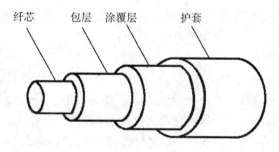

图2-65　光纤结构图

2）光纤的分类

根据传输点模数的不同，光纤可分为单模光纤和多模光纤。所谓"模"，是从电磁学角度分析光的存在形态的参数。对于光纤中的光的模，由光纤的直径和光源的波长及入射角度等因素决定。单模光纤多采用固体激光器做光源，多模光纤则可采用发光二极管做光源。多模光纤会形成模分散。模分散限制了多模光纤的带宽和距离，因此，多模光纤的芯线粗（典型尺寸为 $50\mu m$ 左右），传输速度低、距离短，整体的传输性能差，但其成本比较低，一般用于建筑物内或地理位置相邻的环境下。单模光纤只能允许单一模传播，所以单模光纤没有模分散现象，因而，单模光纤的纤芯相应较细（通常在 $4\sim10\mu m$ 范围内），传输频带宽、容量大、传输距离长，但因其需要激光源，成本较高。

按制造所使用的材料不同，光纤可分为石英系列光纤、塑料包层石英纤芯、多组分玻璃纤维、全塑光纤等四种。光通信中主要用石英光纤，以后所说的光纤也主要是指石英光纤。

另外，若按工作波长，光纤还可分为短波长光纤和长波长光纤。

多模光纤可以采用阶跃折射率分布，也可以采用渐变折射率分布；单模光纤多采用阶跃折射率分布。因此，石英光纤大体可以分为多模阶跃折射率光纤、多模渐变折射率光纤和单模阶跃折射率光纤三种。它们的结构、尺寸、折射率分布及光传输的示意图如图2-66（a）、（b）、（c）所示。

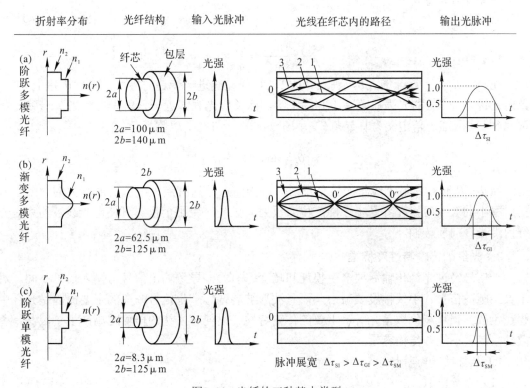

图2-66　光纤的三种基本类型

3）光纤的传光原理

光波长很短，相对于光波长光纤的几何尺寸要大得多，因此从射线光学理论的观点出发，研究光纤中的光射线，可以直观认识光在光纤中的传播机理和一些必要的概念。

我们来看光在分层介质中的传播，如图2-67所示。图中中间部分为介质1，相当于纤芯，其折射率为 n_1；其余为介质2，相当于包层，其折射率为 n_2。设 $n_1 > n_2$，则当光线以较小的 θ 角入射到介质界面时，部分光进入介质2并产生折射，部分光被反射。它们之间的相对强度取决于两种介质的折射率。

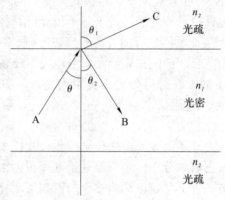

图2-67 光的折射与反射

由菲涅耳定律可知：

反射定律 $$\theta_2 = \theta \qquad (2\text{-}31)$$

折射定律 $$\frac{\sin\theta}{\sin\theta_1} = \frac{n_2}{n_1} \qquad (2\text{-}32)$$

在 $n_1 > n_2$ 时，逐渐增大 θ，进入介质2的折射光线进一步趋向界面，直到 θ_1 趋于90°。此时，进入介质2的光强显著减小并趋于零，而反射光强接近于入射光强。当 $\theta_1 = 90°$ 极限值时，相应的 θ 角定义为临界角 θ_c。由于 $\sin90° = 1$，所以临界角：

$$\theta_c = \arcsin\left(\frac{n_2}{n_1}\right) \qquad (2\text{-}33)$$

当 $\theta \geqslant \theta_c$ 时，入射光线将产生全反射。应当注意，只有当光线从折射率大的介质进入折射率小的介质时，在界面上才能产生全反射。正是产生了全反射可使得光线被约束在光纤内沿光纤向前传输。

3. 光纤的传输特性及标准

光信号经过光纤传输后要产生损耗和畸变（失真），导致输出信号与输入信号不同。对于数字脉冲信号，不仅幅度要减小，而且波形被展宽。产生信号畸变的主要原因是光纤中存在色散。损耗和色散是光纤最主要的传输特性。损耗对系统的传输距离产生了限制，色散则限制了系统的传输容量。

1）光纤的传输特性

（1）光纤色散

色散是指在光纤中传输的光信号，由于不同成分的光其时间延时不同而产生的一种物理效应。色散一般包括模式色散、材料色散和波导色散。单模光纤中只传输一种模式，总色散由材料色散、波导色散组成。这三个色散都与波长有关，所以也称为波长色散。光纤的波长色散系数是单位光纤长度的波长色散，通常用 $D(\lambda)$ 表示，单位为 ps/(nm·km)。

模式色散 模式色散是由于不同模式光的时间延时不同而产生的，它取决于光纤的折射率分布，并与光纤材料折射率的波长特性有关。模式色散的形成及对信号的影响如图2-68所示。

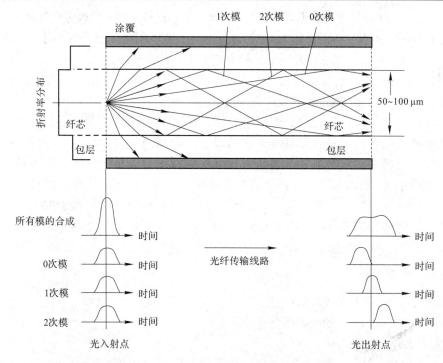

图2-68　模式色散的形成及对信号的影响

材料色散　材料色散是光纤材料的折射率随频率（波长）而变，以及模式内部不同波长成分的光（实际光源不是纯单色光）的时间延时不同而产生的。这种色散取决于光纤材料折射率的波长特性和光源的谱线宽度。

波导色散　波导色散是模式本身的色散，即指光纤中某一种导波模式在不同的频率下，相位常数不同，群速度不同而引起的色散。它取决于波导尺寸和纤芯与包层的相对折射率差。

（2）光纤损耗

光波在光纤中传输，随着距离的增加光功率逐渐下降，这就是光纤的传输损耗。该损耗直接关系到光纤通信系统传输距离的长短，是光纤最重要的传输特性之一。形成光纤损耗的原因很多，主要有吸收损耗和散射损耗，还有来自光纤结构的不完善造成的损耗。其损耗机理复杂，计算也比较复杂（有些是不能计算的）。降低损耗主要依赖于工艺的提高、相关材料的研究等。尽管引起光纤损耗的原因有多种，但通常只考虑输入和输出光纤的光功率之比——光纤损耗系数 a。若用 P_i 表示输入光纤的功率，P_o 表示输出光纤的功率，则在传输线中的损耗可定义为

$$a = 10 \lg \frac{P_i}{P_o} \quad (\text{dB})$$

若该损耗在长为 $L(\text{km})$ 的传输线上传输，且损耗均匀，则单位长度传输线的损耗即损耗系数 a_L 为

$$a_L = \frac{a}{L} = \frac{10}{L} \lg \frac{P_i}{P_o} \quad (\text{dB})$$

吸收损耗　物质的吸收作用将传输的光能变成热能，从而造成光功率的损失。吸收损耗有三个原因：一是本征吸收，二是杂质吸收，三是原子缺陷吸收。光纤材料的固有吸收叫做

本征吸收，它与电子及分子的谐振有关。对于石英(SiO_2)材料，固有吸收区在红外区域和紫外区域，其中，红外区的中心波长在 $8 \sim 12\ \mu m$ 范围内，对光纤通信波段影响不大。对于短波长，不引起损耗，对于长波长，光纤引起的损耗小于 $1\ dB/km$。紫外区中心波长在 $0.16\ \mu m$ 附近，尾部拖到 $1\ \mu m$ 左右，已延伸到光纤通信波段（即 $0.8 \sim 1.7\ \mu m$ 的波段）。在短波长范围内，引起的光纤损耗小于 $1\ dB/km$；在长波长范围内，引起的光纤损耗小于 $0.1\ dB/km$。

由于一般光纤中含有铁、锚、镍、铜、锰、铬、钒、铂等过渡金属和水的氢氧根离子，这些杂质造成的附加吸收损耗称为杂质吸收。金属离子含量越多，造成的损耗就越大。降低光纤材料中过渡金属的含量可以使其影响减小到最小的程度。为了使由这些杂质引起的损耗小于 $1\ dB/km$，必须将金属的含量减小到 10^{-9} 以下。这种高纯度石英材料的生成技术已经实现。目前，光纤中杂质吸收主要是由于水的氢氧根离子的振动，它们的各次振动谐波和它们的组合波，将在 $0.6 \sim 2.73\ \mu m$ 的范围内，产生若干个吸收。图2-69给出了某一多模光纤的损耗谱曲线，其上的三个吸收峰就是由于氢氧根离子造成的。

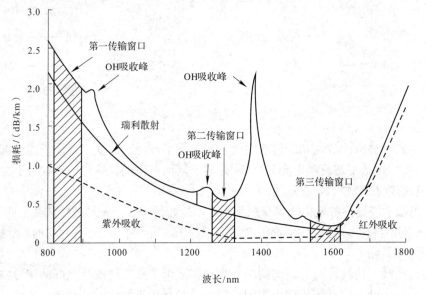

图2-69 光纤损耗谱特性

散射损耗 由于光纤材料密度的微观变化以及各成分浓度不均匀，使得光纤中出现折射率分布不均匀的局部区域，从而引起光的散射，将一部分光功率散射到光纤外部，由此引起的损耗称为本征散射损耗。本征散射可以认为是光纤损耗的基本限度，又称瑞利散射。它引起的损耗与 λ^4 成正比，由图2-69可见，瑞利散射损耗随波长 λ 的增加而急剧减小，所以在短波长工作时，瑞利散射影响比较大。

在图2-69光纤损耗谱特性中显现出了光纤通信系统的三个传输窗口：短波长的 $0.85\ \mu m$ 波段、长波长的 $1.31\ \mu m$ 及 $1.55\ \mu m$ 波段。典型的损耗值在 $0.85\ \mu m$ 波长时约为 $2.5\ dB/km$，$1.31\ \mu m$ 波长时约为 $0.5\ dB/km$，而在 $1.55\ \mu m$ 波长上最小，仅约为 $0.2\ dB/km$，已接近理论极限。

2）光纤标准和应用

制定光纤标准的国际组织主要有ITU-T和IEC（国际电工委员会）。有关光纤的国际标准及应用如下：

① G.651渐变多模光纤。渐变多模光纤（GIF）在光纤通信发展初期广泛应用于中小容量、中短距离的通信系统。

② G.652标准单模光纤。标准单模光纤是指零色散波长在1.3 μm窗口的单模光纤，ITU-T把这种光纤规范为G.652光纤。其特点是当工作波长在1.3 μm波段时光纤色散很小，约为±3.5 ps/(nm·km)，但损耗较大，约为0.3～0.4 dB/km，系统的传输距离只受光纤衰减所限制。在1.55 μm波段的损耗较小，约为0.2～0.25 dB/km，色散约为18 ps/(nm·km)。这种光纤可用于在1.55 μm波段的2.5 Gb/s的干线系统，但由于在该波段的色散较大，若传输10 Gb/s的信号，当传输距离超过50 km时，就要求使用价格昂贵的色散补偿模块。它属于第一代单模光纤，不适用于DWDM系统。G.652标准单模光纤是目前应用最广的光纤。

③ G.653色散位移光纤。G.653光纤是一种将零色散波长从1.3 μm移到1.55 μm的光纤。色散位移光纤在C波段和L波段的色散很小，在1.55 μm是零色散，系统速率可达到20 Gb/s和40 Gb/s，是单波长超长距离传输的最佳光纤。但G.653光纤存在严重不足，即由于其零色散的特性，在采用DWDM扩容时会出现非线性效应，产生四波混频（FWM），导致信号串扰，因此不太适用于DWDM。

④ G.654衰减最小光纤。G.654衰减最小光纤是为了满足海底光缆长距离通信的需求而开发的，它是一种应用于1.55 μm波长的纯石英芯单模光纤，它在该波长附近的衰减最小，仅为0.185 dB/km。G.654光纤在1.3 μm波长区域的色散为零，在1.55 μm波长区域色散较大，为17～20 ps/(nm·km)。

⑤ G.655非零色散位移光纤。非零色散位移光纤实质上是一种改进的色散位移光纤，其零色散波长不在1.55 μm处，而是在1.525 μm和1.585 μm处。它在C波段的色散为1～6 ps/(nm·km)，在L波段的色散一般为6～10 ps/(nm·km)，色散较小，又避开了零色散区，既抑制了四波混频（FWM），可采用DWDM扩容，也可以开通高速系统。

⑥ 色散补偿光纤。色散补偿光纤是具有大的负色散的光纤。它是针对现已敷设的G.652标准单模光纤而设计的一种新型单模光纤。为了现已敷设的G.652光纤系统采用WDM/EDFA技术，就必须将光纤的工作波长从1.3 μm改为1.55 μm，而标准光纤在1.55 μm波长的色散不是零，而是正的17～20 ps/(nm·km)，并且具有正的色散斜率，所以必须在这些光纤中加接具有负色散的色散补偿光纤，进行色散补偿，以保证整条光纤线路的总色散近似为零，从而实现高速率、大容量、长距离通信。

4. 光端机

1）光源

光源、光检测器是光发射机、光接收机和光中继器的关键器件，与光纤一起决定着基本光纤传输系统的水平。光源的功能是把电信号转换为光信号。目前光纤通信广泛使用的光源主要有半导体激光二极管（或称激光器（LD））和发光二极管（或称发光管（LED））。

（1）半导体激光器工作原理

半导体激光器产生激光的基本原理是向半导体PN结注入电流，实现粒子数反转分布，产生受激辐射，再利用谐振腔的正反馈，实现光放大而产生激光振荡的。所以讨论激光器工作原理要从受激辐射开始。

在物质的原子中，存在许多能级，最低能级E_1称为基态，能量比基态大的能级E_i（$i=2$，3，4，…）称为激发态。电子在低能级E_1的基态和高能级E_2的激发态之间的跃迁有三种基本方式，如图2-70所示。

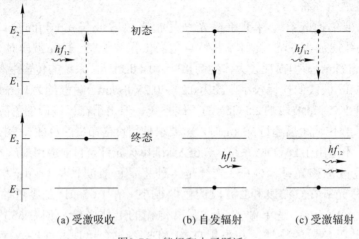

(a) 受激吸收   (b) 自发辐射   (c) 受激辐射

图2-70 能级和电子跃迁

在正常状态下，电子处于低能级 E_1，在入射光作用下，它会吸收光子的能量跃迁到高能级 E_2 上，这种跃迁称为受激吸收，见图2-70（a）。电子跃迁后，在低能级留下相同数目的空穴。在高能级 E_2 的电子是不稳定的，即使没有外界的作用，也会自动地跃迁到低能级 E_1 上与空穴复合，释放的能量转换为光子辐射出去，这种跃迁称为自发辐射，见图2-70（b）。在高能级 E_2 的电子，受到入射光的作用，被迫跃迁到低能级 E_1 上与空穴复合，释放的能量产生光辐射，这种跃迁称为受激辐射，见图2-70（c）。

受激辐射是受激吸收的逆过程。电子在 E_1 和 E_2 两个能级之间跃迁，吸收的光子能量或辐射的光子能量都要满足波尔条件，即

$$E_2 - E_1 = hf_{12} \tag{2-34}$$

式中，h 为普朗克常数，$h = 6.628 \times 10^{-34} \text{J} \cdot \text{s}$；$f_{12}$ 为吸收或辐射的光子频率。

受激辐射和自发辐射产生的光其特点很不相同。受激辐射光的频率、相位、偏振态和传播方向与入射光相同，这种光称为相干光；自发辐射光是由大量不同激发态的电子自发跃迁产生的，其频率和方向分布在一定范围内，相位和偏振态是混乱的，这种光称为非相干光。产生受激辐射和产生受激吸收的物质是不同的。设在单位物质中，处于低能级 E_1 和处于高能级 E_2（$E_2 > E_1$）的原子数分别为 N_1 和 N_2。如果 $N_1 > N_2$，则受激吸收大于受激辐射，当光通过这种物质时，光强按指数衰减，这种物质称为吸收物质。如果 $N_2 > N_1$，则受激辐射大于受激吸收，当光通过这种物质时，会产生放大作用，这种物质称为激活物质。$N_2 > N_1$ 的分布与正常状态的分布相反，所以称为粒子数反转分布。

粒子数反转分布是产生受激辐射的必要条件，但还不能产生激光。只有把激活物质置于光学谐振腔中，对光的频率和方向进行选择，才能获得连续的光放大和激光振荡输出。

（2）发光二极管

发光二极管（LED）的工作原理与激光器（LD）有所不同，LD发射的是受激辐射光，LED发射的是自发辐射光。LED的结构和LD相似，大多采用双异质结构，把有源层夹在P型和N型限制层中间，不同的是LED不需要光学谐振腔，没有阈值。与激光器相比，发光二极管输出光功率较小，谱线宽度较宽，调制频率较低。但发光二极管性能稳定，寿命

长，输出光功率线性范围宽，而且制造工艺简单，价格低廉。因此，这种器件在小容量短距离系统中发挥了重要作用。

LED通常和多模光纤耦合，用于1.3 μm（或0.85 μm）波长的小容量短距离系统。LD通常和G.652或G.653规范的单模光纤耦合，用于1.3 μm或1.55 μm波长的大容量长距离系统。

在实际应用中，通常把光源做成组件，图2-71所示为LD组件构成的实例。这种LD组件也叫光模块。

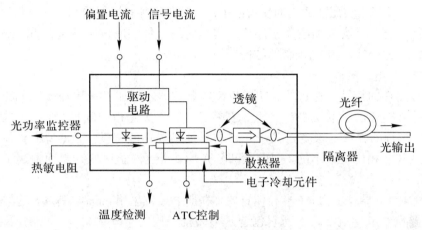

图2-71　LD组件构成实例

2）光检测器

光检测器（PD）是光接收机的关键器件，其功能是把光信号转换为电信号。目前光纤通信广泛使用的光检测器主要有PIN光电二极管和APD雪崩光电二极管。

（1）光电二极管工作原理

光电二极管（PD）把光信号转换为电信号的功能，是由半导体PN结的光电效应实现的。

如图2-72所示，当入射光作用在PN结时，如果光子的能量大于或等于带隙（$h_f \geqslant E_g$），便发生受激吸收，即价带的电子吸收光子的能量跃迁到导带形成光生电子—空穴对。在耗尽层，由于内部电场的作用，电子向N区运动，空穴向P区运动，形成漂移电流。

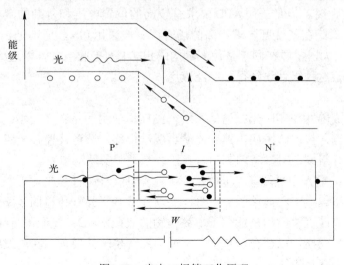

图2-72　光电二极管工作原理

在耗尽层两侧是没有电场的中性区，由于热运动，部分光生电子和空穴通过扩散运动可能进入耗尽层，然后在电场作用下，形成和漂移电流相同方向的扩散电流。漂移电流分量和扩散电流分量的总和即为光生电流。当入射光变化时，光生电流随之作线性变化，从而把光信号转换成电信号。这种由PN结构成，在入射光作用下，由于受激吸收产生的电子—空穴对的运动，从而在闭合电路中形成光生电流的器件，就是简单的光电二极管。

光电二极管通常要施加适当的反向偏压，目的是增加耗尽层的宽度。但是提高反向偏压，加宽耗尽层，又会增加载流子漂移的渡越时间，使响应速度减慢。为了解决这一矛盾，就需要改进PN结光电二极管的结构。

（2）PIN光电二极管

为改善器件的特性，在P型半导体和N型半导体之间加入一种轻微掺杂的本征半导体，这样的光电二极管称为PIN光电二极管。I的含义是指中间这一层是本征半导体。PIN光电二极管的耗尽层很宽，几乎是整个本征半导体的宽度，而P型半导体与N型半导体的宽度与之相比是很小的，因而大部分光均在此区域被吸收，从而提高了量子效率和响应速度。

P型和N型半导体采用InP半导体材料，本征半导体采用InGaAs材料，这样的光检测器称为双异质结或异质结。因为它包含两个完全不同的半导体材料组成的两个PN结。InP的截止波长为0.92 μm，InGaAs的截止波长为1.3 ~ 1.6 μm，因此采用InP半导体材料的P型和N型半导体在1.3 ~ 1.6 μm波长段是透明的，光电流的扩散部分完全减少了。

（3）雪崩光电二极管（APD）

为使入射光功率能有效地转换成光电流，根据光电效应，当光入射到PN结时，光子被吸收而产生电子—空穴对。如果反向偏压增加到使电场达到200 kV/cm以上，初始电子（一次电子）在高电场区获得足够能量而加速运动。高速运动的电子和晶格原子相碰撞，使晶格原子电离，产生新的电子—空穴对。新产生的二次电子再次和原子碰撞。如此多次碰撞，产生连锁反应，致使载流子雪崩式倍增，雪崩过程倍增了一次光电流，使之得到放大。

APD是有增益的光电二极管，在光接收机灵敏度要求较高的场合，采用APD有利于延长系统的传输距离。但是采用APD要求有较高的偏置电压和复杂的温度补偿电路，结果增加了成本。因此在灵敏度要求不高的场合，一般采用PIN，通常把PIN和使用场效应管（FET）的前置放大器集成在同一基片上，构成FET-PIN接收组件，以进一步提高灵敏度，改善器件的性能。这种组件已经得到广泛应用。

3）光发射机

目前技术上成熟并在实际光纤通信系统得到广泛应用的是直接光强（功率）调制。直接调制光发射机由输入接口、编码电路、光源、驱动电路、公务及监控电路、自动偏置控制电路、温控电路等组成，可参考图2-73。其核心是光源及驱动电路。

工作过程是：输入电路将输入的PCM数字脉冲信号进行整形，变换成NRZ/RZ码后送给编码电路，编码电路将简单的二电平码变换为适合于光纤传输的线路码，（因为在光纤通信系统中，从光端机输出的是适合于电缆传输的双极性码）。光源不可能发射负光脉冲，因此必须进行码型变换，以适合于数字光纤通信系统传输的要求。在光发射机中有编码电路，在光接收机中有对应的解码电路。

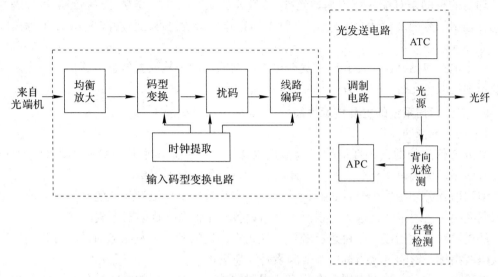

图2-73　光发送机的组成框图

常用的光纤线路码有扰码、mBnB 码和插入码。线路码通过驱动电路调制光源。驱动电路要给光源提供一个合适的偏置电流和调制电流。为了稳定输出的平均光功率和工作温度，通常设置一个自动功率控制电路（APC）和自动温控电路（ATC）。此外，在光发射机中还有监控、报警电路，对光源寿命及工作状态进行监控与报警等。

4）光接收机

直接检测方式的数字光接收机方框图示于图2-74，主要包括光检测器、前置放大器、主放大器、均衡器、时钟提取电路、取样判决器以及自动增益控制电路（AGC）。

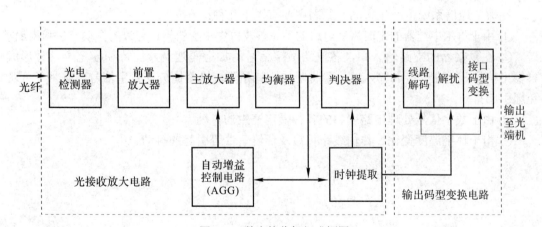

图2-74　数字接收机组成框图

光电检测器是光接收机实现光/电转换的关键器件，其性能特点是响应度和灵敏度。

前置放大器应是低噪声放大器，它的噪声对光接收机的灵敏度影响很大。

主放大器一般是多级放大器，它的作用是提供足够的增益，并通过它实现自动增益控制，以使输入光信号在一定范围内变化时，输出电信号保持恒定。主放大器和自动增益控制电路决定着光接收机的动态范围。

均衡的目的是对经光纤传输、光/电转换和放大后已产生畸变(失真)的电信号进行补偿，使输出信号的波形适合于判决(一般用具有升余弦谱的码元脉冲波形)，以消除码间干扰，减小误码率。

再生电路包括判决电路和时钟提取电路，它的功能是从放大器输出的信号与噪声混合的波形中提取码元时钟，并逐个地对码元波形进行取样判决，以得到原发送的码流。

5. 光纤通信系统的主要技术性能

1) 误码性能

光纤通信系统的误码性能用误码率 BER 来衡量。在数字通信系统中误码的性能指标主要有四项，即误码恶化分、严重误码秒、误码秒和残余误码率。

误码恶化分 指按一分钟进行统计，误码率超过的分，以及相应的时间百分数，这是低误码率指标，通常认为这时的误码主要由设备不完善及干扰因素造成。

严重误码秒 指按一秒钟进行统计，误码率超过的秒，以及相应的时间百分数，这是高误码率指标，影响这项指标的主要因素是高斯噪声。

误码秒 指在一秒内出现一个或多个误码的秒，以及相应的时间百分数，此项指标主要是针对数据传输规定的，取决于设备性能的完善程度。

残余误码率 指在一个较长时间内(如 15 分钟)进行统计所得到的平均误码率，这实际上是对设备性能提出的要求，即要求设备本身具有极小的背景误码。这项指标主要是针对综合业务数字网(ISDN)的需要而规定的，用来限制数字中继段低误码率的累计效应。

2) 抖动性能

抖动的性能指标目前多用数字周期来表示，即"单位间隔"，符号为 UI，也就是 1b 信息所占的时间间隔。例如，码速率为 34.368 Mb/s 的数字信号，其 $1UI=1/34.368\,\mu s$。

在数字通信系统中产生抖动的原因主要有以下几种：

① 由于再生中继器的定时恢复电路的不完善及再生中继器累计导致的抖动产生和累加。

② 在复接器的支路输入口，各支路数字信号附加上码速调整比特和帧定位信号形成群输出信号，而在分接的输入口，要将附加比特扣除，恢复原分支数字信号，这将不可避免地引起抖动。

③ 由于数字信号处理电路引起的各种噪声产生的抖动。

④ 由于环境温度变化、传输线路长短及环境条件等引起的抖动。

第三章　通信系统的典型应用

3.1　无线通信系统的应用

3.1.1　微波中继通信

1. 微波及其通信

1）微波及其传播特性

所谓微波，是指一种具有极高频率、极短波长的电磁波。微波通信则是指利用微波携带信息，通过电波空间进行传输的一种通信方式。若携带的信息是模拟信号，则称它为模拟微波通信；若携带的信息是数字信号，则称它为数字微波通信。

由于微波的频率很高，通常为 300 MHz ～ 300 GHz；波长很短，为 1 m ～ 1 mm，因此它除了具有电磁波的一般特性(如物质属性、矢量特性、传播特性、时空特性、边界特性等)外，还具有一些自身的特性，如似光性和极化特性。

(1) 似光性

在电磁波频谱中，微波以上的电磁波为光波，而光是直线传播的，因此微波也具有了类似光的直线传播特性。

(2) 极化特性

电磁波在传播过程中，电场和磁场在同一地点随时间 t 的变化存在着某种规律，其中描述电场强度矢量方向规律的称之为极化特性。我们规定电场矢量 E 的方向为极化方向。当电场矢量 E 的端点随时间 t 的变化轨迹处于一条直线上时，称这种极化为线极化，如图 3-1(a)所示；若变化轨迹为圆或椭圆时，则分别称为圆极化或椭圆极化，如图 3-1(b)所示。线极化中将电场矢量 E 的端点随时间 t 变化的轨迹与地面水平的叫水平极化，与地面垂直的叫垂直极化，如图 3-1(c)所示。圆极化中将电场矢量 E 旋转变化方向为顺时针的叫左旋极化，反之称为右旋极化。垂直与水平极化或左旋与右旋极化是彼此互相正交的两个函数。由数学分析知道，当两个函数相互正交时，两函数间的相关系数为零，因此在微波通信中常采用不同的极化方式来解决同频信号间的干扰或扩充通信的容量。

2）地面微波中继通信

由于微波具有光一样的传播特性，因此微波在自由空间只能沿直线传播，其绕射能力很弱，且在传播过程中遇到不均匀的介质时，将产生折射和反射现象。正因如此，在一定天线高度的情况下，为了克服地球的凸起而实现远距离通信就必须采用中继接力的方式，如图 3-2 所示。否则 A 站发射出的微波射线将远离地面而根本不能被 C 站所接收。

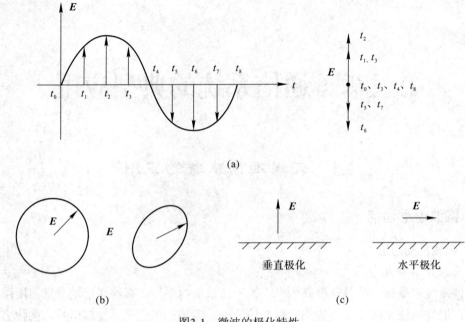

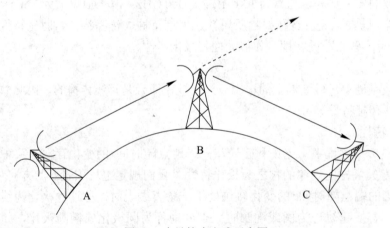

图3-1 微波的极化特性
（a）电场的变化规律；（b）圆极化；（c）线极化

图3-2 中继接力方式示意图

微波通信采用中继方式的另一个原因是，电磁波在空间传播过程中，要受到散射、反射、大气吸收等诸多因素的影响，而使能量受到损耗，且频率越高，站距越长，微波能量损耗越厉害。因此微波每经过一定距离的传播后就要进行能量补充，这样才能将信号传向远方。

3）数字微波中继通信的特点

有关某种方式的通信系统所具有的特点，往往需要与其他方式的通信系统相比较方能体现。对于数字微波通信来讲，其特点根据所比较的对象不同而有差异。

（1）数字微波通信与其他无线通信的比较

在无线通信方式中，微波通信的频率最高，仅次于微波通信的无线通信方式为特高频通信。目前特高频通信的应用相当普遍。微波通信与特高频通信相比较主要有以下特点：

①抗干扰能力强。这里的抗干扰能力指的是抗工业干扰和天电干扰。工业干扰是由电器开关的接触、点火等所产生的；天电干扰是由闪电、大气中的电暴等所产生的。分析表明，这些干扰在120 MHz以上的通信频段是可以忽略的，也就是说，工业干扰和天电干扰对微波通信不会产生影响。

②传输容量大。由于微波的频率非常高，因此在同样的相对通频带情况下，微波的绝对通频带要远远大于其他的无线通信方式。绝对通频带宽，传输的容量就大。

③受恶劣气象条件的影响较小。微波的频率在12 GHz以下时，雨雾冰雪等恶劣气象条件对微波通信的影响可以忽略。

④发射功率低。微波通信采用的天线多为方向性好、天线增益高的抛物面天线，因此微波发信机的输出功率可以大大降低。目前的数字微波通信，其发信机的输出功率都不大于1 W（30 dBm）。

⑤保密性较高。由于微波通信采用视距定向传输，因此在微波射束的范围以外是无法接收信号的。

⑥设备技术复杂、维护要求高。由于微波通信属于大容量通信系统，且工作频率极高，因此对微波通信系统的运行、维护、管理人员的要求相对于其他无线通信系统而言要高得多。

（2）数字微波通信与有线通信的比较

有线通信的种类有许多，如明线通信、铜轴电缆通信、电力线载波通信、光缆通信等。这里将与光缆通信进行比较：

①受地形因素的影响较小。无线通信与有线通信相比较其最大的优点就是不用敷设通信线路，因此在线路敷设中的一切困难，如翻山越岭、跨越江河湖泊等，在无线通信系统的建设当中是不会存在的。

②受城、镇、乡村的发展建设的影响较小。随着经济的发展，城市、乡村不断地在改造、建设，使得已建好的通信线路一改又改，在这些建设中挖断电缆光缆的现象屡见不鲜，而无线通信则不会存在此类问题。

③投资小。对于有线通信系统而言，其建设投资最大的是线路部分，而无线通信省去了线路部分投资。

④维护量小。无线通信系统在运行过程中，只有设备的维护没有线路的维护。有线通信系统，尤其是采用架空线路的系统，其主要的维护量在线路部分。

⑤性能、容量及组网等不及光缆通信。微波通信作为无线方式中的大容量通信系统，由于无线通信所具有的特点是不可能被有线通信所替代的。虽然光纤通信日益普及，但我国地域辽阔，地形复杂，因此无线通信依然被广泛应用。

2. 微波中继通信系统的组成

1）系统的组成

一条数字微波中继通信线路由两端的终端站、若干的中继站和电波的传播空间所构成。其中，中继站根据对信号的处理方式不同又分为中间站和再生中继站。再生中继站又包括上下话路站和不上下话路站两种结构。此外在两条及以上微波线路交叉点上的微波站又称为枢纽站。图3-3所示为一条微波中继通信线路的典型组成结构。

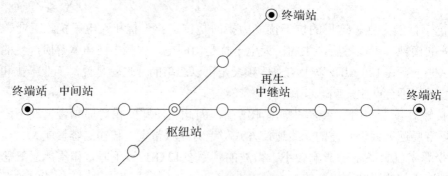

图3-3　一条微波中继通信线路的组成结构

图中组成微波通信线路的各微波站的功能如下：

终端站——一条微波线路中两端的两个站，它的任务是将数字终端设备送来的PCM信号经中频调制后再上变频成微波信号，向另一端发射；同时接收该方向传来的微波信号，将其下变频成中频信号并解调还原成PCM信号，送往数字终端设备。可见终端站只对一个方向的信号进行收发，并全上全下所有被传输的数字信息。

中间站——只完成微波信号的放大和转发。具体的讲，就是将一个方向来的微波信号接收下来变频成中频信号，然后经放大处理再变频成微波信号向另一方向发射出去。因此中间站的设备比较简单。由于中间站从收到发的转接点信号是中频信号，因此把这种转接方式称为中频转接。由此看出，中间站的特点是对两个方向进行微波信号的转发，一般不可分出和插入信号，即不分插部分信息。

再生中继站——具有对接收信号进行解调再生功能的中继站。具体的讲，就是将一个方向来的微波信号进行接收，并解调再生出数字脉冲信号送入另一方向的发信通道，再经调制器、上变频器变成微波信号向另一方向发射出去。由于收和发转接点的信号为再生出的数字脉冲信号(又称基带信号)，因此称这种转接方式为再生转接(又称基带转接)。采用再生转接可消除传播线路中的干扰，因而数字微波中继通信中大都采用这种转接方式。根据是否分插信号，再生中继站又分为分插信号和不分插信号两种形式。总之，再生中继站可对两个方向信号进行再生转发，并可分出和插入信号，即分插部分信息。

枢纽站——两个以上方向收发信号的微波站称为枢纽站。枢纽站多为几条微波线路交叉的站。

2）波道及其频率配置

在微波中继通信中，一条微波线路可提供的可用带宽一般都非常宽，如2 GHz微波通信系统的可用带宽达400 MHz。而一般收发信机的通频带较之小得多，大约为几十兆赫兹，因此如何充分利用微波通信的可用带宽将是一个十分重要的问题。

（1）波道的设置

为了使一条微波通信系统的可用带宽得到充分利用，通常的做法是将微波系统的可用带宽划分成若干个频率小段，并在每一个频率小段上设置一套微波收、发信机，构成一条微波中继通信的传输通道。这样在一条微波系统中可以容纳若干套微波收、发信机同时工作，亦即在一条微波系统中构成了若干条微波中继通信的传输通道。这时我们把每个微波传输通道称之为波道。根据工作频率高低的不同，通常一条微波中继通信系统可以设置6、8、12个波道。

（2）射频频率配置

由于一条微波线路上允许有多套微波收、发信机同时工作，这就必须对各波道的微波频率进行分配。频率的分配应尽可能地做到：在给定的可用频率范围内尽可能多地安排波道数量，这样可以在这条微波线路上增加通信容量；应尽可能地减少各波道间的干扰，以提高通信质量；还应尽可能地有利于通信设备的标准化、系列化。

一个波道的频率配置目前主要有两种方案：

二频制——一个波道的收发只使用两个不同的微波频率，如图3-4所示。图中的f_1、f_2分别表示收、发对应的频率。它的基本特点是，中继站对两个方向的发信使用同一个微波频率，两个方向的收信使用另一微波频率。如图3-4中的B站，两个方向的发信频率为f_2，收信频率为f_1。此外由图中还可发现，D站的发信频率和收信频率与B站的相同，因此二频制的收信和发信频率每隔一个站是重复的。二频制的优点是占用频带窄，频谱利用率高；缺点是存在反向接收干扰，即一个方向的收信机可能接收到相反方向来的同频干扰信号，如图3-4中的线①，另一不足是存在越站干扰，如图中的线②，即A站发出的频率f_1，跨越B、C两站被D站所接收。

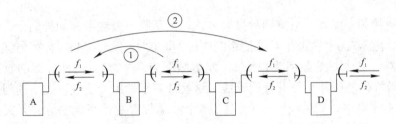

图3-4　二频制频率分配

四频制——每个中继站两个方向收、发共使用四个不同的频率，间隔一站频率又重复使用，如图3-5所示。四频制的好处是不存在反向接收干扰，缺点是占用频带要比二频制宽一倍。在四频制中也同样存在越站干扰。

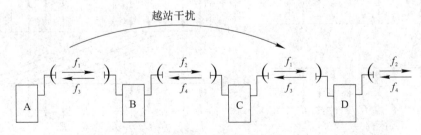

图3-5　四二频制频率分配

无论是二频制还是四频制，它们都存在越站干扰。解决越站干扰的有效措施之一是：在设计微波站的路由时，使相邻第4个微波站的站址不要选择在第1、2两微波站址的延长线上，如图3-6所示。图3-6(a)和图3-6(b)中的第4个站在1、2两站的延长线上，因此存在越站干扰；而图3-6(c)中第4个站不在1、2两站的延长线上，因此不存在越站干扰。

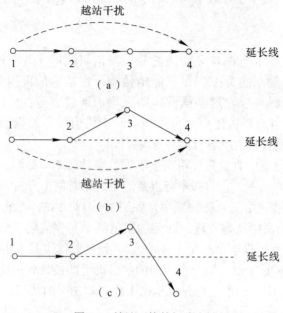

图3-6 越站干扰的解决方法

多个波道的频率配置一般有两种排列方式，一是收、发频率相间排列；二是收、发频率集中排列。图3-7为一微波中继通信系统中6个波道收、发频率相间排列方案，若每个波道采用二频制，其中收信频率为$f_1 \sim f_6$，发信频率为$f'_1 \sim f'_6$。这种方案的收、发频率间距较小，导致收、发往往要分开使用天线，这就带来了使用天线数量过多的问题，因此这种方案一般不多采用。图3-8为一中继站上6个波道收、发频率集中排列方案，每个波道采用二频制，收信频率为$f_1 \sim f_6$，发信频率为$f'_1 \sim f'_6$。这种方案中的收、发频率间隔大，发信对收信的影响很小，因此收、发信可以共用一副天线，也就是说只需用两副天线分别对着两个方向收、发即可。目前的微波通信大多采用这种方案。

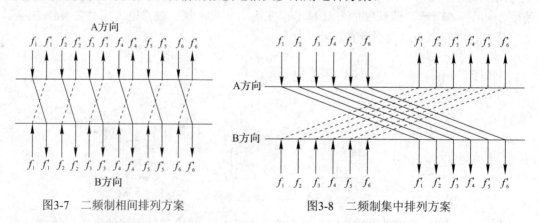

图3-7 二频制相间排列方案　　　　　　图3-8 二频制集中排列方案

3）天馈线的共用

由前面所述的波道频率配置我们知道，在微波通信中，各波道的频率是不同的，且每一波道的收、发频率也是不同的。那么每一频率如果都要用一副天线来进行发送或接收，则对于一个方向，每个波道就需使用两副天线，6个波道则需12副天线。如果该微波站是枢纽站，则天线就需要更多，这显然是不现实的。可否做到天线共用呢？回答是肯定的。这是因为，一般微波使用的天线带宽很宽，通常往往要大于400 MHz，也就是说，它完全可以覆盖一条微波线路的整个可用带宽，因此对一个方向，各波道以及收和发都可以共用一副天线，这样终端站只需一副天线，而中继站也只需两副天线。

3. 数字微波中继通信设备的组成

一条微波线路中主要有三种类型的微波站：终端站、中间站和再生中继站。这三种类型微波站中的收发信设备因功能不同而在具体组成上存在各种差异。再生中继站因分插信号，故其设备组成较终端站（上下全部话路）和中间站齐全。以下以再生中继站的设备为典型进行讨论。

1）发信设备

微波发信通道的组成框图如图3-9所示。它的基本工作过程为：首先由线路接口电路将PCM复接终端设备送来的双极性HDB$_3$码反变换成单极性的非归零（NRZ）码，并对这些数据码流进行均衡、脉冲整形和电平调整处理，信号经过处理后送往复接电路；复接电路将数字化勤务电话、监控数据信号以及其他类型的数字信号与线路接口电路送来的主信号码流进行复接，合并成基带数字信号送给调制器；数字调制器（多为MPSK或MQAM）对数字基带信号进行调制，使其变换成中频已调信号；经过调制后的已调信号通过发信中频放大后送入上变频器与微波本振频率进行混频，得到微波频率；最后被变换到微波频率的已调信号由微波功率放大器放大后通过馈线送往天线向对方发射。

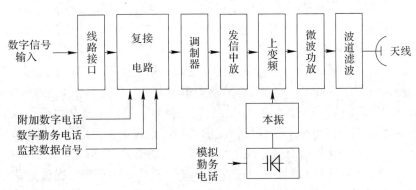

图3-9　微波发信通道组成框图

为了实现与不具有分插信号功能的微波中间站的勤务联络，目前的数字微波通信中采用了复合调制传送方式来传送模拟勤务电话，它的基本原理是用模拟勤务电话信号通过变容二极管来对微波本振信号进行浅调频，以实现勤务电路信号的传输。这种方法的好处是实现方便、电路简单、任何类型的微波站都可上下勤务电话。缺点是抗干扰能力弱于数字勤务电话；传输的勤务联络电话路数较少，一般不超过三路。

2）收信设备

目前的数字微波通信中的收信设备大都采用超外差式接收方式，其设备的组成结构如图3-10所示。

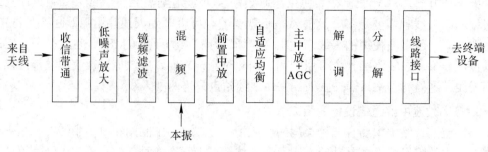

图3-10　收信设备的组成框图

由图3-10可以看出，数字微波通信的收信设备主要由以下部分组成：

① 收信带通，其主要作用是取出本波道的有用信号，滤除无用信号以防止其他波道信号对本波道信号产生干扰。

② 低噪声放大，其作用是对接收到的微弱微波信号进行低噪声放大，以提高整机的接收灵敏度和降低后级电路对噪声系数方面的要求。

③ 镜频滤波器，主要用于抑制镜像频率，以防止该信号经混频后变为中频信号，对有用信号产生干扰。

④ 混频，将接收到的微波信号与本振信号进行混频以得到中频信号输出，完成下变频的作用。

⑤ 前置中放，它和主中放是整个收信机放大电路的核心部分，几乎承担了整个放大任务，此外它们还决定整个收信机的通频带和频率响应特性。在某些微波设备中，由于没有低噪声射频放大器，此时的前置中放将对收信机的灵敏度和噪声系数起决定作用。

⑥ 自适应均衡。多径传播将导致选择性衰落，而选择性衰落结果将引起传播特性的变坏，且这种影响是随机的，即在不断变化。对于大容量的微波通信系统，选择性衰落的影响尤为突出，因此需设置一个能随衰落变化而变化的均衡电路。这种电路就是自适应均衡器。在小容量微波收信设备中，因选择性衰落的影响不大，故大都不加自适应均衡电路。

⑦ 主中放及自动增益控制（AGC）。主中放电路的主要任务就是将信号放大到解调器所需电平，且保证该输出电平不受任何情况的影响而稳定不变。由于空间大气情况是千变万化的，而对付这种变化的最有效方法就是采用自动增益控制（AGC）方式。

⑧ 解调，其任务是将中频信号还原成数字基带信号。由于数字微波通信中的解调方式大多采用相干解调，因此它还需完成从信号中提取载波信号的任务，这部分电路称为载波恢复电路。

⑨ 分解，其作用是将解调出的基带信号中所附加的数字电话信号和数字勤务电话、监控数据信号与主信号分离，并分别送往各自的电路。

⑩ 线路接口，其作用是将主数字信号进行码型转换，使其由单极性的非归零码（NRZ）转换成双极性的HDB_3码，并将信号的电平调整到标准电平送往终端设备。

3.1.2　卫星通信

1. 卫星通信的概念

卫星通信是指利用人造地球卫星作为中继站转发无线电波，在两个或多个地球站之间进行的通信。它是在微波通信和航天技术基础上发展起来的无线通信技术，所使用的无线电波频率为微波频段（300 MHz ~ 300 GHz，即波段1 m ~ 1 mm）。这种利用人造地球卫星在地球站之间进行通信的系统，称为卫星通信系统，而把用于实现通信目的的人造卫星称为通信卫星，其作用相当于离地面很高的中继站。因此，可以认为卫星通信是地面微波中继通信的继承和发展，是微波接力通向太空的延伸。

1）卫星通信的实现

卫星通信系统由卫星端、地面端、用户端三部分组成。卫星端在空中起中继站的作用，即把地面站发上来的电磁波放大后再返送回另一地面站。卫星星体包括两大子系统：星载设备和卫星母体。地面端则是卫星系统与地面公众网的接口，地面用户也可以通过地面端出入卫星系统形成链路，地面端还包括地面卫星控制中心及其跟踪、遥测和指令站。用户端即各种用户终端。卫星通信的实现如图3-11所示。

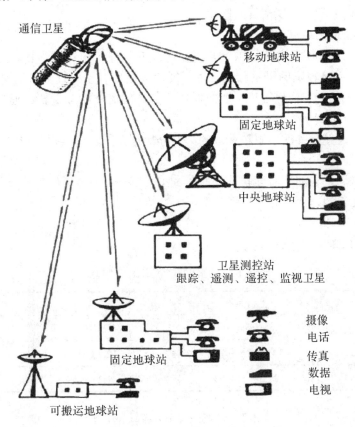

图3-11　卫星通信示意图

2）卫星通信的特点

（1）卫星通信的特点

① 通信距离远，且费用与通信距离无关；

② 通信范围大，只要卫星发射的波束覆盖的范围均可进行通信，可进行多址通信；

③ 通信频带宽，传输容量大；

④ 机动灵活，可用于车载、船载、机载等移动通信；

⑤ 通信链路稳定可靠，传输质量高；

⑥ 不易受陆地灾害影响；

⑦ 建设速度快；

⑧ 电路和话务量可灵活调整；

⑨ 同一信通可用于不同方向和不同区域。

（2）卫星通信的局限性

① 通信卫星使用寿命短；

② 存在日凌中断和星蚀现象；

③ 电波的传输时延较大且存在回波干扰，天线易受太阳噪声的影响；

④ 卫星通信系统技术复杂；

⑤ 静止卫星通信在地球高纬度地区通信效果不好，并且两极地区为通信盲区；

⑥ 由于两地球站向电磁波传播距离有 72 000 km，因而信号到达有延迟；

⑦ 10 GHz 以上频带会受雨雪的影响。

3）卫星通信使用的频率

卫星通信使用的频率应满足以下几点：电波应能穿过电离层，传输损耗和外部附加噪声应尽可能小；有较宽的可用频带，尽可能增大通信容量；较合理地使用无线电频谱，防止各宇宙通信业务之间及与其他地面通信业务之间产生相互干扰；通信采用微波频段（300 MHz ～ 300 GHz）

空间通信是超越国界的，卫星业务的频率分配是在国际电信联盟的主持下进行的。全球分为三个地理区域。

区域一：欧洲、非洲、前苏联及蒙古。

区域二：北美洲、南美洲及格陵兰岛。

区域三：亚洲(除区域一所含地区)、澳大利亚以及西南太平洋。

常用工作频段如表3-1所示。

表3-1 卫星通信常用工作频段

频段	上行频率	下行频率	简称
C-band	5.85～6.65 GHz	3.4～4.2 GHz	6/4 G
Ku-band	14.0～14.5 GHz	12.25～12.75 GHz	14/12 G
Ka-band	27.5～31 GHz	17.7～21.2 GHz	30/20 G

表3-2 C波段与Ku波段的比较

C波段	Ku波段
易受地面干扰	抗地面微波干扰性好
天线口径较大	天线口径较C波段小，机动灵活
受天气影响较小	在恶劣天气情况下，信号传输损耗较大
非常适合做传输	波束窄

C波段与Ku波段的比较如表3-2所示，其频率已接近用满。图3-12和图3-13为目前C波段和Ku波段在轨卫星图。

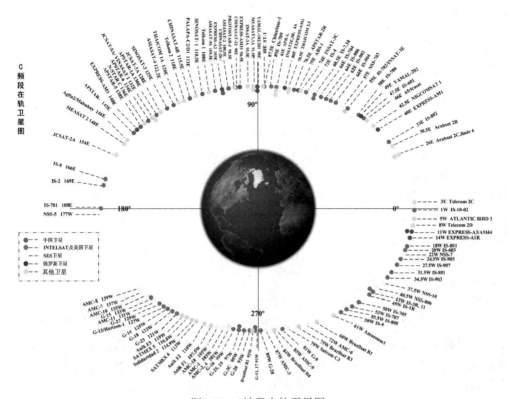

图3-12 C波段在轨卫星图

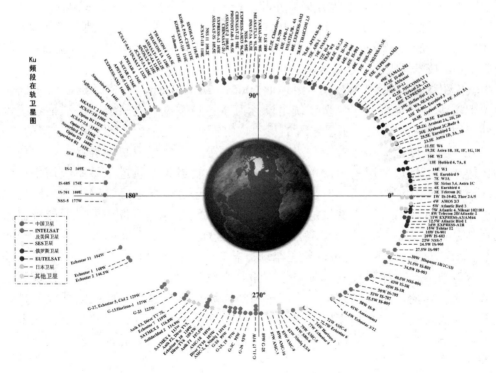

图3-13 Ku波段在轨卫星图

4）多址方式

在微波频带，整个通信卫星的工作频带约有 500 MHz 宽度，为了便于放大和发射及减少变调干扰，一般在星上设置若干个转发器。每个转发器被分配一定的工作频带。目前的卫星通信多采用频分多址（FDMA）技术，不同的地球站占用不同的频率，即采用不同的载波，比较适用于点对点大容量的通信。近年来，时分多址（TDMA）技术也在卫星通信中得到了较多的应用，即多个地球站占用同一频带，但占用不同的时隙。与频分多址方式相比，时分多址技术不会产生互调干扰，不需用上下变频把各地球站信号分开，适合数字通信，可根据业务量的变化按需分配传输带宽，使实际容量大幅度增加。另一种多址技术是码分多址（CDMA），即不同的地球站占用同一频率和同一时间，但利用不同的随机码对信息进行编码来区分不同的地址。CDMA 采用了扩展频谱通信技术，具有抗干扰能力强、有较好的保密通信能力、可灵活调度传输资源等优点。它比较适合于容量小、分布广、有一定保密要求的系统使用。

5）卫星通信系统的分类

（1）按照工作轨道区分

按照工作轨道，卫星通信系统一般分为低轨道、中轨道和高轨道卫星通信系统。

低轨道卫星通信系统（LEO） 距地面 500～2000km，传输时延和功耗都比较小，但每颗星的覆盖范围也比较小，典型系统有 Motorola 的铱星系统。低轨道卫星通信系统由于卫星轨道低，信号传播时延短，所以可支持多跳通信；其链路损耗小，可以降低对卫星和用户终端的要求，可以采用微型/小型卫星和手持用户终端。但是低轨道卫星系统也为这些优势付出了较大的代价：由于轨道低，每颗卫星所能覆盖的范围比较小，要构成全球系统需要数十颗卫星，如铱星系统有 66 颗卫星、Globalstar 有 48 颗卫星、Teledisc 有 288 颗卫星。同时，由于低轨道卫星的运动速度快，对于单一用户来说，卫星从地平线升起到再次落到地平线以下的时间较短，所以卫星间或载波间切换频繁。因此，低轨系统的系统构成和控制复杂、技术风险大、建设成本也相对较高。

中轨道卫星通信系统（MEO） 距地面 2000～20 000 km，传输时延要大于低轨道卫星，但覆盖范围也更大，典型系统是国际海事卫星系统。中轨道卫星通信系统可以说是同步卫星系统和低轨道卫星系统的折中，中轨道卫星系统兼有这两种方案的优点，同时又在一定程度上克服了这两种方案的不足之处。中轨道卫星的链路损耗和传播时延都比较小，仍然可采用简单的小型卫星。如果中轨道和低轨道卫星系统均采用星际链路，当用户进行远距离通信时，中轨道系统信息通过卫星星际链路子网的时延将比低轨道系统的低，而且由于其轨道比低轨道卫星系统高许多，每颗卫星所能覆盖的范围比低轨道系统大得多，当轨道高度为 10 000 km 时，每颗卫星可以覆盖地球表面的23.5%，因而只要几颗卫星就可以覆盖全球。若有十几颗卫星就可以提供对全球大部分地区的双重覆盖，这样可以利用分集接收来提高系统的可靠性，同时系统投资要低于低轨道系统。因此，从一定意义上说，中轨道系统可能是建立全球或区域性卫星移动通信系统较为优越的方案。当然，如果需要为地面终端提供宽带业务，中轨道系统将存在一定困难，而利用低轨道卫星系统作为高速的多媒体卫星通信系统的性能要优于中轨道卫星系统。

高轨道卫星通信系统（GEO） 距地面 35 800 km，即同步静止轨道。理论上，用三颗高轨道卫星即可以实现全球覆盖。传统的同步轨道卫星通信系统的技术最为成熟，自从同步卫星被用于通信业务以来，用同步卫星来建立全球卫星通信系统已经成为了建立卫星通信系统的传统模式。但是，同步卫星有一个不可克服的障碍，就是较长的传播时延和较大的链路损耗，严重影响到它在某些通信领域的应用，特别是在卫星移动通信方面的应用。首先，同步卫星轨道高，链路损耗大，对用户终端接收机性能要求较高。这种系统难以支持手持机直接通过卫星进行通信，或者需要采用 12 m 以上的星载天线（L 波段），这就对卫星星载通信有效载荷提出了较高的要求，不利于小卫星技术在移动通信中的使用。其次，由于链路距离长，传播延时大，单跳的传播时延就会达到数百毫秒，加上语音编码器等的处理时间，单跳时延将进一步增加，当移动用户通过卫星进行双跳通信时，时延甚至将达到秒级，这是用户，特别是话音通信用户所难以忍受的。为了避免这种双跳通信就必须采用星上处理使得卫星具有交换功能，但这必将增加卫星的复杂度，不但增加系统成本，也有一定的技术风险。

目前，同步轨道卫星通信系统主要用于 VSAT 系统、电视信号转发等，较少用于个人通信。

（2）按照通信范围区分

按照通信范围，卫星通信系统可以分为国际通信卫星、区域性通信卫星、国内通信卫星。

（3）按照用途区分

按照用途，卫星通信系统可以分为综合业务通信卫星、军事通信卫星、海事通信卫星、电视直播通信卫星等。

（4）按照转发能力区分

按照转发能力，卫星通信系统可以分为无星上处理能力卫星、有星上处理能力卫星。

6）卫星通信系统的发展趋势

未来卫星通信系统主要有以下发展趋势：

① 地球同步轨道通信卫星向多波束、大容量、智能化发展；

② 低轨卫星群与蜂窝通信技术相结合，实现全球个人通信；

③ 小型卫星通信地面站将得到广泛应用；

④ 通过卫星通信系统承载数字视频直播（DvB）和数字音频广播（DAB）；

⑤ 卫星通信系统将与 IP 技术结合，用于提供多媒体通信和因特网接入，既包括用于国际、国内的骨干网络，也包括用于提供用户直接接入的网络；

⑥ 小卫星和纳卫星将广泛应用于数据存储转发通信以及星间组网通信。

2. 卫星通信组成

卫星通信系统由卫星通信系统空间站和卫星通信系统地球站两大部分构成。空间站指空间的卫星，地球站指地面上与卫星进行通信的相关设备。卫星通信系统组成如图 3-14 所示。

1）卫星通信系统空间站的组成

卫星通信系统空间站的组成如图 3-15 所示，包括天线分系统，通信分系统，跟踪、遥测指令分系统，控制分系统和电源分系统。

（1）天线分系统

天线分系统的功能是实现定向发射和接收无线电信号，包括遥测、指令和信标天线和通信天线。

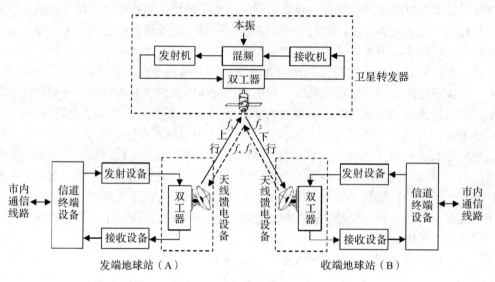

图3-14 卫星通信系统组成

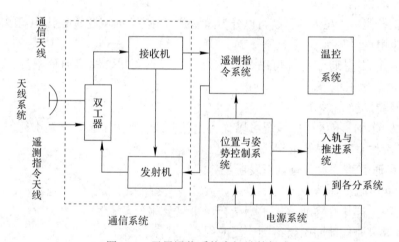

图3-15 卫星通信系统空间站的组成

遥测、指令和信标天线一般是全向天线，以便在任意卫星姿态可靠地接收指令和向地面发射遥测数据及信标。

通信天线主要是接收、转发地球站的通信信号，都采用定向天线，通常按其天线波束覆盖区的大小分为球波束天线、赋形波束天线、点波束天线。球波束天线覆盖地球表面积最大，可达地球表面积1/3；赋形波束天线覆盖地球表面某一特定的区域，如某一国家的领土；点波束天线波束很窄，覆盖地球表面某一小区。

（2）通信分系统（通常所说的转发器）

转发器的主要功能是在通信卫星中直接起中继站作用，完成接收、处理、发射信号的工作。

对转发器的基本要求是：以最小的附加噪声和失真，以足够的工作频带和输出功率为各地球站有效而可靠地转发无线电信号。转发器通常分为透明转发器和处理转发器两类。

（3）跟踪、遥测指令分系统

遥测设备用各种传感器和敏感元件等器件不断测得有关卫星姿态及星内各部分工作状态等数据，如电压、电流、温度等。这些数据经处理后，通过专用的发射机和天线发给地面的跟踪、遥测指令系统。指令设备接收地面跟踪、遥测指令系统发来的控制指令，处理后向控制分系统发出有关卫星姿态和位置校正、星体内温度调节、主备用部件切换、转发器增益换挡等控制指令信号。

（4）控制分系统

控制分系统的主要功能是在跟踪、遥测指令系统的指令控制下完成对卫星的各种控制，包括对卫星的位置控制、姿态控制、温度控制、各种设备的工作状态控制及主备用设备切换等。

控制分系统由一系列机械的或电子的可控调整装置组成，如各种喷气推进器、驱动装置、加热及散热装置、各种转换开关等。

（5）电源分系统

电源分系统的主要功能是给卫星上的各种电子设备提供电能，因此电源分系统必须具有体积小、重量轻、效率高的特点，且应在卫星寿命期间内保持输出足够的电能。

电源分系统主要由太阳能电池、化学电池及电源控制电路组成。当卫星没有发生星蚀时，由太阳能电池提供电能，并通过充电控制器给蓄电池充电；星蚀时，由蓄电池供电，以保证通信卫星正常工作。

2）卫星通信系统地球站的组成

卫星通信系统地球站由天线分系统、发射分系统、接收分系统、终端分系统、控制分系统、电源分系统组成，如图3-16所示。

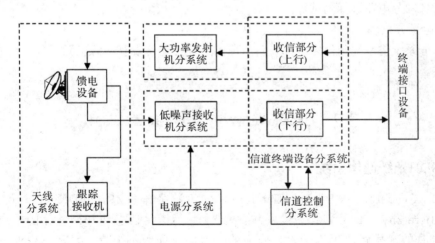

图3-16　卫星通信系统地球站的组成

（1）天线分系统

天线分系统用于完成发送信号、接收信号和跟踪卫星的任务，即将发射系统送来的大功率微波信号对准卫星辐射出去；同时接收卫星转发来的微波信号并送到接收系统。由于卫星转发来的微波信号很微弱，所以天线尺寸要做得大一些，天线直径一般为 20~30 m，使接收弱信号的本领强一些。

天线分系统包括天线、馈电设备和跟踪设备。目前主要用性能较好的卡塞格伦天线。

天线分系统应具备以下功能：合乎规定的工作频率范围，足够的带宽，较高的增益，低的等效噪声温度，良好的旋转性能以及足够的机械精密度等。

（2）发射分系统

发射分系统将终端分系统送来的基带信号调制为载波为中频的（如载波为70 MHz）频带信号，然后对该中频已调载波进行上变频变换成射频信号，并把这一信号的功率放大到一定值后输送给天线分系统向卫星发射。

发射分系统应具有发射功率大、频带宽度500 MHz以上、增益稳定以及功率放大器的线性度高等特点。

（3）接收分系统

接收分系统将天线分系统送来卫星发回的射频信号进行低噪声放大、分离、下变频为中频信号（载波一般为70 MHz），再解调成基带信号，然后输送给终端分系统。

接收分系统应具有高灵敏度、低噪声、频带宽、高增益等特点。

（4）终端分系统

终端分系统把一切经由地球站上行或下行的信号（电报、电话、传真、电视、数据等）进行加工、处理，例如，对上行信号进行加入报头、扰码、信道纠错编码等，对下行信号进行信道解码、去扰码、去报头，对接收国际电视节目的卫星信号可能还要进行制式转换等。

（5）控制分系统

控制分系统用于监视地球站的总体工作状态、通信业务、各种设备的工作情况以及现用与备用设备的情况；对地球站的通信设备进行遥测、遥控，对现用、备用设备进行自动转换，对各部分电路进行测试等。

（6）电源分系统

电源分系统供应地球站内全部设备所需的电能，通常设有应急电源设备和交流不间断电源设备。

3.2 光纤通信系统的典型应用

3.2.1 SDH光纤通信系统

SDH（Synchronous Digital Hierarchy，同步数字体系）是在PDH（Plesiochronous Digital Hierarchy，准同步数字体系）的基础上，为满足信息化和网络化的要求发展而来的。SDH的诞生解决了由于入户媒质的带宽限制而跟不上骨干网和用户业务需求的发展，而产生了用户与核心网之间的接入"瓶颈"的问题，同时提高了传输网上大量带宽的利用率。

根据ITU-T的定义，SDH是对不同速率数字信号的传输提供相应等级的信息结构，包括复用方法、映射方法以及相关的同步方法组成的一个技术体系。

1. PDH存在的主要问题

所谓准同步，是指在数字通信网的每个节点上都分别设置高精度的时钟，这些时钟的信号都具有统一的标准速率。尽管每个时钟的精度都很高，但总还是有一些微小的差别。为了保证通信的质量，要求这些时钟的差别不能超过规定的范围。因此，这种同步方式严格来说不是真正的同步，所以叫做"准同步"。

PDH最早为数字电话通信提出的一种数字时分复用系列。当它由低次群向高次群复用时，由于各数字支路信号的速率存在偏差，因此在复接前需对各支路进行码速调整，准同步复接过程如图3-17所示。正是因为这种原因，使得应用过程中存在诸多不便。归纳起来，PDH主要存在以下问题：

① 两大体系，3种地区性标准，使国际间的互通存在困难。北美和日本采用以1.544Mb/s为基群速率的PCM24路系列，但略有不同，中国采用以2.048 Mb/s为基群速率的PCM30/32路系列，如表3-3所示。

② 无统一的光接口，无法实现横向兼容。

③ 准同步复用方式，上下电路不便。

④ 网络管理能力弱，建立集中式电信管理网困难。

⑤ 网络结构缺乏灵活性。

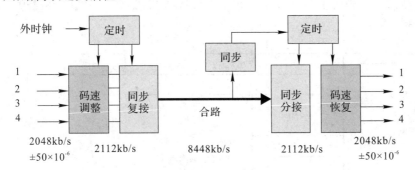

图3-17 PDH二次群复接方框图

表3-3 两大体系，3种地区性标准

	一次群（基群）	二次群	三次群	四次群
北美	24路 1.544 Mb/s	96路（24×4） 3.312 Mb/s	672路（96×7） 44.736 Mb/s	4032路（672×6） 274.176 Mb/s
日本	24路 1.544 Mb/s	96路（24×4） 3.312 Mb/s	480路（96×5） 32.064 Mb/s	1440路（480×3） 97.782 Mb/s
欧洲 中国	30路 2.048 Mb/s	120路（30×4） 8.448 Mb/s	480路（120×4） 34.368 Mb/s	1920路（480×4） 139.264 Mb/s

2. SDH 的概念

所谓SDH，是一套可进行同步信息传输、复用、分插和交叉连接的标准化数字信号的结构等级。

SDH网络是由一些基本网络单元（NE）组成的，在传输媒质上（如光纤、微波等）进行同步信息传输、复用、分插和交叉连接的传送网络。

它的基本网元有终端复用器（TM）、分插复用器（ADM）、同步数字交叉连接设备（SDXC）和再生中继器（REG）等。

1）SDH的速率

SDH采用的信息结构等级称为同步传送模块STM-N（Synchronous Transport Mode，N=1，4，16，64），最基本的模块为STM-1，四个STM-1同步复用构成STM-4，16个STM-1或四个STM-4同步复用构成STM-16，四个STM-16同步复用构成STM-64，甚至四个STM-64同步复用构成STM-256。SDH的复用系列如表3-4所示。

表3-4　SDH的复用系列

简　称	SDH等级	标称速率
155 M	STM-1（1920CH）	155.520 Mb/s
622 M	STM-4（7680CH）	622.080 Mb/s
2.5 G	STM-16（30720CH）	2488.320 Mb/s
10 G	STM-64（122880CH）	9953.280 Mb/s
40 G	STM-256（491520CH）	39 813.120 Mb/s

2）SDH的帧结构

SDH帧结构是一种以字节为基本单元的矩形块状帧结构，其由9行和270×N列字节组成，如图3-18所示。

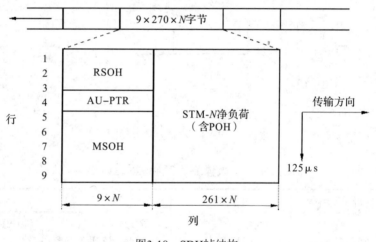

图3-18　SDH帧结构

帧周期为125 μs。帧结构中字节的传输是由左到右逐行进行的。

对于STM-1而言，其信息结构为9行×270列的块状帧结构，传输速率f_b=9×270×8×8 000 =155.520 Mb/s。

从结构组成来看，整个帧结构可分成3个区域，分别是段开销（SOH）区域、信息净负荷（含POH）区域和管理单元指针（AU-PTR）区域。

段开销（SOH），是指SDH帧结构中为了保证信息净负荷正常、灵活、有效地传送所必须附加的字节，主要用于网络的OAM功能。段开销分为再生段开销（RSOH）和复用段开销（MSOH）

再生段开销用于对STM-N整体信号进行监控，复用段开销用于对STM-N中的净荷进行监控。再生段开销和复用段开销的作用域如图3-19所示。

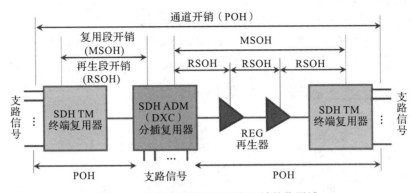

图3-19　再生段开销和复用段开销的作用域

信息净负荷，主要用于存放各种业务信息比特，也存放了少量可用于通道性能监视、管理和控制的通道开销（POH）字节。通道开销用于对每个通道进行监控。

管理单元指针（AU-PTR），是一种指示符，其作用是用来指示净负荷区域内的信息首字节在STM-N帧内的准确位置，以便在接收端能正确分离净负荷。

3）SDH的映射与复用

同步复用和映射方法是SDH最有特色的内容之一，它使数字复用由PDH僵硬的大量硬件配置转变为灵活的软件配置，也可将PDH两大体系的绝大多数速率信号都复用进STM-N帧结构中。

SDH的通用复用映射结构如图3-20所示。将各种信号装入SDH帧结构净负荷区，需要经过映射、定位校准和复用三个步骤。我国的SDH复用映射结构如图3-21所示。

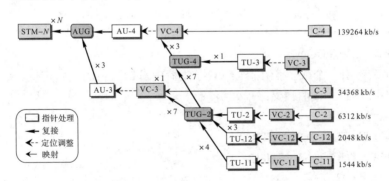

图3-20　SDH通用复用映射结构

（1）容器（C）

容器是一种用来装载各种速率业务信号的信息结构，其基本功能是完成PDH信号与VC之间的适配（即码速调整）。

ITU-T规定了5种标准容器：C-11、C-12、C-2、C-3和C-4，每一种容器分别对应于一种标称的输入速率，即1.544 Mb/s、2.048 Mb/s、6.312 Mb/s、34.368 Mb/s和139.264 Mb/s。

我国的SDH复用映射结构仅涉及C-12、C-3及C-4。

（2）虚容器（VC）

虚容器是用来支持SDH通道层连接的信息结构，由信息净负荷（容器的输出）和通道

开销（POH）组成，即

$$VC\text{-}n = C\text{-}n + VC\text{-}nPOH$$

VC 可分成低阶 VC 和高阶 VC 两类。TU 前的 VC 为低阶 VC，有 VC-11、VC-12、VC-2 和 VC-3（我国有 VC-12 和 VC-3）；AU 前的 VC 为高阶 VC，有 VC-4 和 VC-3（我国有 VC-4）。

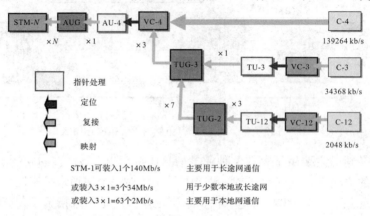

图3-21 我国的SDH通用复用映射结构

用于维护和管理这些 VC 的开销称为通道开销（POH）。管理低阶 VC 的通道开销称为低阶通道开销（LPOH）；管理高阶 VC 的通道开销称为高阶通道开销（HPOH）。

（3）支路单元（TU）

支路单元是一种提供低阶通道层和高阶通道层之间适配功能的信息结构，是传送低阶 VC 的实体，可表示为 TU-n（$n=11$，12，2，3）。TU-n 由低阶 VC-n 和相应的支路单元指针（TU-n PTR）组成，即

TU-n= 低阶 VC-n + TU-n PTR

（4）支路单元组（TUG）

支路单元组是由一个或多个在高阶 VC 净负荷中占据固定的、确定位置的支路单元组成的。有 TUG-3 和 TUG-2 两种支路单元组。

$1\times$TUC-2=$3\times$TU-12

$1\times$TUG-3=$7\times$TUG-2=$21\times$TU-12

$1\times$VC-4=$3\times$TUG-3=$63\times$TU-12

（5）管理单元（AU）

管理单元是一种提供高阶通道层和复用段层之间适配功能的信息结构，是传送高阶 VC 的实体，可表示为 AU-n（$n=3,4$）。它是由一个高阶 VC-n 和一个相应的管理单元指针（AU-n PTR）组成的：

$$AU\text{-}n= 高阶 VC\text{-}n+AU\text{-}n\ PTR$$

（6）管理单元组（AUG）

管理单元组是由一个或多个在 STM-N 净负荷中占据固定的、确定位置的管理单元组成的。例如：$1\times$AUG=$1\times$AU-4。

（7）同步传送模块（STM-N）

N 个 AUG 信号按字节间插同步复用后再加上 SOH 就构成了 STM-N 信号（$N=4$，16，

64，…），即 $N\times AUG+SOH=STM\text{-}N$。

例如，一个 2.048 Mb/s 和一个 139.264 Mb/s 信号的映射复用过程如下：

$$2.048\ \text{Mb/s} \xrightarrow{\text{适配}} C\text{-}12 \xrightarrow{+POH} VC\text{-}12 \xrightarrow{+TU\text{-}12\ PTR} TU\text{-}12 \xrightarrow{\times 3} TUG\text{-}12 \xrightarrow{\times 7} TUG\text{-}3$$

$$\xrightarrow{\times 3+POH} VC\text{-}4 \xrightarrow{+AU\text{-}4\ PTR} AU\text{-}4 \xrightarrow{\times 1} AUG \xrightarrow{\times N+SOH} STM\text{-}N$$

$$139.264\ \text{Mb/s} \xrightarrow{\text{适配}} C\text{-}4 \xrightarrow{+POH} VC\text{-}4 \xrightarrow{+AU\text{-}4PTR} AU\text{-}4 \xrightarrow{\times 1} AUG \xrightarrow{\times N+SOH} STM\text{-}N$$

4）SDH 的特点

SDH 之所以能够快速发展，与它自身的特点是分不开的，其具体特点如下：

① SDH 传输系统在国际上有统一的帧结构数字传输标准速率和标准的光路接口，使网管系统互通，因此有很好的横向兼容性，它能与现有的 PDH 完全兼容，并容纳各种新的业务信号，形成了全球统一的数字传输体制标准，提高了网络的可靠性。

② SDH 接入系统的不同等级的码流在帧结构净负荷区内的排列非常有规律，而净负荷与网络是同步的，它利用软件能将高速信号一次直接分插出低速支路信号，实现了一次复用的特性，去除了 PDH 准同步复用方式对全部高速信号进行逐级分解然后再生复用的过程，由于大大简化了 DXC，减少了背靠背的接口复用设备，改善了网络的业务传送透明性。

③ 由于采用了较先进的分插复用器（ADM），数字交叉连接（DXC）、网络的自愈功能和重组功能就显得非常强大，具有较强的生存率。因 SDH 帧结构中安排了信号的 5% 开销比特，它的网管功能显得特别强大，并能统一形成网络管理系统，为提升网络的自动化、智能化、信道的利用率，降低网络的维管费和加强生存能力起到了积极作用。

④ 由于 SDH 有多种网络拓扑结构，它所组成的网络非常灵活，它能增强网监，具有运行管理和自动配置功能，优化了网络性能，同时也使网络运行灵活、安全、可靠，使网络的功能非常齐全和多样化。

⑤ SDH 有传输和交换的性能，它的系列设备的构成能通过功能块的自由组合，实现不同层次和各种拓扑结构的网络，十分灵活。

⑥ SDH 并不专属于某种传输介质，它可用于双绞线、同轴电缆，但 SDH 用于传输高数据率则需用光纤。这一特点表明，SDH 既适合用作干线通道，也可用作支线通道。例如，我国的国家与省级有线电视干线网采用的就是 SDH，而且它也便于与光纤电缆混合网（HFC）相兼容。

⑦ 从 OSI 模型的观点来看，SDH 属于其最底层的物理层，并未对其高层有严格的限制，因而便于在 SDH 上采用各种网络技术，支持 ATM 或 IP 传输。

⑧ SDH 是严格同步的，保证了整个网络的稳定可靠，误码少，且便于复用和调整。

⑨ 标准的开放型光接口可以在基本光缆段上实现横向兼容，降低了联网成本。

SDH 也存在一些不足：

① 有效性和可靠性是一对矛盾，增加了有效性必将降低可靠性，增加可靠性也会相应地使有效性降低。SDH 的一个很大的优势是系统的可靠性大大增强了（运行维护的自动

化程度高），这是由于在SDH的信号——STM-N帧中加入了大量的用于OAM功能的开销字节，这必然会使在传输同样多有效信息的情况下，只有当PDH信号是以140 Mb/s的信号复用进STM-1信号的帧时，STM-1信号才能容纳64×2 Mb/s的信息量，但此时它的信号速率是155 Mb/s，速率要高于PDH同样信息容量的E4信号（140 Mb/s）。也就是说，STM-1所占用的传输频带要大于PDH E4信号的传输频带。

② 指针调整机理复杂。SDH体制可从高速信号中直接分解出低速信号，省去了多级复用/解复用过程。而这种功能的实现是通过指针机理来完成的，指针的作用就是时刻指示低速信号的位置，以便在"拆包"时能正确地拆分出所需的低速信号，保证了SDH从高速信号中直接分解出低速信号的功能的实现。可以说，指针是SDH的一大特色，但是指针功能的实现增加了系统的复杂性，最重要的是使系统产生SDH的一种特有抖动——由指针调整引起的结合抖动。这种抖动多发于网络边界处，其频率低、幅度大，会导致低速信号在拆出后性能劣化，这种抖动的滤除会相当困难。

③ 软件的大量使用对系统安全性产生了不利的影响。SDH的一大特点是OAM的自动化程度高，这也意味着软件在系统中占用相当大的比重，这就使系统很容易受到计算机病毒的侵害，特别是在计算机病毒无处不在的今天。另外，在网络层上人为的错误操作、软件故障，对系统的影响也是致命的。这样系统的安全性就成了很重要的一个方面。所以设备的维护人员必须熟悉软件，选用可靠性较高的网络拓扑。

3. SDH的网元设备

1）SDH网元的基本构成

SDH传输网由各种网元构成，网元的基本类型有终端复用器（TM）、分插复用器（ADM）、同步数字交叉连接设备（SDXC）等。TM、ADM和SDXC的主要功能框图如图3-22所示。

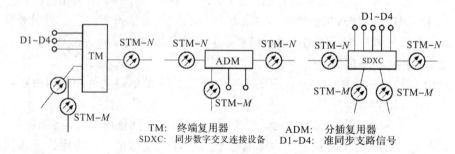

图3-22　SDH网元的主要功能

2）终端复用器（TM）

TM的作用是将准同步电信号（2 Mb/s、34 Mb/s或140 Mb/s）复接成STM-N信号，并完成电光转换；也可将准同步支路信号和同步支路信号（电的或光的）或将若干个同步支路信号（电的或光的）复接成STM-N信号，并完成电光转换。在收端则完成相反的功能。

3）分插复用器（ADM）

ADM是一个三端口设备，有两个线路（也称群路）口和一个支路口，支路信号可以是各种准同步信号，也可以是同步信号。ADM的作用是从主流信号中分出一些信号并接入另外一些信号。ADM设备具有支路—群路（上/下支路信号）、群路—群路（直通）的连接能力和支路—支路的连接功能（简单的交叉连接）。ADM设备的连接能力如图3-23所示。ADM设备常用于线性网和环形网。

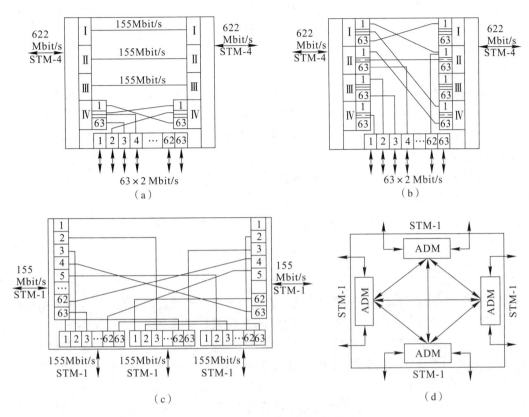

图3-23　ADM设备的连接能力

（a）支路—群路（部分连接方式）；　（b）支路—群路（全连接方式）；
（c）支路—支路连接功能；　（d）简单数字交叉连接功能

4）数字交叉连接设备（DXC）

DXC兼有复用、配线、保护/恢复、监控和网管多项功能。DXC的核心是交叉连接。依接入端口速率和参与交叉连接速率的不同有多种配置，通常用DXCm/n表示。m或n可以等于64 k、2 M、8 M、34 M、140 M、155 M、622 M和2.5 G等。而ADM参与交叉连接的端口只有2～4个。

交叉连接主要通过高阶通道连接（VC-4）或低阶通道连接（VC-12）的功能块来实现。不论采用何种交叉矩阵，DXC（包括ADM）应能提供直通、交叉、广播、环回和上下支路五种基本连接。数字交叉连接设备的功能结构如图3-24所示。

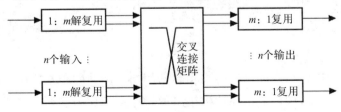

图3-24　数字交叉连接设备的功能结构图

5）再生中继器（REG）

再生中继器的功能是对经传输衰减后的信号进行放大、整形和判决再生，以延长传输距离。它在站点上不能上传和下载业务。再生中继器的工作过程是首先将线路口接收到的光信号变换成电信号，然后对电信号进行放大、整形和判决再生，最后再把电信号转换为光信号送到线路上。

4. SDH通信的网络结构

由于SDH的网元设备功能齐全，因此SDH通信可以组成各种网络结构，满足于各种通信需求的应用。链形网和环形网是SDH网络的两种基本结构，这两种基本的网络结构结合实际应用方式又可以衍生出各种复杂的网络结构。常见的SDH通信网结构主要有以下五种。

1）点到点链形结构

链形网是SDH网络中比较简单、经济的网络，常用于中继网和一些不是很重要的长途线路，如图3-25所示。

图3-25　链形结构

2）星形结构

通信中某一特殊点与其他各点直接相连，而其他各点间不能直接相连接，即星形拓扑结构。在这种拓扑结构中，特殊点之外的两点通信一般应通过特殊点进行，如图3-26所示。这种网络拓扑结构形成的优点是可以将多个光纤终端统一成一个终端，并利用分配带宽来节约成本。但也存在着特殊点的安全保障问题和潜在瓶颈问题。星形拓扑通常用于用户接入网。

3）树形结构

将点到点拓扑单元的末端点连接到几个特殊点时就形成了树形拓扑。树形拓扑可以看成是线形拓扑和星形拓扑的结合，如图3-27所示。树形结构适合于广播式业务，不适合于提供双向通信业务。有线电视网多采用这种网络。

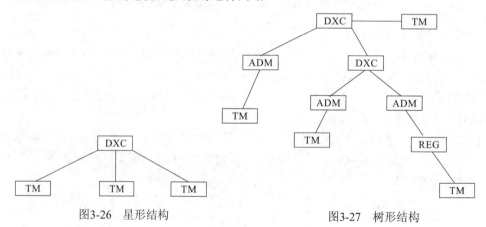

图3-26　星形结构　　　　　　　　　　图3-27　树形结构

4）环形结构

环形的拓扑结构实际上就是将线形拓扑结构的首尾之间相互连接，即为环形拓扑结构，如图3-28所示。这种环形拓扑结构在SDH网中应用比较普遍，主要是因为它具有一个很大的优点，即很强的生存性。这在当今网络设计、维护中尤为重要。环形结构被广泛用于长途干线网和市话局间中继网及本地网。

5）网孔结构

当涉及通信的许多点直接互相连接时就形成了网孔形拓扑结构，若所有的点都彼此连接即称为理想的网孔形拓扑结构，如图3-29所示。这种拓扑结构为两点间通信提供多种可选路由，有可靠性高、生存性强且不存在瓶颈问题和失效问题的好处，但结构复杂、成本也高。多用于核心级的网络。

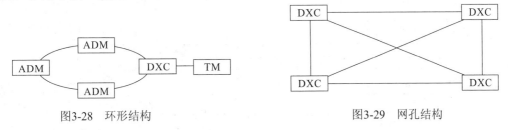

图3-28　环形结构　　　　　　　　　图3-29　网孔结构

各种拓扑结构各有其优点，在具体选择时，应综合考虑网络的生存性、网络配置的容量，同时要考虑网络结构应当适合新业务的引进等多种实际因素和具体情况。一般来说，星形拓扑结构和树形拓扑结构适合用户接入网，环形拓扑结构和线形拓扑结构适合中继网，树形和网孔形相结合的拓扑结构适合长途网。

3.2.2　波分复用（WDM）光通信

1. 波分复用系统的基本原理

所谓波分复用（WDM），就是采用波分复用器（合波器）在发送端将规定波长的信号光载波合并起来，并送入一根光纤中传输；在接收端，再由另一个波分复用器（分波器）将这些不同信号的光载波分开。由于不同波长的光载波信号可以看作相互独立（不考虑光纤非线性时），从而在一根光纤中可实现多路光信号的复用传输。不同类型的光波分复用器，可以复用的波长数不同，目前商用化的一般是8个波长、16个波长和32个波长的系统。波分复用系统的原理如图3-30所示。

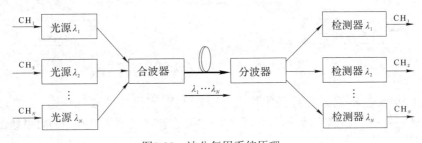

图3-30　波分复用系统原理

2. WDM 的工作方式

1）双纤单向传输

一根光纤只完成一个方向信号的传输，反向光信号的传输由另一根光纤来完成，统一波长在两个方向上可以重复利用，如图3-31所示。这种DWDM系统可以充分利用光纤的巨大带宽资源，使一根光纤的传输容量扩大几倍至几十倍。在长途网中，可以根据实际业务量需要逐步增加波长来实现扩容，十分灵活。在实际光缆偏振模色散(PMD)不清的前提下，也是一种暂时避免采用超高速光系统而利用多个2.5 Gb/s系统实现超大容量传输的手段。

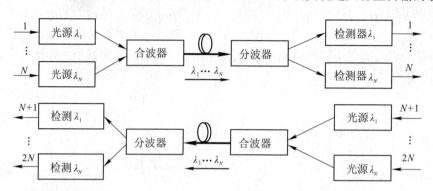

图3-31　双纤单向传输的WDM系统

2）单纤双向传输

在一根光纤中实现两个方向光信号的同时传输，两个方向的光信号不能同波长，如图3-32所示。单纤双向传输允许单根光纤携带全双工通路，通常可以比单向传输节约一般光纤器件，由于两个方向传输的信号不交互产生FWM（四波混频）产物，因此其总的FWM产物比双纤单向传输少得多。其缺点是，这种系统需要采用特殊的措施来对付光反射(包括光接头引起的离散反射和光纤本身的瑞利后向反射)，以防多径干扰；当进行光信号放大以延长传输距离时，必须采用双向光纤放大器，以及光环形器等元件，其噪声系数稍差。

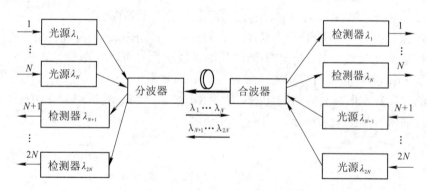

图3-32　单纤双向传输的WDM系统

光分/插传输：通过光分插复用器(OADM)可实现各波长光信号在中间站的分出与插入，即完成上/下光路，如图3-33所示。利用这种方式可以完成WDM系统的环形组网。

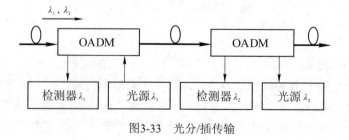

图3-33　光分/插传输

3. 波分复用方式的主要特点

① 可以充分利用光纤的巨大带宽资源，使传输容量比单波长传输增加几倍至几十倍。

② 在大容量长途传输时，WDM与EDFA（掺铒光纤放大器)结合可以节约大量光纤和电再生器，大大降低传输成本。

③ 由于同一光纤中传输的信号波长彼此独立，与信号速率及电调制方式无关，因而波分复用方式可以传输特性完全不同的信号，完成各种信号的综合和分离，实现多媒体信号混合传输。

④ 在长途网中应用时，可以根据实际业务量需要逐步增加波长来扩容，十分经济灵活。

⑤ 可以利用WDM选路实现网络交换和恢复，从而实现未来透明的、具有高度生存性的全光网络。

4. 波分复用系统的组成

波分复用系统的组成如图3-34所示，其主要部件包括光转发器(OTU)、波分复用器、光纤放大器和光监控信道/通路。

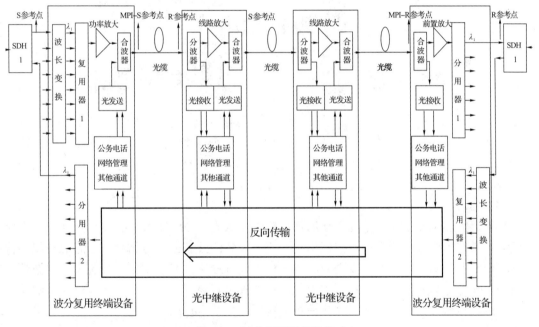

图3-34　波分复用系统的组成

1）光转发器(OTU)

WDM系统在发送端采用OTU，主要作用是把非标准的波长转化为ITU-T所规定的标准波长，以满足系统的波长兼容性。可以根据是否具有OTU将WDM系统分为集成式和开放式两种，如图3-35和图3-36所示。

开放式WDM系统的特点是对复用终端光接口没有特别的要求，只要求这些接口符合ITU-T建议的光接口标准。WDM系统采用波长转换技术，将复用终端的光信号转换成指定的波长，不同终端设备的光信号转换成不同的符合ITU-T建议的波长，然后进行合波。

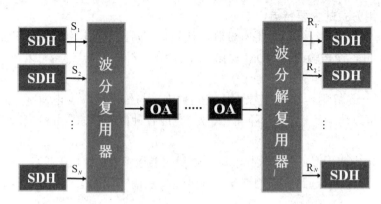

图3-35　集成式WDM系统

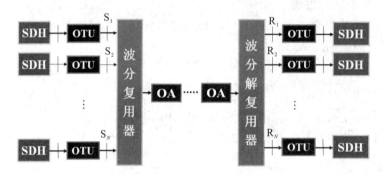

图3-36　开放式WDM系统

集成式WDM系统没有采用波长转换技术，它要求复用终端的光信号的波长符合WDM系统的规范，不同的复用终端设备发送不同的符合ITU-T建议的波长，这样它们在接入合波器时就能占据不同的通道，从而完成合波。

2）波分复用器

在整个WDM系统中，光波分复用器和解复用器是WDM技术中的关键部件，其性能的优劣对系统的传输质量具有决定性作用。将不同光源波长的信号结合在一起经一根传输光纤输出的器件称为复用器；反之，将同一传输光纤送来的多波长信号分解为个别波长分别输出的器件称为解复用器。从原理上说，该器件是互易（双向可逆）的，即只要将解复用器的输出端和输入端反过来使用，就是复用器。

3）光放大器

光放大器不但可以对光信号进行直接放大，同时还具有实时、高增益、宽带、在线、低噪声、低损耗的全光放大器功能，是新一代光纤通信系统中必不可少的关键器件。在目前实用的光纤放大器中主要有掺铒光纤放大器（EDFA）、半导体光放大器（SOA）和光纤拉曼放大器（FRA）等，其中掺铒光纤放大器以其优越的性能被广泛应用于长距离、大容量、高速率的光纤通信系统中，作为前置放大器、线路放大器、功率放大器使用。

4）光监控信道

光监控信道是为WDM的光传输系统的监控而设立的。ITU-T建议优选采用1510 nm波长，容量为2 Mb/s。

第四章　交 换 系 统

4.1　概　　述

4.1.1　交换的引入

　　一个电信系统至少应由终端设备和传输信道组成。现实的电信系统中存在多个终端，并且要求在多个终端之间能够实现相互通信，即希望它们中的任意两个都可以进行点对点的通信。要想实现多个终端之间的相互通信，最直接的方法就是用通信线路将所有终端两两相连，称为全互连方式，如图4-1所示。

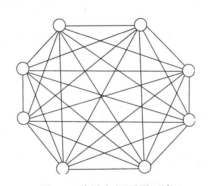

图4-1　终端之间两两互连

　　在图4-1中，所有终端通过传输线路两两互连，实现了任意终端之间的相互通信。采用这种全互连方式时，由于每一个终端与其他终端之间均需要有传输线路，当终端数量增加时，所需传输线路的数量会急剧增加，当终端数量较多时，这种将所有终端两两互连的方法很不经济，而且操作复杂，根本无法实用化。

　　对于用户终端数量较多的场合，引入了交换节点，各个用户终端不再是两两相连的，而是分别由一条通信线路连接到交换节点上，如图4-2所示。该交换节点就是通常所说的交换机，所有用户终端都连接到交换机上，由交换机控制任意用户终端之间的接续。在通信网中，交换就是在通信的源和目的终端之间建立通信信道，实现通信信息传送的过程。根据电子和电气工程师协会(IEEE)的定义，交换机应能够在任意选定的两条通信线路之间建立和释放(而后)一条通信链路。换句话说，任意一台用户电话机均可请求交换机在本用户线和所需用户线之间建立一条通信链路，并能随时令交换机释放该通信链路。引入交换节点后，用户终端只需要一条通信线路与交换机相连，节省了线路投资，组网灵活方便。用户终端之间通过交换机连接使得多个终端的通信成为可能。

实际应用中，为实现分布区域较广的多用户终端之间的相互通信，通信网通常由多个交换节点构成，如图4-3所示。这些交换节点之间或直接相连，或通过汇接交换节点相连，通过多种多样的组网方式，构成覆盖区域广泛的通信网络。

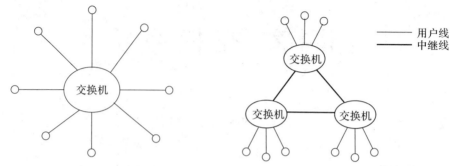

图4-2　交换式通信网　　　　图4-3　多交换节点构成的通信网

用户终端与交换机之间的连接线路叫做用户线，交换机与交换机之间的连接线路叫做中继线，通信网的传输设备主要由用户线、中继线以及其他相关的传输系统设备构成。

交换设备、传输设备和用户终端设备是通信网的基本组成部分，通常称为通信网的三要素。

4.1.2　交换节点的基本功能

实现任意入线与任意出线之间的互连是交换系统的基本功能。从交换机完成用户之间通信的不同情况来看，交换节点应可以控制以下四种接续类型：

① 本局接续，本局用户线之间的接续；

② 出局接续，用户线与出中继线之间的接续；

③ 入局接续，入中继线与用户线之间的接续；

④ 转接接续，入中继线与出中继线之间的接续。

为了完成上述四种类型的接续，交换节点必须具备以下基本功能：

① 能正确接收和分析来自用户线或中继线的呼叫信号；

② 能正确接收和分析来自用户线或中继线的地址信号；

③ 能按地址信号正确地进行选路以及在中继线上转发信号；

④ 能控制连接的建立；

⑤ 能按照所接收的释放信号拆除连接。

4.1.3　交换技术的类型

随着通信业务的发展，单纯的电话交换机难以适应其他业务交换的要求，特别是数据通信业务的快速发展，以64 kb/s为基本交换速率的程控数字电话交换技术难以满足快速发展的数据通信网技术的要求，因而产生了多样的交换技术。

对电信行业而言，交换是一个非常重要的概念。从传统的步进制交换机，到纵横制交换机，直至程控数字交换机和ATM交换机都离不开交换的概念。对传统的电信行业，20世纪实际上是一个以交换为核心的世纪。在新世纪到来的时候，其实人们早已将交换概念的内涵扩展了，其外延一直延伸至广义的信息交换。这里交换的概念不仅涉及对延时敏感的话音，而且包含数据交换和视频交换。

随着计算机技术与通信技术的发展，需要将各自独立的通信网络进行互连，以实现交换信息与资源共享，为此国际标准化组织(ISO)提出了开放系统互联参考模型(OSI-RM)。OSI的下四层(物理层、数据链路层、网络层和传输层)为通信层。通信层可根据层间通信协议进行子网间的连接。从交换就是选路与连接的概念引出了1～4层交换的新概念。每一层交换，不管它名称如何，实际上，都是为了一定的目的和实现一定的功能，只不过这种技术形成之后，没有形成像描述第二层技术的"交换"的本层所独有的名字，故而，我们就用第几层交换来描述这种技术。具体的交换技术类型如图4-4所示。

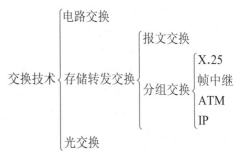

图4-4 交换技术的类型

4.2 交换方式及其特点

各种通信业务对通信网的传输要求不同，有的通信业务要求通信网具有传输的高实时性，有的通信业务要求通信网具有传输的高可靠性，因而，通信网针对不同的通信业务采用的传送模式不同。交换机作为通信网的节点设备，交换方式也不尽相同，交换方式就是指对应于各种传送模式，交换节点为了完成交换功能所采用的互通技术。目前在通信网中所采用的交换方式如图4-5所示。

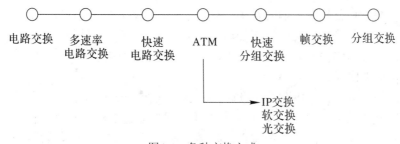

图4-5 各种交换方式

交换方式通常按照信息传送模式和交换信息类型分为电路交换、分组交换和ATM(异步传送模式)交换三类。电路交换、多速率电路交换和快速电路交换属于电路传送模式；分组交换、帧交换、快速分组交换属于分组传送模式；ATM交换属于异步传送模式。ATM交换方式面向宽带多媒体应用，可看成是电路交换与分组交换的结合，兼有电路交换与分组交换的特点。在ATM交换方式之后又出现了一些新的交换方式和技术，如IP交换、软交换和光交换。

4.2.1 电路交换

以电路连接为目的的交换方式称为电路交换方式。电话网中就是采用的电路交换方式。

在电话网中，双方用户通信开始之前，主叫方(发起通信的一方)通过拨号的方式通知网络被叫方的电话号码，网络根据被叫号码在主叫方和被叫方之间建立一条电路，这条电路包括与主叫和与被叫的端局相连的用户线，以及交换局之间中继线路中的一条话音通道，这个过程称为呼叫建立；然后主叫和被叫就可以进行通信，通信过程中双方所占用的电路将不为其他用户使用；完成通话后，主叫或被叫挂机，通知网络可以释放通信电路，这个过程称为呼叫释放。本次通信过程中所占用的相关电路释放后，可以被其他用户的通信使用。这种经过"建立连接—通信—释放连接"三个步骤的连网方式称为面向连接的，电路交换方式是面向连接的，如图4-6所示。电路交换是一种实时交换，当任意一方用户呼叫另一方用户时，应立即在两个用户之间建立电路连接；如果没有空闲的电路，呼叫就不能建立而遭到损失。

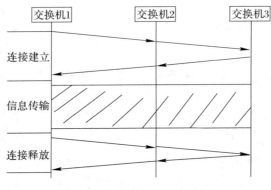

图4-6 电路交换的基本过程

电路交换的优点首先是传输时延小，对一次接续而言，传输时延固定不变；其次是信息在电路中"透明"传输，交换机在处理方面的开销比较小，对用户的数据信息没有附加的控制信息，信息的传输效率比较高；再次是用户信息的编码方法和信息格式不受网络的限制，由通信双方协商。

电路交换的缺点首先是电路的接续时间较长，当传输较短信息时，网络利用率低；其次是电路资源被通信双方独占，电路利用率低；再次是通信双方在信息传输、编码格式、同步方式、通信协议等方面要完全兼容，限制了各种不同速率、不同代码格式、不同通信协议的用户终端直接的互通；然后是有呼损现象的产生，即可能出现由于对方用户终端设备忙或交换网负载过重而呼叫不通的现象。

综上所述，电路交换是固定分配带宽，连接建立后，即使无信息传送也虚占电路，电路利用率；要预先建立连接，有一定的连接建立时延，电路建立后可实时传送信息，传输时延一般可以不计；无差错控制措施，数据信息传输的可靠性较低。因此，电路交换适合于电话交换、高速传真，不适合突发业务和对差错敏感的数据业务。

4.2.2 报文交换

为了克服电路交换中各种不同类型和特性的用户终端之间不能互通，通信电路利用率低以及有呼损等方面的缺点，提出了报文交换的思想，其基本原理是"存储—转发"的工作方式，即将用户的信息以报文的形式存储在交换机的存储器中，当所需的输出电路空闲时，再将该报文发向接收交换机或终端。即如果A用户要向B用户发送信息，A用户不需要先建立与B用户之间的电路，而只需与交换机接通，由交换机暂时将A用户要发送的报文接收和存储起来，交换机根据报文中提供的B用户的地址确定交换网内路由，并将报文送到输出队列上排队，等到该输出线空闲时立即将该报文发送到下一个交换机，直至传送到终点用户B。报文交换的数据通信过程如图4-7所示。

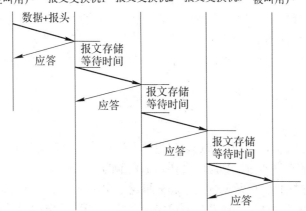

图4-7 报文交换的基本过程

在报文交换中信息的格式是以报文为基本单位。一份报文包括三部分：报头（发信站地址、收信站地址及其他辅助信息）、正文（传输的用户信息）和报尾（报文的结束标志，若报文长度有规定，则可省去此标志）。报文交换的特征是交换机要对用户的信息进行存储和处理。

报文交换的优点是报文以存储转发方式通过交换机，输入输出电路的速率、代码格式等可以不同，很容易实现各种不同类型终端之间的相互通信；在报文交换的过程中没有电路的接续过程，来自不同用户的报文可以在一条线路上以报文为单位进行多路复用，线路可以以其最高传输能力工作，大大地提高了线路的利用率；用户不需要连通对方就可以发送报文，无呼损；而且可以实现点对多点的同文广播等新业务。

报文交换的缺点是报文通过交换机时产生的时延大，而且时延的变化也大，不利于实时通信；交换机要有能力存储用户发送的报文，其中有的报文可能很长，要求交换机具有高速处理能力和较大的存储容量。报文交换不适用于即时交互式数据通信，只适用于公众电报和电子信箱业务。

4.2.3 分组交换

分组交换也称数据包交换，它是将用户传送的数据报文分割成若干一定长度的数据段，每个数据段加上头部（称为分组头），构成若干个数据分组，分组头中含有用以指明该分组发往何处的地址标识；交换机将来自用户发送端的数据分组暂存在存储器内，然后根据每个数据分组的分组头中的地址标识，将数据分组转发至目的地；到达目的端后，再去掉分组头将各数据段按顺序重新装配成完整的数据报文的交换方式。

分组交换继承了报文交换的"存储—转发"工作方式，其主要优点是实现了不同速率、不同代码、不同同步方式、不同通信控制协议的数据终端之间相互通信；采用线路动态复用，提高了通信线路的利用率；信息以分组为单位在交换机中存储和处理，具有传输差错控制，提高了传输的可靠性；分组交换网通过网络控制和管理中心(NMC)对网内设备实行比较集中的控制和维护管理，节省维护管理费用。

分组交换的主要缺点是由于网络附加的传输信息较多，对长报文通信的传输效率比较低；分组需在交换机中存储和处理，增加了分组的传输时延；分组交换机要实现对各种类型的分组的分析处理，为分组在网中的传输提供路由，并且在必要时自动进行路由调整，为用户提供速率、代码和规程的变换，为网络的维护管理提供必要的报告信息等，要求交换机应具有较高的处理能力。

分组交换主要应用于数据通信网络中，满足数据通信的可靠性要求高、延时要求不高的技术特点。

4.2.4 帧中继

随着数据业务的发展，需要更快速、可靠的数据通信，分组交换可支持中低速率的数据通信，无法支持高速的数据通信，其原因主要是由复杂的协议处理导致的。分组交换基于X.25协议，X.25协议包含了物理层、数据链路层和分组层三层协议。分组交换为了保证数据传输的高可靠性，它在第二层的各链路上以及第三层每一个逻辑信道上都进行差错控制和流量控制，因而使得信息通过交换节点的时间增加，在整个分组交换网中无法实现高速的数据通信。

为满足高速数据通信的需求，人们提出了帧中继方式。帧中继就是在分组交换技术的基础上发展起来的一种快速分组交换。帧中继以帧方式承载业务，为了克服分组交换协议处理复杂的缺点，帧中继简化了协议，其协议栈只有物理层和数据链路层，去掉了第三层协议功能，并且对第二层协议进行了简化，只保留了第二层数据链路层的核心功能，如帧的定界、同步、传输差错检测等，没有流量控制、重发等功能，以达到为用户提供高吞吐量、低时延特性交换方式的目的。

实现帧中继进行数据通信有两个最基本的条件，一是要保证数字传输系统的优良的性能，二是计算机终端系统要有差错恢复能力。这两个条件目前早已不成为障碍，一方面现代光纤数字传输系统的比特差错率实质上可达到10^{-9}以下，另一方面高智能、高处理速度的用户设备如局域网，它们本身具有数据通信协议，如TCP/IP、SNA/SDLC可以实现纠错、流量控制等功能，一旦网络出现错误(概率很小)，可以由端对端的用户设备进行差错纠正。

帧中继主要特点是采用带宽控制技术，可实现以高于预约速率的速率发送数据；由于取消了中间节点的差错校验，传输速率大大提高。并且，帧中继采用动态分配传输带宽和可变长的帧的技术，所以它特别适用于局域网的互连。

4.2.5 ATM交换

宽带综合业务数字网(B-ISDN)是面向宽带多媒体业务的网络，对于任何业务，不管是实时业务或非实时业务、速率恒定业务或速率可变业务、高速宽带业务或低速窄带业务，还是传输可靠性要求不同的业务都要支持。这就对B-ISDN的信息传送模式在语义透明性和时间透明性两个方面同时提出了较高的要求。电路传输模式的技术特点是固定分配带宽、面向物理连接、同步时分复用、适应实时话音业务，具有较好的时间透明性；分组传输模式的技术特点是动态分配带宽、面向无连接或逻辑连接、统计时分复用，适应可靠性要求较高、有突发特性的数据通信业务，具有较好的语义透明性。传统的电路传输模式和分组传输模式都不能满足 B-ISDN 网络的需求,于是人们为 B-ISDN 专门研究了一种新的交换技术——ATM 交换技术。

ATM 技术是以分组传输模式为基础并融合了电路传输模式的优点发展而来的,兼具分组传输模式和电路传输模式的优点。ATM 是一种基于信元的交换和复用技术,ATM 传送信息的基本载体是 ATM 信元,ATM 信元和分组交换中的分组类似,在 ATM 交换中、话音、数据、图像等所有的数字信息都要经过分割,封装成统一格式的信元在网中传递,并在接收端恢复成所需格式。由于 ATM 技术简化了交换过程,去除了不必要的数据校验,采用易于处理的固定信元格式,所以 ATM 交换速率大大高于传统的数据网,如分组交换网、帧中继等。另外,对于如此高速的数据网,ATM 网络采用了一些有效的业务流量监控机制,对网上用户数据进行实时监控,把网络拥塞发生的可能性降到最小;并对不同业务赋予不同的特权,如话音的实时性特权最高,数据文件传输的正确性特权最高,网络可对不同业务分配不同的网络资源,这样,不同的业务在网络中才能做到"和平共处"。

4.2.6 IP 交换

IP 交换技术也称之为第三层交换技术、多层交换技术、高速路由技术等。其实,这是一种利用第三层协议中的信息来加强第二层交换功能的机制。

当今绝大部分的企业网都已变成实施 TCP/IP 协议的 Web 技术的内联网,用户的数据往往越过本地的网络在网际间传送,因而,路由器常常不堪重负。解决办法之一是安装性能更强的超级路由器,然而,这样做开销太大,如果是建交换网,这种投资显然是不合理的。IP 交换的目标是,只要在源地址和目的地址之间有一条更为直接的第二层通路,就没有必要经过路由器转发数据包。IP 交换使用第三层路由协议确定传送路径,此路径可以只用一次,也可以存储起来,供以后使用,之后数据包通过一条虚电路绕过路由器的第三层,由第二层快速发送。

4.2.7 软交换

随着计算机和通信技术的不断发展,在一个公共的分组网络中承载话音、数据、图像已经被越来越多的运营商和设备制造商所认同。在这样的业务驱动和网络融合的趋势下,诞生了下一代网络(NGN)模型,实现在分组网络中,采用分布式网络结构,有效承载话音、数据和多媒体业务。

软交换是下一代网络的控制功能实体,它独立于传送网络,主要完成呼叫控制、资源分配、协议处理、路由、认证、计费等主要功能,同时可以向用户提供现有电路交换机所能提供的所有业务,并向第三方提供可编程能力。它是下一代网络呼叫和控制核心。软交换的核心思想就是将业务与控制、传送与接入相分离,其特点体现在以下四个方面:

① 应用层和控制层与传送网络完全分离,以利于快速方便地引进新业务;

② 传统交换机的功能模块被分离为独立的网络部件,各部件功能可独立发展;

③ 部件之间的协议接口标准化,使自由组合各部分的功能产品组建网络成为可能,使异构网络的互通方便灵活;

④ 具有标准的全开放应用平台,可为用户定制各种新业务和综合业务,最大限度地满足用户需求。

4.2.8 光交换

通信网的干线传输广泛地使用光纤，光纤目前已成为主要的传输介质。网络中大量传送的是光信号，而在交换节点，信息还是以电信号的形式进行交换的，那么当光信号进入交换机时，就必须将光信号转变成电信号，才能在交换机中交换，而经过交换后的电信号从交换机出来，需要再转换成光信号才能在光纤传输网上传输。这样的转换过程不仅效率低，而且由于涉及电信号的处理，要受到电子器件速率"瓶颈"的制约。

光交换是基于光信号的交换，它是指不经过任何光/电转换，在光域中直接将输入光信号交换到不同的输出端。光交换技术费用不受接入端口带宽的影响，因为它在进行光交换时并不区分带宽，而且它不受光波传输数据速率的影响，从而大大提高了网络信息的传送和处理能力。

4.3 程控交换基本概念

程控交换机的全称为存储程序控制交换机，通常专指用于电话交换网的交换设备，它是一种计算机按预先编制的程序控制用户电话接续的设备。程控交换机由硬件和软件组成，硬件包括话路系统和控制部分，软件包括操作系统、应用程序以及交换所需的数据部分。

4.3.1 程控交换机硬件组成

交换机的基本功能是实现任意入线与任意出线之间的互连，即实现任意两个用户之间的信息交换，因此，交换机的硬件电路应包括线路接口、交换网络和控制系统。通常将线路接口、交换网络统称为话路系统。程控交换机硬件组成如图4-8所示。

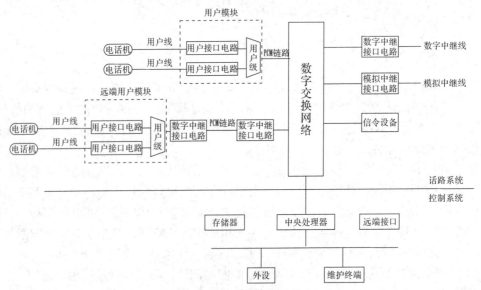

图4-8 程控交换机硬件组成

线路接口的作用是将来自不同终端或其他交换机的各种信号转换成统一的交换机内部工作信号，并按信号的性质分别将信令传送至控制系统，将话音信号传送至交换网络。交换网络的作用是实现各入线和各出线上话音信号的传送和接续。控制系统负责处理收到的信令，按信令的要求控制交换网络完成接续，并通过线路接口发送必要的信令，协调整个交换机的工作。

1．话路系统

话路系统由交换网络、用户级交换网络、各种线路接口电路以及信令设备组成。交换网络主要完成信号交换的功能，我们将在4.3.3节中介绍。

1）用户级交换网络

用户级包括用户模块和远端用户模块。用户级主要完成话务量集中的功能，集中比一般为2∶1或4∶1，这样可将一群用户以较少的链路接至交换网络，提高链路的利用率。用户模块一般都具有用户级交换网络，用户级交换网络大多采用单T型（时间接线器）的交换网络。

远端用户模块与用户模块的结构基本相同，它放置在远离交换机（通常称为母局）并且用户比较集中的地方。因远离母局，所以远端用户模块与母局之间采用数字链路通过数字中继电路相连。远端用户模块的设置，节省了用户线路的投资，并将模拟信号传输改为数字信号传输，改善了线路的传输质量。

2）线路接口电路

线路接口电路是程控交换机与用户终端以及与其他交换机相连的物理连接部分。它的作用是完成外部信号与程控交换机内部信号的转换。ITU-T中对交换机中的接口种类提出了建议。具体的接口分类如图4-9所示。

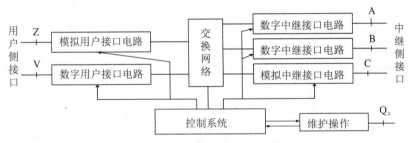

图4-9 数字程控交换机接口类型

（1）用户接口电路

用户接口电路是用户终端通过用户线与程控交换机相连的接口电路。由于用户线和用户终端有数字与模拟之分，所以用户接口电路也有数字与模拟之分。

① 模拟用户接口电路是程控交换机和模拟用户终端设备之间的接口设备，符合ITU-T建议的Z接口标准，具有馈电、过压保护、振铃控制、监视、编译码和滤波、测试七项基本功能。模拟用户接口电路功能框图如图4-10所示。

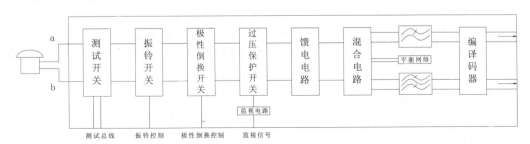

图4-10 模拟用户接口电路功能框图

② 数字用户接口电路是程控交换机和数字用户终端设备之间的接口设备。ITU-T 建议的数字用户接口电路有5种，从 $V_1 \sim V_5$。V_1 是综合业务数字网（ISDN）中的基本速率（2B+D，B 为 64 kb/s，D 为 16 kb/s）接口，V_3 是综合业务数字网（ISDN）中的基群速率（30B+D 或者 23B+D，其中 B、D 均为 64 kb/s）接口，它以信道分配方式连接数字用户群设备。

数字用户终端与交换机数字用户接口电路之间传输数字信号，仍采用普通的二线传输方式。为此须采用频分、时分或回波抵消技术来解决二线上传输双向数字信号的问题。

（2）中继接口电路

中继接口电路是交换机与中继线的物理连接设备。交换机的中继接口电路分为模拟中继接口电路和数字中继接口电路。模拟中继接口电路是数字程控交换机与模拟中继线间的接口，用于连接模拟交换局。数字中继接口电路是数字程控交换机与数字中继线间的接口，用于连接数字程控交换局或远端用户模块。

在数字程控交换机中，由于模拟中继接口电路与模拟中继线相连，因此它的功能与模拟用户接口电路的功能比较相似，只是少了振铃功能，监视功能改为对线路信令的监视。目前在数字程控交换机中已经很少使用。

数字中继接口电路是目前数字程控交换机中常用的中继接口电路，具有帧码发生、帧定位、连零抑制、码型变换、告警处理、时钟提取恢复、帧同步、信令插入和提取八项基本功能。

3）信令设备

在电话交换过程中，交换机需要向用户及其他交换机发送各种信号，例如拨号音、忙音、多频互控信号等，同时也要接收用户或其他交换机发送的信号，例如多频互控信号（MFC）、双音多频信号（DTMF）等。这些信号在数字程控交换机中均为数字音频信号。信号音收发设备的功能就是完成这些数字音频信号音的产生、发送和接收。

（1）数字音频信号的产生

数字程控交换机中需要产生的数字音频信号可分为单音频信号和双音频信号两种。单音频信号主要有拨号音、忙音、回铃音以及某些增值业务（三方通话、长途接入提示等）的提示音等。双音频信号主要有按钮话机发出的双音多频（DTMF）信号和局间信令中的多频互控（MFC）信号。

在数字交换机中，通常采用数字信号发生器直接产生数字化信号。数字信号发生器是利用可编程只读存储器（PROM）来实现的。

音频信号产生的基本原理是：按照 PCM 编码原理，将信号按 125μs 间隔进行抽样（也就是 8 kHz 的抽样频率），然后进行量化和编码，得到各抽样点的 PCM 信号值，按照顺序将其放到 ROM 中，在需要的时候按序读出。

（2）数字音频信号的发送

在数字交换机中，各种数字信号一般通过数字交换网络来传送，和普通话音信号一样处理，也可以通过指定时隙（如时隙0、时隙16）传送。同时，由于一个音频信号在同一时刻可能有多个用户同时使用，因此通过交换网络传送音频信号要建立的是点到多点的连接，而不是点到点的连接。数字多频信号的发送原理与数字单频信号相似，不同的是一个数字多频信号发生器对应一路话路，它通过交换网络建立的连接仅为点到点方式。

（3）数字音频信号的接收

双音多频信号（DTMF）和多频互控信号（MFC）的接收需要使用数字信号接收器。接收

DTMF信号使用DTMF接收器，接收MFC信号使用MFC接收器，它们都是交换机的公用资源。

通过交换网络实现音频信号的接收是常用的一种方法，这与数字音频信号的发送相类似，所不同的是DTMF接收器和MFC接收器一般接于交换网络的出线上，即下行母线上。当接收DTMF信号时，交换网络只要将拨号用户的话路连接至相应的DTMF接收器上即可；当接收MFC信号时，交换网络只要将中继线上的话路与相应的MFC接收器相连即可。数字音频信号接收器的工作原理如图4-11所示，一般采用数字滤波器滤波后进行识别的方法。

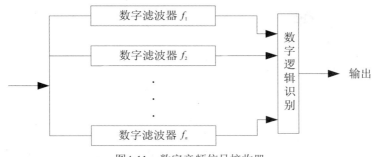

图4-11　数字音频信号接收器

2．控制系统

控制系统是交换机的"指挥系统"，交换机的所有动作都是在控制系统的控制下完成的。程控交换机基本上采用两种多处理机的控制结构，即分级分散控制和分布式分散控制。

1）分级分散控制

所谓分散控制，就是在系统的给定状态下，交换机的资源和所有功能由多台处理机分担完成，即每台处理机只能达到一部分资源和只能执行一部分功能。分级分散控制根据多处理机之间的关系可分为以下两种。

（1）单级多机系统

在该系统中，各处理机处于同一级别，并行处理所有的控制任务。如图4-12所示，每一台处理机有专用的存储器，同时各处理机通过公用存储器，进行处理机间通信。多处理机之间的工作方式有容量分担与功能分担两种方式。在容量分担方式下，每台处理机只承担一部分用户的呼叫处理任务，面向固定的一群用户，交换机的处理机数量可随着容量的增加而逐步增加，但是每台处理机要具有所有的功能。在功能分担方式下，每台处理机只承担部分功能，只装入一部分程序，各处理机之间分工明确，协同工作，每台处理机只处理特定的任务，效率高，但即使小容量的交换机，也必须配置全部处理机。

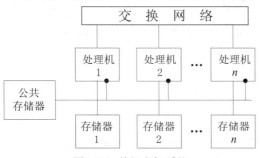

图4-12　单级多机系统

（2）多级多机系统

在该系统中，各处理机分别完成不同的功能，并对不同的资源进行控制，各处理机之间分等级，高级别的处理机控制低级别的处理机。数字程控交换机中，通常采用二级或三级的分散控制方式。三级多机系统如图4-13所示。

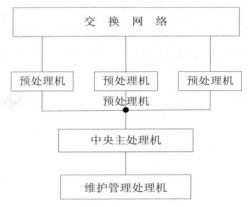

图4-13　多级（三级）多机系统

图4-13中，频繁而简单的处理工作用预处理机进行处理，如用户扫描等；与硬件无直接关系的分析处理等较复杂的呼叫功能用中央处理机进行处理；维护管理等则由维护管理处理机进行处理。

2）分布式控制

分布式控制有时也称为全分散控制。与之对应，分级分散控制也可称为部分分散控制。从严格意义上来说，全分散控制应不包含任何中央处理的介入。然而实际上，由于某些功能还适合于中央控制，例如维护管理功能、No.7号共路信令的信令网管理功能等还需要相当程度的中央控制，因此很难实现不包含任何中央处理的全分散控制结构。分布式控制结构中，各个模块中的模块处理机是实现分布式控制的同一级处理机，任何模块处理机之间可独立地进行通信。然而在各个模块内的模块处理机之下还可设置若干台外围处理机和/或板上控制器，这意味着模块内部可以出现分级控制结构，但从整个系统来观察，应属于分布式控制结构。

分布式分散控制具有较好的扩充能力、较强的呼叫处理能力，整个系统阻断的可能性很小，系统结构的开放性和适应性强。然而，机间通信频繁而复杂，需要周密地协调分布式控制功能和数据管理。

4.3.2　程控交换机软件系统

程控交换机采用事先编制的程序对交换进行控制，可以灵活增加各种功能，提供许多新的用户服务，使得呼叫处理能力和可靠性大大提高，便于对系统进行更新换代，易于操作维护和管理。

1．程控交换机软件特点

1）实时性

话音业务对实时性要求很高，为此程控交换机的软件系统在进行呼叫处理过程中必须满足实时性的要求，从而使程控交换机具有一定的业务处理能力和服务质量。

2）多任务并行处理

程控交换机应能处理并发的多个呼叫，因此交换机软件系统在操作系统、数据管理、多任务程序设计、资源管理等方面中应满足多任务并行处理的需要。

3）高可靠性

保证业务的连续性和稳定性是程控交换机必须满足的条件之一，所以程控交换机的软件系统应采取各种措施来保证程控交换机的正常运行，特别是对故障进行识别和处理的程序必须迅速有效，需采用冗余等方式来保证系统的正常运行。

2．程控交换机软件系统的组成

程控交换机软件系统由三部分组成，分别是操作系统、应用程序以及交换所需的数据。应用程序又包括运行管理程序和支援程序；数据分为交换系统数据、局数据和用户数据。

1）操作系统

程控交换机的操作系统是交换机硬件与应用程序之间的接口，负责资源的调度与管理，包括以下主要功能：

① 任务调度：交换机中的程序按其实时性的要求分为不同的优先级，任务调度就是按照优先级的不同为不同的程序分配处理机的机时。

② 输入/输出控制：控制电话外设及数据存储设备的输入/输出操作。

③系统资源的分配：为进行中的处理过程分配系统资源，如存储器、外部设备资源等。

④ 处理机间通信的管理与控制：为多处理机系统提供相互通信的平台，并加以控制。

⑤ 系统运行的监测。

在任务调度过程中，根据程序的实时性要求可分为三个级别：

① 故障级程序：负责故障的识别与处理，它的级别最高，如果产生故障必须立即处理。在故障级程序中根据故障的紧急情况，进一步分为FH、FM、FL三级。

② 时钟级程序：由时钟中断周期性地执行，因此也称为周期级，如脉冲识别、位间隔识别等。根据实时性要求的不同还可分为H、L两级。它的优先级介于故障级和基本级之间。

③ 基本级程序：对实时性要求不高或可延迟执行的程序，如交换机的维护、管理等。基本级程序由分为BQ1、BQ2、BQ3三个级别。

不同级别程序的调度与处理如图4-14所示。

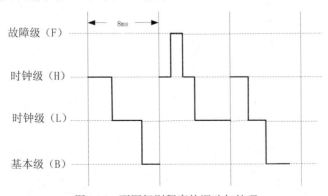

图4-14　不同级别程序的调动与处理

在程序的调度过程中，遵循以下基本原则：

① 故障级程序可以打断正常执行的低优先级程序，优先得到执行。

② 时钟级程序由时钟中断周期性执行。

③ 基本级程序按照队列方式采用"先入先出"的方式执行。

按照上述原则，在第一个中断周期中先执行 H 级程序，然后是 L 级程序，最后是 B 级程序，直到下一个时钟中断到来。在第二个中断周期中，H 级程序正在执行中，有了故障级任务，处理机打断正在执行的程序，进行断点保护后执行故障级任务。故障级任务处理完后，返回断点接着执行 H 级剩下的程序，H 级程序处理完后，执行 L 级程序，直到下一个时钟中断到来，没有执行的 B 级程序可延迟执行。在第三个中断周期中，依次执行完 H 级、L 级和 B 级程序后，在下一个时钟中断到来之前处理机处于等待状态，这样的设计可增强处理机的过负荷能力。

正常情况下，时钟周期到来时，程序的调度执行总是从时钟级开始。时钟级程序的调度执行是以一种时钟中断为基准，用时间表作为调度依据来进行的。时间表由四部分构成，分别是时间计数器、屏蔽表、时间表和功能程序入口地址表。如图 4-15 所示，时间计数器是一个时钟中断计数器，初始值为"0"。每次时钟中断到来时，都要对时间计数器

时间计数器（8ms）																
	F	E	D	C	B	A	9	8	7	6	5	4	3	2	1	0
屏蔽表	1	1	1	1	1	1	1	1	1	1	1	1	1	1	0	1
T_0														1	1	1
T_1													1		1	1
T_2												1			1	1
T_3											1				1	1
T_4										1					1	1
T_5									1						1	1
T_6															1	1
T_7															1	1
T_8														1	1	1
T_9															1	1
T_A														1	1	1
T_B	1														1	1
功能程序入口地址表	计数器清零								用户群四扫描程序	用户群三扫描程序	用户群二扫描程序	用户群一扫描程序	位间隔识别程序	DTMF号码识别程序	测试用拨号脉冲识别程序	拨号脉冲识别程序

图4-15 时间表启动周期及程序

做加 "1" 操作，产生的值作为时间表的行地址，进而对该行的数据进行处理。时间表的行代表时钟周期，列代表程序。因此时间表的行数由时间表要调度管理的程序中周期最长的程序决定，列数由处理机的字长决定。如字长为16，就可对16个时钟级程序进行调度管理。若在第 i 行第 j 列的比特位的值为 "1"，则表示在第 i 个时钟中断到来时，第 j 列对应的程序被调用；若为"0"则不被调用。程序入口地址表保存被调用程序的入口地址。屏蔽表用于控制在该时刻该程序是否被调用执行，屏蔽表的每一位对应一个程序，如果某一位为"1"则表示该程序可执行，否则不执行，即使时间表中对应的比特位的值是"1"。屏蔽表提供了一种灵活控制程序调用的机制，不用频繁更改时间表。

根据上述的描述可知时间表控制的程序进行如下操作：

拨号脉冲识别程序每 8 ms 执行一次。

DTMF 号码识别程序每 16 ms 执行一次。

位间隔识别程序每 96 ms 执行一次。

用户群扫描程序每 96 ms 执行一次。

计数器清零程序每 96 ms 执行一次。

2）应用程序

应用程序包括运行管理程序和支援程序，运行管理程序又分为呼叫处理程序、运转管理程序和故障处理程序。

呼叫处理程序用于处理呼叫，进行电话接续，是直接负责电话交换的软件。它具有以下功能：

① 交换状态管理。在呼叫处理过程中有不同的状态，如空闲状态、收号状态等，由交换状态管理程序负责状态的转移及管理。

② 交换资源管理。交换机有许多电话外设，如用户设备、中继线、收发码器、交换网络等，它要在呼叫处理过程中测试和调用，因此由呼叫处理程序管理。

③ 交换业务管理。程控交换机有许多新的交换业务，如叫醒业务等，它也属于呼叫处理的一部分。

④ 交换负荷控制。根据交换业务的负荷情况，临时性控制发话和出局呼叫的限制。

运转管理程序用于掌握交换机的工作状态，如话务量统计、用户号码或类别改变时，均可打入一定格式的命令，即可自动更改。

故障处理程序可以及时识别并切除故障设备，并以无故障设备继续进行交换工作。

支援程序主要是指在软件开发及调试安装过程中使用的程序。这部分程序在设备正常运行情况下是不使用的。

3）数据

程控交换系统的数据包括交换局的局数据、用户数据和交换系统数据。

局数据是用来反映交换局在交换网中的地位或级别、本交换局与其他交换局的中继关系的相关数据。它主要包括以下几种：中继路由的组织、数量；接收或发送号码的位长、局号、长途区号以及信令点编码等；计费费率及相应数据；信令方式。

用户数据是每个用户所特有的，它反映用户的具体情况。用户数据主要有以下几种：

① 用户性质，如私人电话用户、公用电话用户、用户交换机用户等。

② 用户类别，如电话用户、数据用户等。

③ 话机类别，如脉冲话机、DTMF 话机。

④ 计费种类，如定期、立即、免费等。

⑤ 优先级别，如普通用户、优先用户。

⑥ 用户号码，如用户号码簿号码、用户设备号。

⑦ 业务权限，如呼叫权限、新业务权限。

⑧ 呼叫过程中的动态数据，如呼叫状态、时隙、收号器编号、所收号码等。

系统数据是在交换机出厂前编写好的，主要包括设备数量、用户线数量、中继线数量及方向、收号器数量、各种框/板的数量、采用何种交换单元组成交换网络等。还包括存储器的地址分配、交换机的各信号及编号等。

4.3.3 数字交换网络

1. 时隙交换原理

程控数字交换机的任务是通过数字信号的方式实现任意两个用户之间的话音交换，也就是在这两个用户之间建立一条数字话音通道。

当话音信号转变成数字信号后，每一个用户的话音信号就在时分复用线上占据一个固定时隙，在这个固定时隙上，周期地传送该用户的话音信号。例如，A用户占据的TS_1时隙，则A用户的话音信号就每隔125 μs在TS_1时隙内以数字信号的方式向交换网络传送一次，由交换网络传送给A用户的话音信号也将每隔125 μs在TS_1时隙内传送给A用户。所以，TS_1时隙就是固定给A用户使用的话路，无论A用户发话或收话，均使用这个TS_1时隙的时间。当然，发话回路和收话回路是分开的，但传送A用户话音信号的时间和A用户接收来话的话音信号的时间是在同一个时隙的时间之内。程控数字交换机能接许多用户，因此，每一个用户都要分配一个固定时隙。30个用户就要分别固定占据30个时隙，如A用户占用TS_1时隙，B用户占用TS_2时隙，C用户占用TS_3时隙，D用户占用TS_n时隙。

为了形象地说明时隙交换原理，用两个时序开关代替控制机构，控制话音信号的交换，如图4-16所示。图中有一个话音存储器，它有30个存储单元，每个单元都有单元地址，按1，2，3，…，30顺序排列，在其左侧（输入侧）有一个时序开关S1，开关的接点有30个，分别按开关序号与相应的话音存储器的存储单元相连接；在其右侧（输出侧）也有一个时序开关S2，开关的接点也有30个，但每个接点不是按序号顺序与话音存储器的存储单元相连接，而是按用户的要求来连接的，如A用户的话音信号要传送给B用户，则开关S2的2#接点就与话音存储器1#单元的输出侧相连接；B用户的话音信号要传送给A用户，则开关S2的1#接点就与话音存储器2#单元的输出侧相连接；C用户的话音信号要传送给D用户，则开关S2的n#接点就与话音存储器3#单元的输出侧相连接；D用户的话音信号要传送给C用户，则开关S2的3#接点就与话音存储器n#单元的输出侧相连接等等。

时序开关S1、S2每秒旋转8000周，每周所需时间为125μs。在TS_1时隙开关S1、S2与1#接点接通；在TS_2时隙开关S1、S2与2#接点接通；在TS_3时隙开关S1、S2与3#接点接通……在TS_n时隙开关S1、S2与n#接点接通；等等。时序开关S1、S2是同步旋转的。

在TS_1时隙时，S1和S2分别和接点1#（输入侧）和接点1#（输出侧）相连，即S1和1#存储单元输入相连，S2和2#存储单元输出相连，此时在TS_1时隙传送来的a话音信号就存入话音存储器的1#单元，而话音存储器的2#单元内存放的b话音信号就在此时通过S2的1#接点送出，也就是输出端在TS_1时隙送出的b话音信号给A用户。在TS_2时隙时，S1和

S2分别与接点2#（输入侧）和接点2#（输出侧）相连，即S1和2#存储单元输入相连，S2和1#存储单元输出相连，此时在TS$_2$时隙传送来的b话音信号就存入话音存储器的2#单元，而话音存储器的1#单元内存放的a话音信号就在此时通过S2的2#接点送出，也就是输出端在TS$_2$时隙送出的a话音信号给B用户，这就实现了A用户和B用户的通话。其他时隙的信息交换也以此进行。由于时序开关周而复始地旋转，所以话音信号将不断地存入和送出，每个125μs话音信号就变换一次，每次只传送话音信号的一个抽样值。

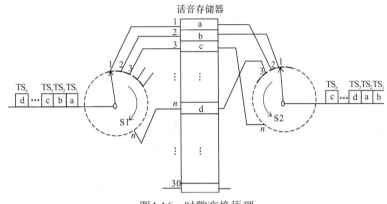

图4-16　时隙交换原理

在时分通路中，每一个用户的话音通道占用的时隙是不同的，相互错开的，要想交换两个用户的信息，只能采取信息暂存的办法，即将某一个用户在它占用的时隙时传送的信息存放在话音存储器的某一个单元，等到另一个用户占用的时隙到来时，再从话音存储器的存储单元将信息送出。这样就实现了时隙交换。

2. 数字交换网络

交换单元是构成交换网络的最基本的部件，用若干个交换单元按照一定的拓扑结构和控制方式就可以构成交换网络。数字交换网络中所用的交换单元主要为T形和S形时分接线器。

1）T形时分接线器（时间接线器）

T形时分接线器由话音存储器（SM）和控制存储器（CM）两部分组成，其功能是进行时隙交换，完成同一线路上不同时隙之间的信息交换，即把某一时分复用线中的某一时隙的信息交换至另一时隙。话音存储器用于暂存经过PCM编码的数字化话音信息，由随机存取存储器（RAM）构成。控制存储器也由RAM构成，用于控制话音存储器信息的写入或读出。话音存储器存储的是话音信息，控制存储器存储的是话音存储器的地址，其写入来自处理机的选路控制。

话音存储器有两种工作方式，一种是顺序写入，控制读出；另一种是控制写入，顺序读出。下面分别介绍这两种方式的工作原理。

（1）顺序写入、控制读出工作方式

顺序写入、控制读出工作方式的T接线器工作原理如图4-17所示。在时钟控制下，输入复用线上各时隙的内容依次顺序写入话音存储器的各个存储单元中，例如，TS$_1$时隙的内容a写入话音存储器的第1#存储单元，TS$_{17}$时隙的内容b写入话音存储器的第17#存储单元。输出复用线上各时隙读取话音存储器哪一个存储单元的内容是受控制存储器控制的，例如，输出复用线上TS$_1$时隙读出由控制存储器第1#存储单元控制，输出复用线上

TS_{17} 时隙读出由控制存储器第17#存储单元控制，而控制存储器的存储单元存放的是话音存储器读出地址。如图4-17所示，控制存储器第1#存储单元存放的是17，即在输出复用线上 TS_1 时隙读取话音存储器第17#存储单元的内容b；控制存储器第17#存储单元存放的是1，即在输出复用线上 TS_{17} 时隙读取话音存储器第1#存储单元的内容a。从而，实现了将输入复用线上 TS_1 时隙内容交换到输出复用线上 $TS17$ 时隙，将输入复用线上 TS_{17} 时隙内容交换到输出复用线上 TS_1 时隙。

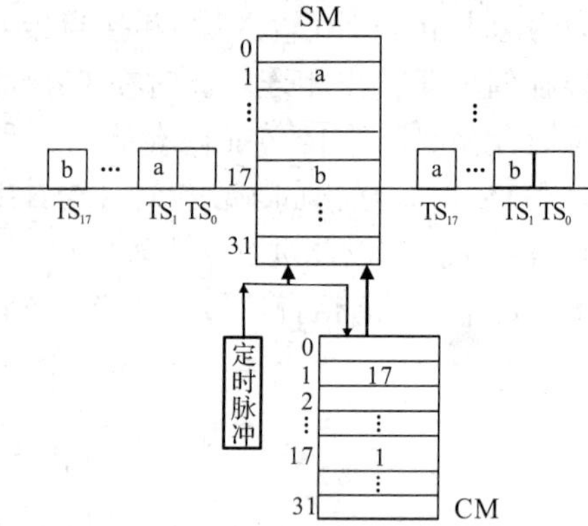

图4-17 顺序写入、控制读出工作方式

（2）控制写入、顺序读出工作方式

控制写入、顺序读出工作方式的T接线器工作原理如图4-18所示。在时钟控制下，输出时分复用线上各时隙依次顺序读出话音存储器的各个存储单元的内容，例如，TS_1 时隙读出话音存储器第1#存储单元的内容b，TS_{17} 时隙读出话音存储器第17#存储单元的内容a。而输入时分复用线上各时隙写入话音存储器哪一个存储单元是受控制存储器控制的，例如，输入时分复用线上 TS_1 时隙写入由控制存储器第1#存储单元控制，输入时分复用线上 TS_{17} 时隙写入由控制存储器第17#存储单元控制，而控制存储器的存储单元存放的是话音存储器写入地址。如图4-18所示，控制存储器第1#存储单元存放的是17，即将输入时分复用线上 TS_1 时隙的内容a写入话音存储器第17#存储单元中；控制存储器第17#存储单元存放的是1，即将输入时分复用线上 TS_{17} 时隙的内容b写入话音存储器第1#存储单元中。从而，实现了将输入时分复用线上 TS_1 时隙内容交换到输出时分复用线上 TS_{17} 时隙，将输入时分复用线上 TS_{17} 时隙内容交换到输出时分复用线上 TS_1 时隙。

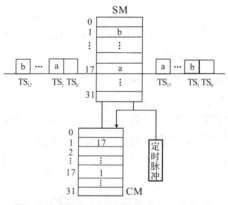

图4-18 控制写入、顺序读出工作方式

2）S形时分接线器（空间接线器）

空间接线器用来完成不同时分复用线之间的信息交换功能，而不改变其时隙位置。S形接线器由 $m \times n$ 交叉开关点矩阵电路和控制存储器组成。在每条入线 i 和出线 j 之间都有一个交叉开关点 S_{ij}，当某个交叉开关点在控制存储器控制下接通时，相应的入线即可与相应的出线相连，但必须建立在一定时隙的基础上。

S形接线器根据控制存储器的设置可分为输出和输入两种控制方式。

（1）输出控制方式

采用输出控制方式时，S形接线器按每条输出线设置控制存储器，即每一条输出线设置一个控制存储器，由控制存储器控制该输出线上各时隙与输入线的连接。

如图4-19所示，作为示例，如果输入 HW_0 线 TS_{31} 时隙的信息a要交换到输出 HW_7 线，此时应在对应于输出 HW_7 线的控制存储器的第31#存储单元中写入0，当输出 HW_7 线的 TS_{31} 时隙到来时，由控制存储器的第31#存储单元的内容来控制与输入 HW_0 线接通。控制存储器是控制写入、顺序读出的，写入的内容来自处理机的选路控制。

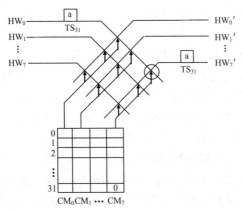

图4-19　输出控制方式的接线器

（2）输入控制方式

采用输入控制方式时，S形接线器按每条输入线设置控制存储器，即每一条输入线设置一个控制存储器，由控制存储器控制该输入线上各时隙与输出线的连接。

如图4-20所示，如果输入 HW_1 线 TS_{31} 时隙的信息a要交换到输出 HW_7 线，此时应在对应于输入 HW_1 线的控制存储器的第31#存储单元中写入7，当输入 HW_1 线的 TS_{31} 时隙到来时，由控制存储器的第31#存储单元的内容来控制与输出 HW_7 线接通。

应注意的是，空间接线器不进行时隙交换，而是实现同一时隙的空间交换。

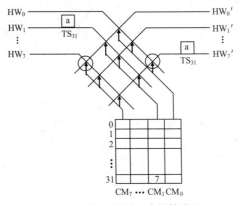

图4-20　输出控制方式的接线器

3）数字交换网络

在实际运用中，单一的S形接线器不能单独构成数字交换网络，T形接线器可以单独构成数字交换网络，但T形接线器容量受到限制，因此只有把二者结合起来，才能够既实现空间交换，又实现时隙交换，同时还能够增加交换容量。

现在常见的是三级的交换网络，即T-S-T和S-T-S。交换网络的组成如图4-21所示。一个交换网络可以由很多的交换单元组成，最简单的交换网络由一个交换单元组成。交换网络按拓扑连接方式可分为：单级交换网络和多级交换网络。

单级交换网络是由一个交换单元或若干个位于同一级的交换单元构成的。单级交换网络在实际中使用得并不多，通常使用的是多级交换网络。多级交换的特点：第1级的入线都与第1级的交换单元连接；所有与第1级相连的交换单元出线都只与第

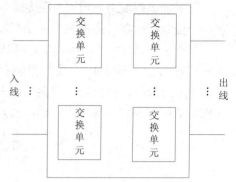

图4-21　交换网络的组成

2级的入线连接，所有第2级的出线都只与第3极的入线连接；所有第n级的交换单元入线都只与第$n-1$级的出线连接，所有的第n级的出线只与第$n+1$级和入线相连。

下面介绍常见的T-S-T三级数字交换网络的工作原理。

T-S-T交换网络由输入级T形接线器(TA)、输出级T形接线器(TB)和中间级S形接线器组成。当T形接线器的输入级是读出控制方式，输出级是写入控制方式时，称为读写控制方式。

图4-22是读写控制方式的T-S-T交换网络结构图，在输入级是一个读出控制的T形接线器。它有8个输入T形接线器，每一个T形接线器有8条PCM时分复用线，控制存储器和话音存储器容量为256（32×8）个单元；在输出级是一个写入控制的T形接线器，也有8个输出T形接线器，每一个T形接线器也有8条PCM时分复用线，控制存储器和话音存储器容量为256个单元；中间是一个输出控制的容量为8×8的S形接线器。

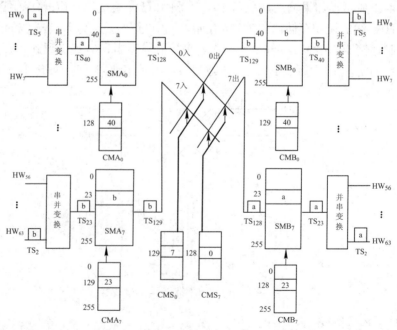

图4-22　读写控制方式的T-S-T交换网络

下面通过一个T-S-T接线器的接续过程，来理解T-S-T的工作原理。在这里假设主叫

用户占用的时隙为HW_0复用线上的TS_5，被叫用户占用的时隙为HW_{63}复用线上的TS_2。主叫用户的信息为a，被叫用户的信息为b。主叫用户占用的时隙经过复用器后时隙变成了TS_{40}，被叫用户所占用的时隙经过复用器后变成了TS_{23}。处理机在收到主叫用户的要求通话的信息后，选择两个空闲的内部时隙，假设是TS_{128}和TS_{129}。处理机在地址为128的输入级控制存储器CMA_0的单元写入40，表示在输入级T形接线器第128时隙读出时要读地址为40的话音存储单元的内容；处理机在地址为129时隙的输出级控制存储器CMB_0的单元写入40，表示在输出级T形接线器第129时隙写入时要写到地址为40的话音存储单元。

同样对于被叫用户，由于它的话音信息经过复用器后变成了TS_{23}时隙。处理机在地址为129的输入级控制存储器CMA_7的单元写入23，表示在输入级T形接线器第129时隙读出时要读地址为23的话音存储单元的内容；处理机在地址为128时隙的输出级控制存储器CMB_7的单元写入23，表示在输出级T形接线器第128时隙写入时要写到地址为23的话音存储单元。

主叫用户信息a占用时隙TS_5经过复用器后时隙为TS_{40}，送入输入级T形接线器SMA_0，由输入级T形接线器交换至内部时隙TS_{128}后送到S形接线器；对于到达S形接线器的话音信息a要通过S形接线器的0＃输入线交换至7＃输出线上，所以处理机要向CMS_7存储器进行写命令，也就是向其128＃存储单元写0。这样主叫用户的信息a通过S形接线器后，就送到了输出级的T形接线器SMB_7；由输出级T形接线器SMB_7将时隙TS_{128}交换至时隙TS_{23}，再经过分路器，将时隙TS_{23}变成时隙TS_2。主叫用户的信息a从HW_{63}的TS_2时隙输出，完成了主叫信息的交换。

被叫用户信息b占用时隙TS_2经过复用器后时隙为TS_{23}，送入输入级T形接线器SMA_7，由输入级T形接线器交换至内部时隙TS_{129}后送到S形接线器；对于到达S形接线器的话音信息b要通过S形接线器的7＃输入线交换至0＃输出线上，所以处理机要向CMS_0存储器进行写命令，也就是向其129＃存储单元写7。这样被叫用户的信息b通过S形接线器后，就送到了输出级的T形接线器SMB_0；由输出级T形接线器SMB_0将时隙TS_{129}交换至时隙TS_{40}，再经过分路器，将时隙TS_{40}变成时隙TS_5。被叫用户的信息b从HW_0的TS_5时隙输出，完成了被叫信息的交换。

对于双方的信息交换，内部时隙是同时选择的，这种选择是固定的，一直持续到这次通话的结束。对于控制存储器的内容，在一次通话的过程中，只需在建立的时候写一次。

4.4 数据交换技术

数据通信是计算机技术和通信技术相结合而产生的一种通信方式。它通过通信线路将数据终端(信源或信宿)与计算机连接起来，从而可使不同地点的数据终端直接利用计算机来实现软硬件和信息资源的共享。数据通信和传统的电报、电话通信有着重要的区别。电报、电话通信是人与人之间的通信，而数据通信则是实现终端与终端或计算机之间的通信，在传输过程中按一定的规程进行控制，以便双方稳定可靠地工作。在数据通信网中采用电路交换方式很难满足数据传输的突发性和可靠性要求，因而，数据交换技术采用不同于电话交换的交换技术，其根本思想是利用"存储转发"完成不同终端之间的数据交换。

4.4.1 分组交换技术

分组交换采用存储转发技术。在分组交换中，将用户需发送的整块数据分割成较小的数据段，在每个数据段的前面加上一些必要的地址和控制信息组成的分组头，就构成了一个分组。这些分组以存储转发的方式在网络中传输。即每个节点首先对收到的分组进行暂存，检测分组在传输中有无差错，对有差错的分组进行恢复，再分析分组头中的有关选路信息，进行路由选择，并在选择的路由中排队，等到信道空闲时转发给下一节点或目的用户终端。这一过程就称为分组交换，进行分组交换的通信网称为分组交换网。

分组交换采用统计时分复用技术，它在给用户分配传输资源时，不像电路交换固定分配带宽，而是按需动态分配。即只在用户有数据传输时才给它分配资源，因此网络传输资源利用率高。分组交换中，统计时分复用功能是通过具有存储和处理能力的专用计算机——接口信息处理机（IMP, Interface Message Processor）来实现的。IMP完成对数据流的缓冲存储和对信息流的控制处理，解决各用户争用线路资源时产生的冲突。当一个用户有数据要传输时，IMP为其分配线路资源；一旦没有数据传输，线路资源就被其他用户使用。因此，这种动态分配线路资源的方式，可在同样的传输能力条件下，传送更多的信息，可允许每个用户的数据传输速率高于其平均速率，最高可达到线路总传输能力。例如，四个用户信息在速率为9.6kb/s的线路上传输，平均速率为2.4kb/s。对固定分配的同步时分方式（TDM），每个用户最高传输速率为2.4kb/s；对统计时分复用方式（STDM），每个用户最高传输速率可达9.6kb/s。图4-23所示为三个用户（终端）采用统计时分复用方式共享线路资源的情况。

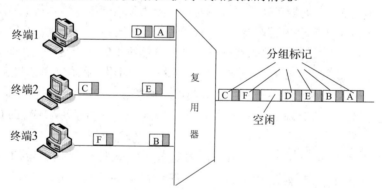

图4-23　统计时分复用示意图

来自终端的各个分组按到达的先后顺序在复用器的存储器中排队缓冲。复用器按照先进先出原则，从队列中逐个取出分组，并向线路上发送。当复用器存储器空闲时，线路也暂时空闲；当存储器队列中有了新的分组时，复用器继续向线路上发送。如图4-23所示，开始时终端1有A、D分组要传送，终端2有E分组要传送，终端3有B分组要传送，它们按照到达的先后顺序进行排队：A、B、E、D，因此在线路上的分组传输顺序为：A、B、E、D。此后各终端均暂无分组传送，则线路空闲。随后，终端2有C分组要传送，终端3有F分组要传送，则线路上又按照分组到达顺序传送F分组和C分组。这样，在高速传输线路上，形成了各用户终端分组的交织传送。各用户分组数据的区分，不是像同步时分复用那样按时间位置区分，而是按照各用户数据分组的"标志"来区分，每个用户终端数据在线路上的传输时间不受限制，网络可以把线路的传输资源按需动态分配给各个用户，从而提高了线路传输资源的利用率。

分组交换方式的工作过程是分组终端把用户要发送的数据信息分割成许多用户数据段，每个用户数据段被送往下一个交换点时应附加一些必要的操作信息，如源地址、目的地址、用户数据段编号及差错控制信息等组成一个数据分组。根据分组的目的地址选择一条最佳路由(即最经济合理的路由)，把数据分组经一个或几个转接交换机最后送到收信终端所连接的交换机，此交换机再把数据分组送给收信终端，收信终端从数据分组中取出用户数据段，再把它按顺序装配，恢复成原有的数据信息。

图4-24表示了分组交换的工作原理。图中有四个终端A、B、C和D，分别为非分组终端和分组终端。分组终端是指终端可以将数据信息分成若干个分组，并能执行分组通信协议，可以直接和分组网络相接进行通信，图中B和C是分组终端。非分组终端是指没有能力将数据信息分组的一般终端，为了能够允许这些终端利用分组交换网络进行通信，通常在分组交换机中设置分组装拆(PAD)模块完成用户报文信息和分组之间的转换，图中A、D是非分组终端。在图中存在两个通信过程，分别是终端A和终端C之间的通信，以及终端B和终端D之间的通信。

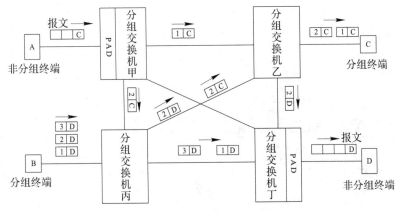

图4-24 分组交换的工作原理

非分组终端A发出带有接收终端C地址标识的报文，分组交换机甲将此报文分成两个分组，存入存储器并进行路由选择，决定将分组1直接传送给分组交换机乙，将分组2通过分组交换机丙传输给分组交换机乙，路由选择完毕，同时相应路由有空闲，分组交换机将两个分组从存储器中取出送往相应的路由。其他相应的交换机也进行同样的操作。如果接收终端接收的分组是经由不同的路径传输而来的，分组之间的顺序会被打乱，接收终端必须有能力将接收的分组重新排序，然后递交给相应的处理器。另外一个通信过程是在分组终端B和非分组终端D之间进行的。分组传输过程与A与C间的传输相似，在接收端局通过装拆设备将分组组装成报文传输给非分组终端。

分组交换即指分组从源端经分组交换网中各交换节点的交换到达目的端的过程。分组交换网可采用两种分组交换工作方式，一种是虚电路方式(virtual circuit)，另一种是数据报方式(datagram)。

1. 虚电路方式

虚电路方式就是在用户数据传输前先通过发送呼叫请求分组建立端到端的虚电路连

接，一旦虚电路建立后，属于同一呼叫的数据分组就沿着这一虚电路传输，用户数据传输完毕，再通过发送呼叫清除分组来拆除虚电路。虚电路方式中，用户的通信过程需要经过连接建立、数据传输和连接拆除三个阶段。因此，虚电路提供的是面向连接的服务。

分组交换中的虚电路不同于电路交换中的物理连接，它是虚（逻辑）连接。虚电路并不独占线路，在一条物理线路上以统计时分复用方式可以同时建立多个虚电路，用户终端之间建立的是虚连接。在电路交换方式中，一条物理线路按同步时分复用方式建立多个实电路，多个用户终端在固定的时隙向所复用的物理线路上发送信息，即使属于某个终端或通信过程的某个时隙无信息传送，其他终端也不能在这个时隙向线路上发送信息。而虚电路则不同，每个用户终端发送信息没有指定固定的时间（时隙），各终端的分组在节点的相应端口统一进行调度和排队，当某终端暂时没有信息发送时，线路的所有带宽资源立即由其他终端分享。也就是说，建立实电路连接，不但确定了用户信息所走的路径，同时也为用户信息的传送预留了带宽资源；而建立虚电路连接，只是确定了用户信息的端到端路径，并不一定要求预留线路的带宽资源。因此，虚电路的连接只在占用它的用户发送数据时才排队竞争线路带宽资源。

虚电路工作方式如图4-25所示。终端1和终端2通过网络分别建立两条虚电路VC1和VC2。VC1虚电路：终端1—节点1—节点2—节点3—终端3；VC2虚电路：终端2—节点1—节点2—节点4—终端4。所有终端1至终端3的分组均沿着VC1由终端1到终端3，所有终端2至终端4的分组均沿着VC2由终端2到终端4，在节点1与节点2之间的物理线路上，VC1和VC2共享传输资源。若VC1暂时没有数据传输时，所有的线路传输资源和交换机的处理能力将为VC2服务，此时，VC1并不实际占用带宽和处理机资源。

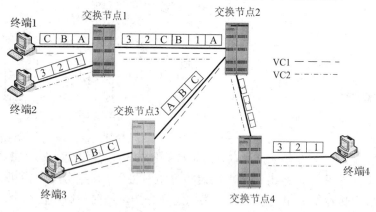

图4-25　虚电路工作方式

2. 数据报方式

数据报方式用户通信不需要预先建立逻辑连接，交换节点对每一个分组单独进行处理，每个分组都含有目的地址信息。当分组到达网络节点时，节点交换机根据分组头中的目的地址对各个分组独立进行选路，属于同一用户的不同分组可能沿着不同的路径到达终点，会出现分组失序现象，因此，需要在网络的终点重新排序。由于不需要建立连接，数据报方式也称为无连接方式。

数据报工作方式如图4-26所示。终端1有三个分组A、B、C要发送到终端2，在网络中，分组A由节点1经节点3转接到达节点4，分组B由节点1和节点4之间的直达路由到达节点4，分组C由节点1经节点2转接到达节点4。由于每条路由上的业务情况（负荷、带宽、时延等)不尽相同，三个分组的到达顺序可能与发送时的顺序不一致，因此，在目的节点4要将它们重新排序，再交给终端2。

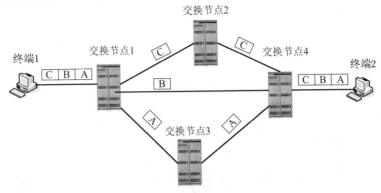

图4-26 数据报工作方式

3．两种工作方式的特点

虚电路方式具有以下特点：

① 面向连接的工作方式。虚电路方式的通信具有严格的三个过程，即连接建立(呼叫建立)、数据传输和连接拆除(呼叫清除)。面向连接的工作方式对于长报文(大数据量)传输效率较高。

② 分组按序传送。分组在传送过程中不会出现失序现象，分组发送的顺序与接收的顺序一致，因而虚电路方式适于传送连续的数据流。

③ 分组头简单。由于在传送信息之前已建立好连接，所以数据分组的分组头较简单，不需要包含目的终端的地址，只需要包含能够识别虚连接的标志即可完成寻址功能，信息传输的效率较高。

④ 对故障敏感。在虚电路方式中，一旦出现故障或虚连接中断，通信就中断。这有可能丢失数据，所以这种方式对故障比较敏感。

数据报方式具有以下特点：

① 无连接的工作方式。数据报方式在信息传输之前无需建立连接，这种无连接工作方式对于短报文(小数据量)的传输效率较高。

② 存在分组失序现象。由于每个数据分组都独立选路，所以属于同一个通信的不同分组有可能会沿着不同的路径到达终点，会出现先传送的分组后到，后发送的分组先到的现象。

③ 分组头复杂。数据报方式的分组头比虚电路方式的分组头复杂，它包含目的终端地址，每个分组交换节点需要依此进行选路。

④ 对网络故障的适应能力较强。由于对每个数据分组是独立选路，所以当网络出现故障时，只要到目的终端还存在一条路由，通信就不会中断。

4.4.2 帧中继技术

帧中继是在开放系统互联(OSI)参考模型第二层，即数据链路层上使用简化的方式传送和交换数据单元的一种方式。由于在数据链路层的数据单元一般称作帧，故称为帧中继。

分组通信(X.25协议)网络是提供交换数据连接的通信网络，其特点是传输速率较低，时间延迟大。为了改进性能，在X.25协议的基础上提出了帧中继的概念，帧中继对通信协议进行了简化，其重要特点之一是将分组通信网中通过分组节点间的重发、流量控制来纠正差错和防止拥塞的处理过程进行简化，将网内的处理移到网外系统中来实现，从而简化了节点的处理过程，缩短了处理时间，实现了快速分组交换的通信方式。和X.25协议相比它具有传输速率高、时间响应快、吞吐量大等优点。X.25分层协议功能如图4-27所示，帧中继分层协议功能如图4-28所示。

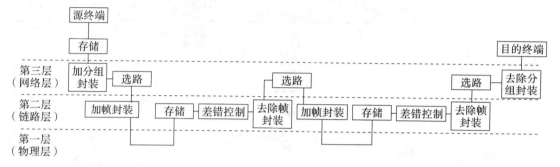

图4-27　X.25分层协议功能

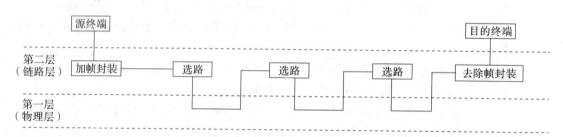

图4-28　帧中继分层协议功能

类似于分组交换，帧中继也采用统计复用技术，但它是在链路层进行统计复用的，以"虚电路"（VC）机制为每一帧提供地址信息，每一条线路和每一个物理端口可容纳许多虚电路，用户之间通过虚电路进行连接。在每一帧的帧头中都包含虚电路号——数据链路连接标识符（DLCI），这是每一帧的地址信息。帧中继中，由多段DLCI的级连构成端到端的虚连接，目前帧中继网只提供永久虚电路（PVC）业务。每一个节点机中都存有PVC转发表，当帧进入网络时，节点机通过DLCI值识别帧的去向。DLCI只具有本地意义，它并非指终点的地址，而只是识别用户与网络间以及网络与网络间的逻辑连接（虚电路段）。

帧中继的虚电路是由多段DLCI的逻辑连接链接而构成的端到端的逻辑链路。在帧中继网中，一般都由路由器负责构成帧中继的帧格式，路由器在帧内置DLCI值，将帧经过本地UNI接口送入帧中继交换机，交换机首先识别帧头中的DLCI，然后在相应的转发表中找出对应的输出端口和输出的DLCI，从而将帧准确地送往下一个节点机。如此循环往复，直至送到远端UNI处的用户，途中的转发都是按照转发表进行的。如图4-29所示，已建立了三条PVC连接：

PVC1为路由器1到路由器2：DLCI（33）—DLCI（40）；

PVC2为路由器1到路由器3：DLCI（40）—DLCI（43）—DLCI（55）—DLCI（24）；

PVC3为路由器1到路由器4：DLCI（10）—DLCI（20）—DLCI（30）。

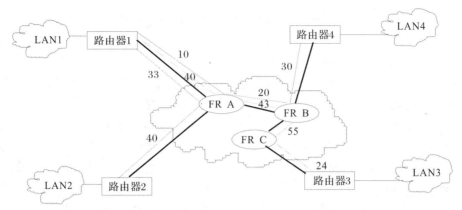

图4-29 帧中继交换原理

各帧中继交换机内部都建立相应的PVC转发表，如表4-1～表4-3所示。如对于PVC2，交换机A收到DLCI=40的帧后，查询转发表，得知下一节点为交换机B，DLCI=43，则交换机A将DLCI=40映射到DLCI=43，并通过A—B的输出线转发出去，帧到达交换机B时，完成类似的操作，将DLCI=43映射到DLCI=55，转发到交换机C，交换机C将DLCI=55映射到DLCI=24，转发到路由器3，从而完成用户信息的交换。

表4-1 帧中继交换机(FR A) PVC转发表

输入端	DLCI	输出端	DLCI
路由器1	10	交换机B	20
路由器1	33	路由器2	40
路由器1	40	交换机B	43

表4-2 帧中继交换机 (FR B) PVC转发表

输入端	DLCI	输出端	DLCI
交换机A	20	路由器4	30
交换机A	43	交换机C	55

表4-3 帧中继交换机 (FR C) PVC转发表

输入端	DLCI	输出端	DLCI
交换机B	55	路由器3	24

4.4.3 ATM技术

1986年，国际电联提出了宽带综合业务数字网络(B-ISDN)的概念。B-ISDN的目标是以一个综合的、通用的网络来承载全部现有的和将来可能出现的业务。人们通过对电路交换网和分组交换网技术的研究和分析，认为ATM（异步传送模式）是实现宽带综合业务数字网络(B-ISDN)行之有效的技术。ATM是以信元(短数据分组)为信息传输、复接和交换的基本单位的传送方式。在ATM网络中，声音、数据和视频等信息被分解成长度固定的信元，并且信元的长度较短，来自不同信源的信元以异步时分复用的方式汇集在一起，在网络节点缓冲器内排队，按照先进先出或其他仲裁机制逐个传送到传输线路上，形成首尾相连的信元流。网络节点根据每个信元携带的虚信道标识符，选择节点的输出端口，转发信元。采用很短的信元可以减少网络节点内部的缓冲器容量以及排队时延和时延抖动，固定长度的信元便于简化交换控制和缓冲器管理，转发部件可以采用硬件实现，因此，信元的转发速度快、时延小。ATM传输模式适合于任何业务，任何业务的信息都是经过切割，封装成统一格式的信元。ATM网络都按照同样的方式进行处理，真正做到业务的完全综合。

1．ATM信元结构

ATM信元是一种固定长度的数据分组。一个ATM信元具有53个字节，前面5个字节称作信元头，用于表征信元去向的逻辑地址、优先等级等控制信息；后面48个字节称作信息域，用来装载来自不同用户、不同业务的信息。

在ATM网络中，用户线路接口称做用户—网络接口，简称UNI；中继线路接口称作网络—网络接口，简称NNI。ATM信元的信头定义在UNI和NNI上略有差别，如图4-30所示。ATM信元在线路上的发送顺序是从左往右，从上到下。

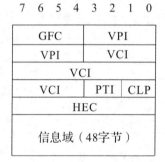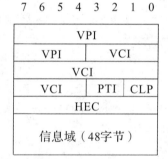

图4-30　ATM信元结构

两种接口上ATM信头的不同之处，仅在于NNI接口上没有定义GFC域，VPI占用了12比特。上述信元中各个域的用途说明如下。

（1）GFC

GFC为一般流量控制域，用于控制ATM接续的业务流量，减少用户侧出现的短期过载。

（2）VPI和VCI

VPI为虚通路标识。VCI为虚信道标识，标识虚通路内的虚信道。VPI和VCI用于将一条传输ATM信元的线路划分为多个子信道，每个子信道相当于分组交换网中的一条虚电路，认为具有相同的VPI和VCI的信元属于同一条虚电路。

（3）PTI

PTI为净荷类型指示域，用来指示信元类型。

（4）CLP

CLP为信元丢失优先级，它将信元区分为两种不同的优先级。

（5）HEC

HEC为信头差错控制域，用于信头纠错，保证信头正确传输及信元同步。

（6）信息域

信息域即后面的48个字节，用于装载用户数据或网络管理信息。

ATM信元中信头的功能比分组交换中分组头的功能大大简化了，不需要进行逐段链路的差错控制，只进行端到端的差错控制，HEC只负责信头的差错控制，并且只用VPI和VCI来标识一条虚电路，不需要源地址、目的地址和包序号，信元传输的顺序由网络来保证。

2．ATM交换的特点

ATM交换具有以下特点：

① 采用统计时分复用。在ATM方式中保持了时隙的概念，但是采用统计时分复用的方式，在ATM时隙中存放的实际上是信元。

② 以固定长度（53字节）的信元为传输单位，响应时间短。ATM的信元长度比X.25网络中的分组长度要小得多，这样可以降低交换节点内部缓冲区的容量要求，减少信息在这些缓冲区中的排队时延，从而保证了实时业务短时延的要求。

③ 采用面向连接并预约传输资源的方式工作。在ATM方式中采用的是虚电路形式，同时在呼叫过程向网络提出传输所希望使用的资源。

④ 在ATM网络内部取消逐段链路的差错控制和流量控制，而将这些工作推到了网络的边缘。

⑤ 支持综合业务。ATM充分综合了电路交换和分组交换的优点，既具有电路交换处理简单的特点，支持实时业务、数据透明传输，又具有分组交换的特点，如支持可变比特率业务，对链路上传输的业务采用统计时分复用等。

3．ATM交换原理

ATM交换采用电信号交换，它以信元为基本交换单位，即53个字节为一个整体进行交换，但它仅对信头进行处理。ATM交换选择路径，在两个通信实体之间建立虚信道，在一条链路上可以建立多个虚信道。在一条虚信道上传输的信元均在相同的物理线路上传输，且保持其先后顺序，因此克服了分组交换中无序接收的缺点，保证了数据的连续性，更适合于多媒体数据的传输。在信头的各个组成部分中，VPI和VCI是最重要的，这两个部分合起来构成了一个信元的路由信息，该信息表示这个信元从哪里来，到哪里去。ATM交换就是依据各个信元上的VPI和VCI，来决定把它们送到哪一条输出线上去。每个ATM交换机建立一张翻译表，对于每个交换端口的每一个VPI和VCI，都有对应表中的一个入口，当VPI和VCI分配给某一虚信道时，对照翻译表将给出该交换机的一个对应输出端口以及用于更新信头的VPI和VCI值。当某一信元到达交换机时，交换机将读出该信元信头的VPI和VCI值，并与路由对照翻译表比较。当找到输出端口时，信头的VPI和VCI被更新，信元被发往下一段路程。

如图4-31所示，ATM交换单元有n条入线（$I_1 \sim I_n$），m条出线（$O_1 \sim O_m$），每条入线和出线上传送的都是ATM信元流，而每个信元的信头值则表明该信元所在的虚信道（由VPI/VCI值确定）。不同的入线（或出线）上可以采用相同的虚信道值。ATM交换的基本任务就是将任意入线上的任意虚信道中的信元交换到所需的任意出线上的任意虚信道上去。例如，图4-31中入线I_1的虚信道a被交换到出线O_1的虚信道x上，入线I_1的虚信道b被交换到出线O_m的虚信道s上，等等。这里交换包含了两个方面的功能：一是空间交换，即将信元从一条传输线（如I_1）传送到另一条传输线（如O_m）上去，这个功能又叫做路由选择；另一是时隙交换，即将信元从一个虚信道（如I_1的b）改换到另一个虚信道（如O_m的s），这个功能又称为信头变换。以上空间交换和时隙交换的功能可以用一张翻译表来实现，图4-31的译码表列出了该交换单元当前的交换状态。

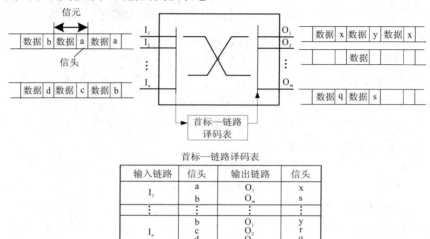

图 4-31　ATM交换的基本原理

　　由于ATM是一种异步传输方式，在虚信道上信元的出现是随机的，而在时隙和虚信道之间没有固定的对应关系，因此很有可能会存在竞争。就是说，在某一时刻，可能会发生两条或多条入线上的信元都要求转发到同一条输出线上的情况。例如I_1的虚信道a和I_n的虚信道b都要求交换到O_1，前者使用O_1的虚信道x，后者使用O_1的虚信道y，虽然它们占用O_1不同的虚信道，但由于这两个信元同时到达O_1，在O_1上当前时隙只能满足其中一个的需求，另一个必须被丢弃。为了不使在发生竞争时引起信元丢失，因此在交换节点中必须提供一系列缓冲区，以供信元缓冲用。

　　综上所述，我们可以得出这样的结论：ATM交换系统应具备三种基本功能，即路由选择、排队缓冲和信头变换。

4．ATM交换机的基本组成

　　ATM交换机由入线处理部件、出线处理部件、ATM交换单元和ATM控制单元四个部分组成，如图4-32所示。其中，ATM交换单元完成交换的实际操作（将输入信元交换到输出线上去）；ATM控制单元控制ATM交换模块的具体动作（VPI/VCI转换、路由选择）；入线处理部件对各入线上的ATM信元进行处理，使它们适合ATM交换单元处理；出线处理部件则对ATM交换模块送出的ATM信元进行处理，使它们适合在线路上传输。下面简单介绍这些单元的基本功能。

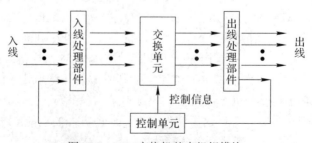

图4-32　ATM交换机基本组织模块

1）入线处理部件

入线处理部件对各入线上的ATM信元进行处理，使它们适合ATM交换单元处理，即为物理层向ATM层提交过程，将比特流转换成信元流。入线处理部件完成的功能如下：

① 信元定界：将基于不同传输系统的比特流分解成以53字节为单位的信元。

② 信元有效性检验：将信元中的空闲信元、传输中信头出错的信元丢弃，将有效信元送入系统的交换、控制单元。

③ 信元类型分离：根据VCI标志分离VC级OAM信元，根据VPI标志分离VP级OAM信元并提交控制单元，其他用户消息信元送入交换单元。

2）控制单元

控制单元负责建立和拆除VCC和VPC，并对ATM交换单元进行控制，同时处理和发送OAM信息。控制单元的主要功能如下：

① 连接控制：完成VCC和VPC的建立和拆除操作。

② 信令信元发送：在进行UNI和NNI应答时，控制发送相应的信令信元以使用户/网络之间的协商过程得以顺利进行。

③ OAM信元处理和发送：根据接收到的OAM信元信息，进行相应处理，如统计性能参数或者进行故障处理，同时控制单元能够根据本节点接收到的传输性能参数或故障消息发送相应的OAM信元。

3）出线处理部件

出线处理部件完成与入线处理部件相反的处理，即对ATM交换单元送出的ATM信元进行处理，使它们适合在线路上传输，即为ATM层向物理层提交过程，将信元流转换成比特流。出线处理部件完成的功能如下：

① 复用：将交换单元的输出信元流、控制单元的OAM信元流，以及相应的信令信元消息流复合，形成送往出线的信元流。

② 速率适配：将来自ATM交换机的信元适配成适合线路传输的速率。

③ 成帧：将信元比特流适配成特定的传输媒体要求的格式。

4）交换单元

交换单元是整个交换机的核心单元，它提供了信元交换的通路，通过交换单元的三个基本功能(路由、信头变换和缓存)，将信元从一个端口交换到另一个端口上去，从一个VP/VC交换到另一个VP/VC。交换单元还完成一定的流量控制功能，主要是优先级控制和业务的流量控制。

ATM交换机由软件进行控制和管理。软件主要指控制交换机运行的各种规约，包括各种信令协议和标准。交换机必须能够按照预先规定的各种规约工作，自动产生、发送和接收、识别工作中所需要的各种指令，使交换机受到正确控制并合理地运行，从而完成交换机的任务。

4.4.4 软交换

在传统的电路交换网中，向用户提供的每一项业务都与交换机直接有关，业务应用和呼叫控制都由交换机来完成，因此，每提供一项新的业务都需要先制定规范，再对网络中的所有交换机进行改造。为了满足用户对新业务的需求，人们在PSTN/ISDN的基础上提出了智能网的概念，智能网的核心思想就是将呼叫控制和接续功能与业务提供分离，交换机只完成基本的呼叫控制和接续功能，而业务提供则由叠加在PSTN/ISDN网之上的智能网来提供。这种将呼叫控制与业务提供的分离大大增强了网络提供业务的能力和速度。"业务有用户编程实现"的思想首创于智能网，但是，智能网建立在电路交换网络之上，因此，业务和交换的分离不彻底，同时，其接入和控制功能也没有分离，不便于实现对多种业务网络的综合接入。

随着IP技术的发展，各种业务都希望利用IP网络来承载，因此，从简化网络结构，便于网络发展的观点出发，有必要将呼叫控制与连接承载进一步分离，并对所有的媒体流提供统一的承载平台。

软交换就是针对上述要求提出的下一代网络体系结构，软交换是开放的、可编程的网络体系结构，软交换与下层（承载层）、与上层（应用层）的接口均是采用标准的API接口，实现业务与呼叫控制分离、呼叫控制与承载分离。软交换网集IP、ATM、IN（智能网）和TDM众家之长，形成分层、全开放的体系架构，不但实现了网络的融合，更重要的是实现了业务的融合，使得业务真正独立于网络，从而能灵活、有效地实现业务的开发和提供。软交换的演化见图4-33所示。

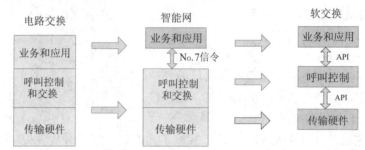

图4-33　软交换演化示意图

1．软交换系统的体系结构

软交换技术的出现源于交换技术的发展，软交换系统的出现是程控交换机体系结构走向开放的结果，在体系架构上具有延续的特点。

1）传统交换机的结构模型

通常程控数字电话交换机由控制部分、内部数字交换网络和外围接口设备组成。根据所执行功能的不同，可将传统交换机的内部结构划分为控制、交换（承载连接）和接入三个功能平面。其体系结构如图4-34所示。

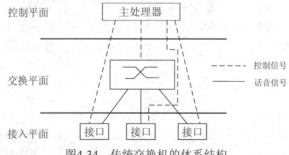

图4-34　传统交换机的体系结构

传统电路交换机的各种业务功能，除智能网业务以外，一般融合在交换机的软件、硬件之中。在传统电路交换机中，主处理机与用户电路、中继电路、信令处理模块等之间的通信协议采用由制造商自己制定的非开放的内部协议。因此，程控交换机的这三个功能平面，不仅在物理上合为一体，而且支持这三个功能平面的软、硬件互相牵制，不可分割。此外，传统程控交换机的业务提供在设计交换机方案时就定了下来，一旦产品定型，若想修改或增加某种业务，就需要更改软件或硬件，因此提供新业务十分困难。由此可见，传统的电路交换机是封闭的集成化一体机，其控制、交换和接入三部分以非标准的内部接口互连，并在物理上合为一体，其业务提供功能融合在交换机的软、硬件中，这样运营商被设备厂商锁定，没有创新的空间。

2）软交换系统的体系结构

软交换技术建立在分组交换技术的基础上，其核心思想就是将传统电路交换机中的三个功能平面进行分离，并从传统电路交换机的软、硬件中剥离出业务平面，形成四个相互独立的功能平面，实现业务控制与呼叫控制的分离、媒体传送与媒体接入功能的分离，并采用一系列具有开放接口的网络部件去构建这四个功能平面，从而形成如图4-35所示的开放的、分布式的软交换体系结构。

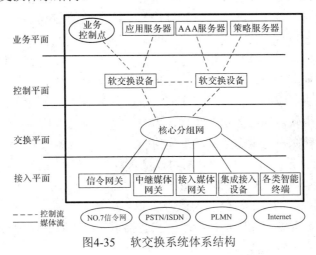

图4-35 软交换系统体系结构

（1）业务平面

业务平面在呼叫建立的基础上提供附加的服务，承担业务提供、生成和维护、管理、鉴权、计费等功能，利用底层的各种资源为用户提供丰富多彩的网络业务，主要网络部件为应用服务器、业务控制点、AAA（授权、鉴权、记账）服务器、策略服务器、网管服务器等。

（2）控制平面

控制平面内的主要网络部件为软交换设备。软交换设备相当于程控电话交换机中具有呼叫处理、业务交换及维护和管理等功能的主处理机，此平面决定用户应该接收哪些业务，并控制其他较低层的网络单元，告诉它们如何处理业务流。

（3）交换平面

交换平面也可称作媒体传输平面或承载连接平面，它提供各种媒体（话音、数据、视频等）的宽带传输通道并将信息选路至目的地。交换平面的主要网络部件为标准的IP路由器（或ATM交换机）。基于分组网络的软交换系统，用网络本身作为交换部件。

（4）接入平面

接入平面的功能是将各种用户终端和外部网络连至核心网络，由核心网络集中用户业务并将它们传送到目的地。接入平面的主要网络部件有中继媒体网关、用户接入网关、信令网关、无线接入网关等。

软交换系统结构有以下特点：可以使用基于分组交换技术的媒体传输模式，同时传送话音、数据和多媒体业务；将网络的承载部分和控制部分相分离，在各单元之间使用开放的接口，允许它们分别演进，有效地打破了传统电路交换机的集成交换结构。

总之，软交换技术将原有的电路交换机的呼叫控制功能与媒体传输功能分离开，这一思想符合网络部件化的趋势，但作为下一代网络呼叫控制的核心，软交换的功能要求远不止于此，随着网络的发展，业务越来越客户化，软交换设备作为一个控制平台，应具有能适应业务的快速变化、自身的处理能力易于增强等特点。在实现中，软交换系统通过提供各种开放的接口、标准化的协议，增加软件技术含量，使得以上要求容易实现。

2. 软交换系统的功能

软交换的基本含义就是将呼叫控制功能从媒体网关（传输层）中分离出来，通过软件实现基本呼叫控制功能，包括呼叫选路、管理控制、连接控制（建立/拆除会话）和信令互通，从而实现呼叫传输与呼叫控制的分离，为控制、交换和软件可编程功能建立分离的平面。软交换主要提供连接控制、地址解析和选路、网关管理、呼叫控制、带宽管理、信令、安全性和呼叫详细记录等功能，同时，软交换还将网络资源、网络能力封装起来，通过标准开放的业务接口和业务应用层相连，从而可方便地在网络上快速提供新业务。

软交换是一个由软件构成的功能实体，为下一代网络提供具有实时性要求的呼叫控制和连接控制功能。软交换至少需要实现下列功能：

① 提供开放的业务接口（API）和底层协议接入接口（信令协议）。

② 实现网络融合（统一呼叫控制）。

③ 兼容现有网络（如IN、PSTN、SIP、H.323）。

软交换系统的参考模型如图4-36所示。它包括了一个完整的软交换系统应包含的功能实体以及它们之间的接口参考点。

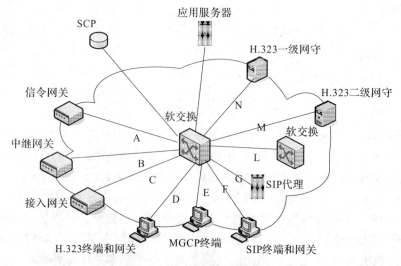

图4-36　软交换系统参考模型

软交换技术的主要思想是实现业务提供与呼叫控制、呼叫控制与承载连接分离，各实体之间通过标准的协议或API进行连接和通信。图4-37给出了软交换系统的功能结构图。

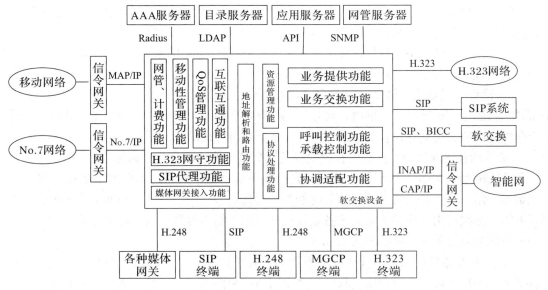

图4-37 软交换功能结构示意图

软交换设备主要功能有：

① 呼叫控制和处理功能。呼叫控制和处理功能是交换机的核心功能之一，它为基本呼叫的建立、维持和释放提供控制功能，包括呼叫处理、承载连接控制、智能呼叫触发检出和资源控制等。

② 承载控制功能。承载连接控制是呼叫控制中非常重要的部分，它专门负责对底层媒体链路进行有效的控制。在融合网络中，特别是IP分组网中，信令链路和承载链路的建立是分离的和分别可控的。

③ 协议适配功能。软交换是一种开放的、多协议实体，采用标准协议与各种媒体网关、终端和网络进行通信，它要实现多种异构网络间的无缝融合，这就要求软交换不仅要支持多种不同的网络协议，而且还需要对不同的协议进行语义功能的适配，把它们转换成内部统一的接口形式，从而实现与上层统一呼叫控制模型的交互。

④ 业务交换功能。为了实现与智能网的互通，最大限度地继承智能网的业务能力，软交换设备应实现SSF（业务交换功能）功能。SSF相当于智能网与软交换之间的接口，提供识别智能网业务处理请求的手段，并与呼叫处理以及业务逻辑交互。

⑤ 业务提供能力。软交换在电信网从电路交换向分组交换演进的过程中起着十分重要的作用。软交换技术主要用于处理实时业务，如话音业务、视频业务、多媒体业务等，此外还应能够实现PSTN/ISDN交换机提供的全部业务，包括基本业务和补充业务。同时，软交换还应可以与现有智能网配合，提供现有智能网所能提供的业务。另外，软交换还必须提供开放的可编程API接口和协议，实现与外部业务平台的互通，可与第三方合作，提供多种增值业务和智能业务，使第三方业务的引入和提供成为可能。

⑥ 媒体网关接入功能。软交换负责各种媒体网关的接入，该功能可以认为是一种适

配和监控功能，它可以连接各种媒体网关，完成 H.248 协议中媒体网关控制的功能，对这些网关进行必要的监控、管理和日常的维护，同时还可以直接与 H.323 终端和 SIP 客户端终端进行连接，提供相应业务。

⑦ 资源管理功能。软交换提供资源管理功能，对系统中的各种资源进行集中管理，以达到系统资源的合理利用，最大限度地体现和发挥资源的利用价值。

⑧ 认证/授权。软交换与认证中心连接，可将辖区内的用户、媒体网关信息送往认证中心，进行认证与鉴权，防止非法用户和设备的接入。

⑨ 话音处理功能。软交换设备应可以控制媒体网关是否采用话音信号压缩，并提供可以选择的话音压缩算法。同时，可以控制媒体网关是否采用回声抵消技术，并可以对话音包缓存区的大小进行设置，以减少抖动对话音质量带来的影响。

⑩ 移动性管理功能。移动性管理功能是软交换支持移动业务必备的功能单元。

⑪ QoS 管理功能。由于软交换网络是一个多媒体通信网络，不但要支持 IP 网络的传统数据应用，而且要支持高质量的实时音视频通信业务。同时，软交换网络是一个商业运营网络，必须向用户提供承诺的服务质量，而且需根据所提供的服务质量计费，因此必须根据不同的应用需求，提供相应的 QoS。

⑫ 互联互通功能。下一代网络并不是一个孤立的网络，尤其是在现有网络向 NGN 的发展演进中，不可避免地要实现与现有多个网络的协同工作、互联互通、平滑演进，因此需要软交换设备支持相应的信令和协议，从而完成与现有各种网络的互联互通。

⑬ 地址解析和路由功能。软交换设备应可以完成 E.164 地址至 IP 地址、别名地址至 IP 地址的转换功能，同时也可完成重定向的功能，并在此基础上完成呼叫路由。

⑭ 网管功能。软交换应该既能支持本地维护管理，又可以通过内部的 SNMP 代理模块与支持 SNMP 协议的网管中心进行通信，和传统电信设备一样，软交换实现的管理功能为配置管理、性能管理、故障管理和安全管理等。

⑮ 计费功能。软交换控制设备应具有采集详细通话记录以及多媒体业务计费信息的功能，并能够按照运营商的需求将各种计费的相关记录传送到相应的计费中心。

3. 软交换的主要设备

软交换的主要设备及协议如图 4-38 所示。

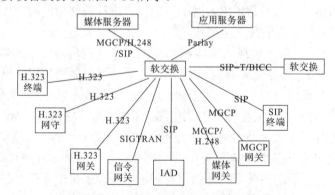

图4-38 软交换的主要设备及协议

1）软交换设备

软交换设备是网络中的核心控制设备，向下控制各种网关和终端设备，向上和各种服务器进行交互。它完成对网关/终端设备的控制、呼叫接续过程的处理、网络公共资源的管理、与业务平台接口的实现以及与对等实体的互联互通等，它还具有提供承载连接、号码分析和地址翻译、路由、计费数据收集等功能。

2）信令网关

信令网关目前主要是指No.7信令网关设备。传统的No.7信令系统是基于电路交换的，所有应用部分是由MTP承载的，在软交换体系中则需要由IP来承载。信令网关提供No.7信令网络与分组网络之间的信令转换和传送能力，使软交换看起来就像No.7信令网中的一个普通节点。它将电话交换机采用的基于TDM电路的No.7信令信息转换成IP包，信令网关只负责No.7信令网中的信令信息的处理。

3）媒体网关

媒体网关完成媒体流的转换处理功能，它将各种媒体(话音、视频、数据等)在电路交换网络与分组网络之间转送。媒体网关负责处理话音媒体数据载荷(话音进行抽样量化后的数字信号)而不是信令信息，在软交换设备的控制下完成媒体流的变换和处理。按照其所在位置和所处理媒体流的不同可分为中继网关、接入网关、多媒体服务接入网关、无线接入网关等。

4）媒体服务器

媒体服务器是为了丰富软交换网络，使其具有多媒体能力而设置的实施外围功能的设备。它为业务提供网络资源支持，如话音/信号音的提供、声音的混合和图像的切换等功能，提供诸如交互式话音响应、传真、提示音播放、话音识别等特殊媒体资源能力。

5）业务平台

业务平台完成新业务生成和提供功能，主要包括两种：SCP和应用服务器。SCP是传统智能网中的设备，通过INAP和软交换控制设备互通；应用服务器是新引入的设备，实现业务逻辑，并通过API接口与软交换控制设备交互。

6）应用服务器

应用服务器提供业务的运行、管理、生成环境。应用服务器基于IP网络进行部署，其部署灵活，而且其规模可以根据用户数量加以定制，既可以集中部署在运营商处，也可以部署在企业内部，主要负责各种业务的逻辑产生和管理，为第三方进行新的业务开发提供开发环境和工具。

7）综合接入设备

综合接入设备将各种类型用户线接入分组网络，因集成接入设备类型不同，可以接入各种类型的用户线。它可以提供模拟用户线的接口、以太网接口等各种类型的用户接口。

8）H.323网守

H.323网守提供对H.323端点和呼叫的管理功能，主要功能包括地址翻译、呼叫接入控制、带宽管理、区域管理、呼叫控制和信令转发等。

9）H.323网关

H.323网关用于实现H.323终端和其他现有网络终端之间的互通，其主要功能是对媒体信息和信令信息及其封装格式进行转换。H.323网关是H.323系统与其他网络系统的互通点。

10）IP终端

MGCP终端可看做是一种特殊类型的集成接入设备，此设备只连接唯一的用户终端设备，一般是传统的电话终端。

H.323终端是遵从H.323标准进行实时通信的端点设备，它可以集成在个人计算机中，也可以是一个独立的设备。多媒体H.323终端能够完成音频和视频信号的编解码和输入输出。

SIP终端是遵从SIP协议进行实时通信的端点设备，它可以集成在个人计算机中，也可以是一个独立的设备。

多媒体终端与软交换设备配合，完成媒体流和信令流的处理，同时还可以完成与网络无关的终端业务特征。

11）其他设备

AAA服务器设备：AAA服务器是一台安装了AAA软件或应用程序的服务器，它完成用户认证、设备鉴权和呼叫/业务计费等功能。

位置数据库设备：完成用户/业务数据的管理、移动用户的归属/定位等。

计费服务器、策略服务器等：它们为软交换系统的运行提供必要的支持。

4. 软交换网络协议

软交换网络是一个开放的体系结构，网络中各个功能模块之间采用标准的协议进行通信，因此，软交换网络中涉及的协议繁多。表4-4汇总了软交换网络中用到的主要协议。

表4-4 软交换网络协议汇总

协议类型	适用范围	协议/接口标准
IP电话协议	软交换和终端间	H.323和SIP
媒体网关控制协议	软交换与媒体网关间	MGCP和H.248/MEGACO
SIGTRAN协议	软交换与信令网关间	SCTP、M3UA、M2PA、M2UA、IUA和SUA
互通协议	软交换间	SIP-T、SIP-I、BICC
业务层协议	软交换与应用服务器间	Parlay API、SIP、JAIN和INAP

1）IP电话协议

IP电话是利用Internet网络传递话音业务，即在分组交换网上通过TCP/IP协议实现传统的电话应用。IP电话技术有两种体系，一个是H.323体系结构，另一个是SIP体系结构。

2）媒体网关控制协议

软交换对媒体网关(MG)的控制，是通过媒体网关控制协议来完成的。媒体网关控制协议的呼叫控制模型如图4-39所示，这种模型结构使得呼叫控制与媒体承载相分离。

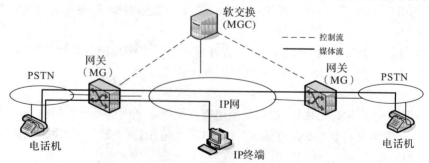

图4-39 媒体网关控制协议的呼叫控制模型

软交换对媒体网关和 IAD 设备之间的控制协议包括 MGCP 协议和 MEGACO/H.248 协议。

3）SIGTRAN 协议

SIGTRAN 协议是由 IETF 发起制定的，目的是实现 SS7 信令协议在 IP 网上的传输。它支持的标准原语接口不需要对现有的电路交换网(SCN)信令进行任何修改，从而保证已有的 SCN 信令应用可以不必修改而直接在 IP 网络中使用。信令传送协议利用标准的 IP 协议，并通过增加自身的功能来满足 SCN 信令传送的要求。

SIGTRAN 协议担负信令网关与软交换设备间的通信，主要有两个功能：传输和适配。因此，SIGTRAN 协议栈包含两层协议：传输协议层和适配协议层。其中，传输协议层包括流控制传输协议(SCTP)；适配协议层包括 MTP-2 用户适配协议(M2UA)、MTP-2 用户对等适配协议(M2PA)、MTP-3 用户适配协议(M3UA)、SS7 SCCP 用户适配协议(SUA)、ISDN Q.921 用户适配协议(IUA)和 V5 用户适配层协议(V5UA)。

4）互通协议

软交换网络中各软交换机之间的通信是通过互通协议实现的，主要是 SIP-T、SIP-I、BICC 协议。

SIP-T（SIP for Telephone）是一个带有载荷定义的 SIP 协议，由 IETF 的 SIP 工作组负责制定。SIP-T 不是一个新协议，它完整继承了 SIP 的体系结构和消息结构，其目的是为了实现 ISUP 信息在 IP 网上的传输。

SIP-I（SIP with Encapsulated ISUP）是由 ITU-T SG11 工作组基于 SIP-T 提出的协议，用于支持 SIP 在电信网的应用，包括 TRQ.2815 和 Q.1912.5 两个标准草案。前者定义了 SIP 协议与 BICC/ISUP 协议互通时的技术需求，包括互通模型、互通单元支持的能力集和互通接口的安全模型；后者详细定义了 3GPP SIP、普通 SIP 和 SIP-I 与 BICC/ISUP 的互通协议能力配置集。SIP-I 协议明确说明了 SIP 与 ISUP 的参数映射，弥补了 RFC 定义的严谨性不足的缺点，并且对电信网补充业务的互通也进行了明确的定义，增强了 SIP-T 协议的可操作性。

BICC（Bearer Independent Call Control）是 ITU-T SG11 工作组制定的与承载无关的呼叫控制协议，BICC 协议解决了呼叫控制和承载控制分离的问题，使呼叫控制信令可以在各种网络上承载，包括 MTP/SS7、ATM 网络、IP 网络等。BICC 呼叫控制协议基于 N-ISUP 信令，沿用 ISUP 中的相关消息，并利用 ATM（Application Transport Mechanism）机制传送 BICC 特定的承载控制信息，因此，可以承载全方位的 PSTN/ISDN 业务。由于呼叫控制与承载控制的分离，使得异种承载的网络之间的业务互通变得十分简单，只需要完成承载级的互通，业务不用进行任何修改。

第五章 通 信 网

5.1 通信网的概念

5.1.1 通信网的定义

通信网的定义，可描述为由各种通信节点(端节点、交换节点、转接点)及连接各节点的传输链路互相依存的有机结合体，以实现两点及多个规定点间的通信体系。一个基本的通信网构成示意图如图5-1所示。由通信网的定义及图5-1可看出，从物理结构或从硬件设施方面去看，它由终端设备、交换设备及传输链路三大部分组成。

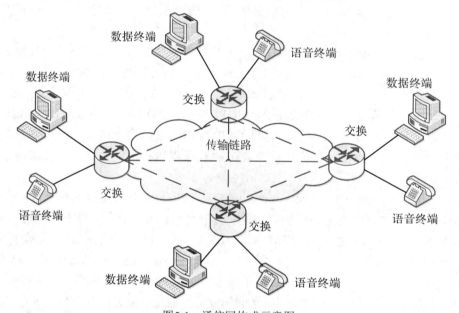

图5-1 通信网构成示意图

终端设备是通信网最外围的设备，即用户与通信网之间的接口设备。如电话机、PC机、移动终端、手机和各种数字传输终端设备等。终端设备具有以下的功能：

① 它将用户要发送的各种形式的信息转变为适合于相关电信业务网传送的信号，或将从网络中接收到的信号转变为用户可以识别的信息，即将待传送的信息和在传输链路上传送的信号进行相互转换。在发送端，将信源产生的信息转换成适合于在传输链路上传送的信号；在接收端则进行相反的变换。

② 将信号与传输链路相匹配，由信号处理设备完成。

③ 信令的产生和识别，即用来产生和识别网内所需要的信令，以完成一系列控制作用。

交换设备是通信网的核心，其基本功能是完成交换节点的汇集、转接以及分配，实现一个呼叫终端和它所要求的另一个或多个用户终端之间的路由选择和连接，如程控交换机、分组交换机、ATM交换机、移动交换机、路由器、集线器、网关、交叉连接设备等。交换设备的主要功能有：

① 用户业务的集中和接入功能。通常由各类用户接口和中继接口组成。

② 交换功能。通常由交换矩阵完成任意入线到出线的数据交换。

③ 信令功能。负责呼叫控制和连接的建立、监视、释放等。

④ 其他控制功能。如路由信息的更新和维护、计费、话务统计、维护管理等。

传输链路是信息传递的通道，是连接网络节点的媒介。通常传输系统的硬件组成应包括线路接口设备、传输媒介、交叉连接设备等。

传输系统一个主要的设计目标就是如何提高物理线路的使用效率，因此传输系统通常都采用多路复用技术，如频分复用、时分复用、波分复用等。

另外，为保证交换节点能正确接收和识别传输系统的数据流，交换节点必须与传输系统协调一致，这包括保持帧同步和位同步，遵守相同的传输体制(如 PDH、SDH 等)等。

通信网除了构成通信网物理实体的硬件还需要有相应的软件。通信网的软件是指通信网很好地完成信息的传递和交换所必需的协议、标准，包括网络的结构、网内信令、协议和接口以及技术体制、技术标准，如信令方案、路由方案、编号方案、资费标准、质量标准等。这些硬件和软件是通信网实现通信服务和运营支撑的重要组成部分。

5.1.2　通信系统与通信网的关系

从以上通信系统和通信网的描述中，已经明显地突出了两种概念及它们之间的密切关系。用通信系统来构架，通信网即为通信系统的集，或者说是各种通信系统的综合，通信网是各种通信系统综合应用的产物。通信网源于通信系统，又高于通信系统。但是不论网的种类、功能、技术如何复杂，从物理上的硬件设施分析，通信系统是各种网不可缺少的物质基础，这是一种自然发展规律，没有线即不能成网。因此，通信网是通信系统发展的必然结果。通信系统可以独立地存在，然而一个通信网是通信系统的扩充，是多节点各通信系统的综合，通信网不能离开系统而单独存在。

这里我们指出了通信网是各种通信系统的综合，但应该明白组成通信网的各通信系统可以是同一种类型的通信系统，如 SDH 通信系统构成的通信网；也可以是不同类型的通信系统，也就是说组成通信网的通信系统既有 SDH 也有 ATM，或者还有微波通信、载波通信……

5.1.3　现代通信系统与现代通信网

以上我们讲到的通信系统和通信网的基本概念是从物理结构及硬件设施方面去理解和定义的，然而现在的通信系统及通信网已经融入了计算机技术。

现代通信就是数字通信与计算机技术的结合。同样在数字通信系统中融合了计算机硬、软件技术，这样的系统即为现代通信系统。如SDH光同步传输系统出现后，在光纤传输设备中由CPU进行数据运算处理，并引进了管理比特用计算机进行监控与管理，就构成了所谓的现代通信系统。现在的通信网已实现了数字化，并引入了大量的计算机硬、软件技术，使通信网越来越综合化、智能化，把通信网推向一个新时代，即现代通信网。它产生了更多、更广的功能，适用范围更广，为不断满足人们日益增长的物质文化生活的需要提供了服务平台。我们现在经常谈到的通信网、电话网、数据网、计算机网、移动通信网等都属于现代通信网，也可简称通信网。

5.1.4 通信网的要求

通信网的最终目的是为用户提供各种通信服务，因此通信网就必须满足用户的通信需求和要求，同时通信网本身还必须满足可持续发展和较高的性价比。因此通信网应具有以下方面的要求：

① 转接的任意性。网内任意两个用户可以互通信息，如果网中的某些用户不能与其他用户通信，则这些用户不能称为属于这个网。任意转接还包括快速接通的含义，如果接通需要花费很长时间，则对某些情况来说，这种接通也是无效的。

② 通信的可靠性。一个不可靠或经常中断的网是不能用的。不可靠性包含：通路中某些物理环节发生物理性故障致使丧失原有功能，又不能及时修复，引起长时间接不通；由于系统受到某种干扰，使通信内容发生较严重的畸变(错误)；由于过载而使网络拥塞，使网络处于不可用状态。

绝对可靠的网络是没有的。所谓可靠，是概率意义上平均故障间隔时间，或平均运行率，或信噪比，或信息差错率能达到要求。在军用通信网中，可靠性要求几乎凌驾于经济性之上。对于呼损而须等待也常被作为可靠性来处理。通信的安全性，也可作为可靠性要求的一种内容。

③ 通信的时效性。通信系统必须在用户可接受的时间范围内完成信息传递。通信的时效性是由信息的时效性决定的。

④ 信息的透明性。透明性良好的网络对用户不作任何限制。所谓的透明，就是所有信息都可以在网内传递，不加任何限制，就像透明物体中能通过任何波长的可见光一样。信息的透明性要求网络对用户不应有太多的要求，如数据通信中，需从线路信号中提取时钟信息以保证比特同步，当信息流中有过多的连“0”或连“1”时，就会影响时钟的提取。如果对用户提出这种要求则网络对信息的透明性就不好。

透明性良好的网络对用户不作任何限制，任何信息均可畅通无阻。

⑤ 质量的一致性。质量指标对通信系统是非常重要的，质量不符合要求，会使通信失去意义。网内任何两个用户，不论他们距离的远近，都应有相同或相仿的质量。当然质量的一致性并不是说质量完全相同，而是指规定最低的质量指标，要求所有网内通信都高于这个指标。

⑥ 结构的灵活性(可扩充性、简单性)。通信网总是在逐步扩大的。如果一个网络一旦建成后，不再容许新用户进网，也不能再与其他网络互连，这是很不理想的，严重限制了网络的发展。

⑦ 对新业务的适应性。通信网中业务的建设也是逐步扩大的。电话网对新业务的适应性就不好：能适应传真业务，但速率太低；能适应数据业务，但速率低、利用率低；不能适应图像业务。

⑧ 经济上的合理性。如果网络的造价十分高，维修费用非常大，最终导致成本极高，则再好的网络也无法运转，如 "铱" 星移动系统。这种合理性要求是最复杂的，因为它已不仅仅是技术问题。这种合理性与技术、经济发展水平有关。经济上的合理性还与用户的需求有关。通常一个网络的建设要分阶段进行，以达到最大经济效益。每一阶段建多大容量与需求预测有关；建多了，会使设备闲置，造成浪费；建少了，不能满足要求，受到非议，丧失产生良好效益的机会。这些在经济上都是不合理的 。

⑨ 在某些情况下，还会要求通信的安全性，即保证通信的内容不会被未授权者所获取，或被人破秘而窃取。信息的价值愈来愈被人们所重视，尤其是军事信息。

5.1.5 国际网络标准化情况

1. 国际标准化组织 ISO

ISO 由美国国家标准组织 ANSI（American National Standards Institute）及其他各国的国家标准组织的代表组成。

ISO 是一个全球性的非政府组织，是国际标准化领域中一个十分重要的组织，成立于 1946 年。当时来自 25 个国家的代表在伦敦召开会议，决定成立一个新的国际组织，以促进国际间的合作和工业标准的统一。于是，ISO 这一组织于 1947 年 2 月 23 日正式成立，总部设在瑞士的日内瓦。

ISO 的组织机构包括全体大会、主要官员、成员团体、通信成员、捐助成员、政策发展委员会、理事会、ISO 中央秘书处、特别咨询组、技术管理处、标样委员会、技术咨询组、技术委员会等。

ISO 的主要贡献是定义了开放系统互联参考模型（OSI/RM，Open System Interconnection/Reference Model），也就是七层网络通信模型的格式，通常称为"七层模型"。

2. 电气和电子工程师协会 IEEE

IEEE 是目前全球最大的非营利性专业技术学会。该组织在国际计算机、电信、生物医学、电力及消费性电子产品等学术领域中都是主要的权威。

对于网络而言，IEEE 一项最了不起的贡献就是对 IEEE 802 协议进行了定义。802 协议主要用于局域网。

3. 美国国防部高级研究计划局 ARPA

ARPA（Advanced Research Projects Agency）是美国国防部高级研究计划管理局因军事目的而建立的，开始时只连接了 4 台主机，这便是只有四个网点的网络之父。

ARPA 最主要的贡献是提供了连接不同厂家计算机主机的 TCP/IP 通信标准。

4. 国际电信联盟 ITU 及国际电信联盟标准化组织 ITU-T 的情况

ITU 是国际电信领域的标准化组织，代表各国政府的国家通信主管部门，ITU 标准是各国邮电部门必须实现的。ITU 的主要目的是保证各国网络的兼容性，以促进国际通信。

ITU 设有四个常设机构：总秘书处、电信标准化部门 ITU-T（原国际电报、电话咨询委员会CCITT）、无线电通信部门ITU-R（原国际无线电咨询委员会CCIR）和电信发展部门ITU-D（原国际频率登记委员会IFRB）。

国际上的通信标准大多出自该组织。

5. 国际互联网协会Internet

Internet是国际性、非营利的专业协会，对所有人开放。Internet协会及Internet体系结构委员会(IAB)主要在策略上制定有关协议，而在技术上则由Internet工程任务组(IETF)及Internet研究任务组(IRTF)负责。Internet的标准规范重点在于协议的互操作性。

Internet使用的网络体系结构标准是TCP/IP。TCP/IP是从异种机、异种网互连的角度设计的，所以在本质上具有通用性，易于允许新的协议过渡。不排斥其他协议，这为今后与ISO/OSI协调也打下了基础。

5.2 通信网的组成结构

5.2.1 通信网的模型结构

随着通信技术的发展与用户需求的日益多样化，现代通信网正处在变革与发展之中，网络类型及所提供的业务种类在不断增加、更新，形成了复杂的通信网络体系。为了更清晰地描述现代通信网网络结构，需引入网络分层的概念，对此较为科学的理解是ITU-T提出的网络的分层分割(Laying and Partitioning)概念。现代通信网的分层可以从水平和垂直两个方面去理解。

现代通信网根据网络功能从水平方向上可以划分为三层，即用户驻地网(Customer Premises Network，CPN)、接入网(Access Network，AN)与核心网，如图5-2所示。

用户驻地网一般是指用户终端至用户网络接口所包含的机线设备(通常在一个楼房内)，由完成通信和控制功能的用户驻地布线系统组成，使用户终端可以灵活方便地进入接入网。

接入网泛指用户网络接口(UNI)与业务节点接口(SNI)间实现传送承载功能的实体网络，该概念于1975年由英国电信(BT)首次提出。其作用是建立一种标准化的接口方式，以一个可监控的接入网络，使用户能够获得话音、租用线业务、数据多媒体、有线电视等综合业务。

核心网(Core Network，CN)由现有的和未来的宽带、高速骨干传输网和大型中心交换节点构成。

现代通信网根据网络功能从垂直方向上也可划分为三层，从下至上为传送网、业务网和应用层，如图5-3所示。

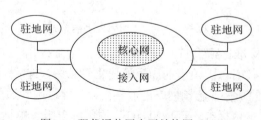

图5-2 现代通信网水平结构图

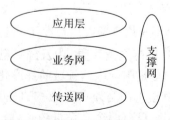

图5-3 现代通信网垂直结构图

传送网层面为支持业务网的传送手段和基础设施，业务网层面为传送各种信息的业务网，应用层为各种信息的应用，支撑网则支持全部三个层面的工作。网络的分层使网络规范与具体的实施方法无关，各层的功能相对独立，但随着信息服务多样化的发展及技术的演进，尤其是随着软交换等先进技术的出现，现代通信网与支撑技术还会出现变化。网络分层的变化将主要体现在应用层和业务网上，而传送网将保持相对稳定。

1. 传送网

传送网又称通信基础网，为了便于理解，我们可将通信基础网看成是一个以光纤、微波接力、卫星传输为主的传输网络。在这个传输网络的基础上，根据业务节点设备类型的不同，可以构建不同类型的业务网。通信基础网的带宽正在不断拓宽，因此它将逐步成为未来宽带通信的传输平台。

对通信基础网的描述同样可引入网络分层概念，即通信基础网可以分为三层：第一层为传输媒介，第二层为传输系统，第三层为传送网节点设备。

1）传输媒介

信息的传输需要物理媒质，通常将这种物理媒质称为传输媒介。传输媒介目前主要有双绞线电缆和同轴电缆、光纤、地面微波中继通信和卫星通信等。

2）传输系统

传输系统包括传输设备和传输复用设备。携带信息的基带信号一般不能直接加到传输媒介上进行传输，需要有传输设备将它们转换为适合在传输媒介上传输的信号，如光、电等信号。

3）传送网节点设备

在传送网的节点上安装不同类型的节点设备，则形成不同类型的业务网。业务节点设备主要包括各种交换机(如电路交换、X.25、以太网、帧中继、ATM 交换机等)和路由器。

2. 业务网

业务网也就是用户信息网，它是现代通信网的主体，是向用户提供诸如电话、电报、传真、数据、图像等各种电信业务的网络。业务网可分为电话网、数据网、计算机网、综合业务数字网、蜂窝移动通信网、有线电视网、会议电视网以及智能网。

3. 应用层

在现代通信系统中，网络最终的目的是为用户提供他们所需要的各类通信服务，满足他们对不同业务服务质量的需求。应用层处于分层结构的最高层，应用层业务是直接面向用户的，主要提供传统电话业务、IP 电话业务、智能网业务、广播电视业务、网络商务、交互形的宽带数据业务等。应用层包括两个方面的内容，即各类通信业务和各类终端技术。

4. 支撑网

支撑网是保证传送网和业务网正常运行、增强网络功能、保证通信网服务质量的专用网络，完成监测、控制等功能，可分为信令网、同步网和管理网。

1）信令网

信令网是现代通信网络的信令系统，包括电话网的用户信令和局间随路信令、7 号信令系统、窄带和宽带用户信令(网络信令 DSS1 和 DSS2、宽带 NNI 信令、GSM 和 CDMA 移动通信信令等。目前广泛应用的信令系统是 7 号信令系统，本书将在后续章节中对其作进一步介绍。

2）同步网

同步是通信网数字化的基础，没有良好的同步，数字信息的传递就会不可避免地出现误码、滑码等现象，成为通信网难以定位的疑难病。根据业务和运载信息重要程度的不同，它们的影响程度也大不相同。

数字同步网不但能够提升普通业务的定时需求，而且可以满足目前，甚至是未来的各种新业务和新设备对定时性能的苛刻要求，极大地改善通信设备的运行环境和互连的对接环境，对发挥设备、业务的卓越品质非常有益。同时，对那些网络结构复杂、设备种类繁多、使用年限久、技术相对老化的传统电信设备而言，数字同步网的建设则有助于网络结构的优化，起到保护用户投资的效果，更进一步，通过发挥BITS（大楼综合定时供给系统）的特有功能(如精密监测)，可全面监视网络的时钟性能，为故障定位和全网优化提供有力的支持。

3）管理网

管理网是为保持通信网正常运行和服务，对通信网进行有效管理所建立的软、硬件系统和组织体系的总称。管理网主要包括网路管理系统、维护监控系统等。管理网的主要功能是：根据各局间的业务流向、流量统计数据，有效地组织网路流量分配；根据网路状态，经过分析判断进行电路调度、组织迂回和流量控制等，以避免网路过负荷和阻塞的扩散；在出现故障时，根据告警信号和异常数据采取封闭、启动、倒换和更换故障部件等，尽可能使通信及相关设备恢复和保持良好的运行状态。随着网路的不断扩大和设备更新，维护管理的软硬件系统将进一步加强、完善和集中，从而使维护管理更加机动、灵活、适时、有效。

通信网垂直结构是目前应用中描述较广泛的一种通信组成结构。这种结构与我们熟悉的通信方式的关系如图5-4所示。

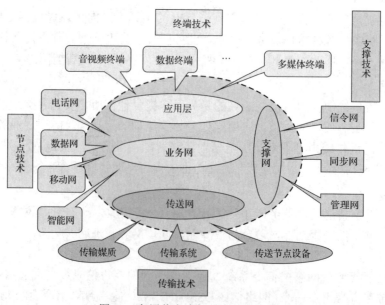

图5-4　各通信方式与垂直结构的关系

5.2.2　通信网拓扑结构

所谓拓扑结构，是指通信网络中的各节点设备(包括计算机及有关通信设备等)与通信链路相互连接而构成的不同物理几何结构。网络拓扑结构是决定通信网络性质的关键因素之一。

根据各节点在网络中的连接形式，通信网络拓扑结构常分为总线形、环形、星形、树形、网状形(或网孔形)和复合形6种结构，如图5-5所示。

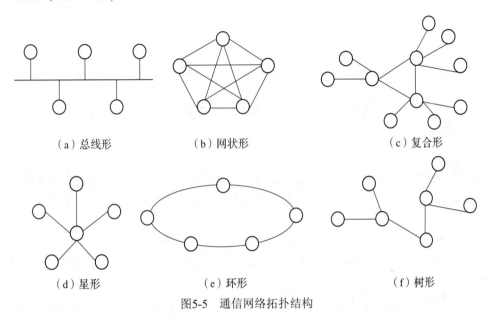

（a）总线形　　　　　（b）网状形　　　　　（c）复合形

（d）星形　　　　　（e）环形　　　　　（f）树形

图5-5　通信网络拓扑结构

1．总线形(见图5-5(a))

特点：它属于共享传输介质形网络，总线形网中的所有节点都连至一个公共的总线上，任何时候只允许一个用户占用总线发送或接送数据。

优点：需要的传输链路少，节点间通信无需转接节点，控制方式简单，增减节点也很方便。

缺点：网络服务性能的稳定性差，节点数目不宜过多，网络覆盖范围也较小。

场合：总线结构主要用于计算机局域网、电信接入网等网络中。

2．网状形(见图5-5(b))

特点：节点间没有固定的连接形式，网中的每一节点至少有两条或两条以上链路与其他节点相连。如果网络中的每一节点与其他节点都直接相连，那么就形成了全连接形的网状结构。如果有N个节点，则需要$N(N-1)/2$条传输链路。

优点：线路冗余度大，网络可靠性高，任意两点间可直接通信。

缺点：线路利用率低，网络成本高，另外网络的扩容也不方便，每增加一个节点，就需增加N条线路。

场合：网状结构通常用于节点数目少，又有很高可靠性要求的场合。

3．复合形(见图5-5(c))

特点：它是由网状网和星形网复合而成的。它以星形网为基础，在业务量较大的转接交换中心之间采用网状网结构，因而整个网络结构比较经济，且稳定性较好。

场合：由于复合形网络兼具了星形网和网状网的优点，因此目前在规模较大的局域网和电信骨干网中广泛采用分级的复合形网络结构，但应注意在设计时要以转接设备和传输链路的总费用最小为原则。

4．星形（见图5-5（d））

特点：各节点设备通过通信线路与中心节点设备相连接，网络中每一节点设备都是通过中心节点设备进行信息传输的，中心节点是该网络中唯一的转接节点。具有 N 个节点的星形网至少需要 $N-1$ 条传输链路。

优点：降低了传输链路的成本，提高了线路的利用率。

缺点：网络的可靠性差，一旦中心转接节点发生故障或转接能力不足，全网的通信就会受到影响。

场合：通常在传输链路费用高于转接设备，可靠性要求又不高的场合，可以采用星形结构，以降低建网成本。

5．环形（见图5-5（e））

特点：该结构中所有节点首尾相连，组成一个环，网络中每一节点设备都通过公共的闭合链路环进行信息传输。N 个节点的环网需要 N 条传输链路。环网可以是单向环，也可以是双向环。

优点：结构简单，容易实现，双向自愈环结构可以对网络进行自动保护。

缺点：节点数较多时转接时延无法控制，并且环形结构不好扩容，每加入一个节点都要重建。

场合：环形结构目前主要用于计算机局域网、光纤接入网、城域网、光传输网等网络中。

6．树形（见图5-5（f））

特点：网络中各节点设备采用分级结构，彼此连接，从而形成的一个倒树状结构（又被称为分级的集中式网络），网络中每一节点都是通过它的根节点（或父节点）与它的本级的其他节点或上级节点进行信息传输的，与它下级节点的信息交换则是通过它的子节点实现的。

优点：具有良好的扩充性和可靠性，利于分布式控制。

缺点：通信路径选择算法的好坏将直接影响通信的性能。

场合：树形网结构目前主要用于计算机广域网、用户接入网。

5.2.3　通信网分类

1．按照网络提供的通信业务分类

单媒体网络——单一类形信息传输的通信网，如电话网。

多媒体网络——集文字、图形、图像、声音等于一体的通信网。

实时通信网络——能够实时发送和接收信息的通信网络，即对延迟要求较高的通信网络，如电话网、工业控制网。

非实时通信网络——对时延要求较小的通信网络，如互联网。

单向网络——信息是单一流向的网络，如广播。

交互式网络——信息是双向传递的网络，如电话网、互联网。

2．按网络覆盖的地域范围分类

局域网——将小区域内的各种通信设备互连在一起的通信网络。

城域网——在一个城市范围内所建立的计算机通信网，简称MAN。

广域网——在一个广泛地理范围内所建立的计算机通信网，简称WAN，其范围可以超越城市和国家以至全球。

互联网——网络与网络之间所串连成的庞大网络，这些网络以一组通用的协议相连，形成逻辑上的单一巨大国际网络。

3．按网的传输介质分类

有线网——如铜线、光纤。

无线网——如空中的电波和激光。

4．按网的结构分类

垂直结构——如业务网、支撑网、传送网。

水平结构——如用户驻地网、接入网、核心网。

5．按运营方式分类

公众网——向全社会开放的通信网，如电信、移动等。

专用网——机关、企业自建的仅供本部门内部使用的通信网，如电力、交通等。

5.3 通信网的体系结构

5.3.1 网络体系结构的概念

人与人在日常生活中相互交流时，都在不知不觉间遵守了一定的约定，几个人聊天会围绕一个共同的话题，如果某个人对这个话题不了解或是听不懂别人所说的语言，那他便不能参与交流。计算机网络中计算机与计算机之间的交流，各计算机也必须遵守一些事先约定的规则，如果网络中某台计算机不遵守这一规则，则该计算机就不能与其他计算机交流，如果用网络术语来说就是不能进行数据交换。为了使计算机之间能够顺利地进行交流，人们为其制定了相应的规则，设计了计算机网络的体系结构。

为了完成网络中计算机间的通信合作，把计算机互连的功能划分成有明确定义的层次，规定了同层次实体通信的协议及相邻层之间的接口服务。这些同层实体通信协议及相邻层接口统称为网络体系结构。

1．网络协议

网络传送是个很复杂的过程，为了实现计算机之间可靠地交换数据，许多工作要协调（如发送信号的数据格式、通信协调与出错处理、信号编码与电平参数、传输速度匹配等）。

假定一个与网络相连的设备正向另一个与网络相连的设备发送数据，由于各个厂家有其各自的实现方法，这些设备可能不完全兼容，它们相互之间不可能识别和通信。解决方法之一是在同一个网络中全部使用某一厂家的专有技术和设备，这在网络互连的今天已不可行。另一种方法就是制定一套实现互连的规范(标准),即所谓的"协议"。该标准允许每个厂家以不同的方式完成互连产品的开发、设计与制造,当按同一协议制造的设备连入同一网络时,它们完全兼容,仿佛是由同一厂家生产的一样。

将为进行网络中的数据交换而建立的规则、标准、约定称为网络协议。

网络协议有三种组成要素:语法、语义和交换规则。

语义规定通信双方彼此"讲什么"(含义),语法规定"如何讲"(格式),交换规则规定了信息交流的次序(顺序)。

2. 分层设计

将人与人的"通信"分为三个相关的层次,即认识层、语言层、传输层,人们为了能够彼此交流思想,首先需借助一个分层次的通信结构;其次,层次之间不是相互孤立的,而是密切相关的,上层的功能是建立在下层的基础上,下层为上层提供某些服务,而且每层还应有一定的规则。网络通信情况同样如此,只是区分得更细一些。

网络体系通常采用层次化结构,每一层都建立在其下层之上,每一层的目的是向其上一层提供一定的服务,并把服务的具体实现细节对上层屏蔽,如图5-6所示。

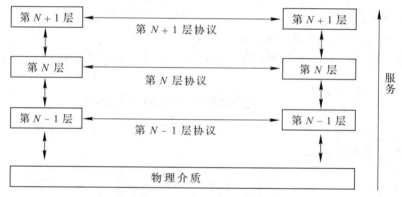

图5-6 网络体系层次化结构示意图

分层体系结构中,下层通信实体(服务提供者)为上层实体(服务用户)提供的通信功能。

网络采用层次化结构的优点:

① 各层之间相互独立,高层不必关心低层的实现细节,只要知道低层所提供的服务,及经本层向上层所提供的服务即可,能真正做到各司其职。

② 某个层次实现细节的变化不会对其他层次产生影响。

③ 易于实现标准化。

5.3.2 OSI模型

1. 开放系统互联参考模型(OSI 模型)

OSI协议将网络通信过程划分为七个相互独立的功能组(层次),并为每个层次制定一个标准框架。上面三层(应用层、表示层、会话层)与应用问题有关,下面四层(传输层、网络层、数据链路层、物理层)主要处理网络控制和数据传输/接收问题,如图5-7所示。

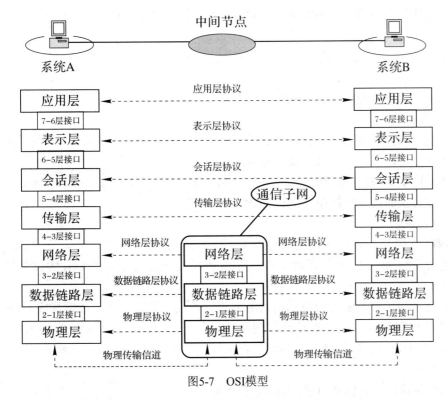

图5-7 OSI模型

开放系统互联参考模型的特点:

① 每层的对应实体之间都通过各自的协议进行通信。

② 各个计算机系统都有相同的层次结构。

③ 不同系统的相应层次具有相同的功能。

④ 同一系统的各层次之间通过接口联系。

⑤ 相邻的两层之间，下层为上层提供服务，上层使用下层提供的服务。

2.OSI 参考模型各层的功能

1）物理层

物理层是OSI参考模型的最底层，也是最基础的一层。它并不是指连接计算机的具体的物理设备或具体的传输媒体，它向下是物理设备之间的接口，直接与传输介质相连接，使二进制数据流通过该接口从一台设备传给相邻的另一台设备，向上为数据链路层提供数据流传输服务。

物理层传输数据的基本单位是比特，也称为位。

物理层的主要功能：为数据端设备提供传送数据的通路；传输数据；完成物理层的一些管理工作。

属于物理层定义的典型规范代表包括EIA/TIA RS-232、EIA/TIA RS-449、V.35、RJ-45等。

2）数据链路层

数据链路层是OSI模型的第二层，它把物理层的原始数据打包成帧，并负责帧在计算机之间无差错的传递。

数据链路层的作用：在不太可靠的物理链路上，通过数据链路层协议实现可靠的数据传输。

数据链路层的主要功能：链路管理；帧同步；流量控制；差错控制；透明传输；寻址。

数据链路层协议的代表包括SDLC、HDLC、PPP、STP、帧中继等。

3）网络层

网络层是通信子网的最高层，对上层用户屏蔽了子网通信的细节，如子网类型、拓扑结构、子网数目，向上层提供一致的服务、统一的地址。

网络层的主要功能：路径选择；数据的传输与中继；拥塞控制；网络互连。

网络层协议的代表包括IP、IPX、RIP、OSPF等。

4）传输层

传输层是用户的资源子网与通信子网的界面和桥梁，下面三层属于通信子网，面向数据通信，上面三层属于资源子网，面向数据处理，传输层是OSI协议中最重要的一层。

传输层是为了可靠地把信息送给对方而进行搬运、输送，通常被解释成"补充各种通信子网的质量差异，保证在相互通信的两处终端进程之间进行透明数据传输的层"，是OSI/RM的整个协议层次的核心。传输层在七层模型中起到了对高层屏蔽低层，对低层屏蔽高层的作用。

传输层协议的代表包括TCP、UDP、SPX等。

5）会话层

会话层利用传输层提供的端到端的服务向表示层或会话层用户提供会话服务。

主要功能：提供远程会话地址、会话建立后的管理和提供把报文分组重新组成报文的功能。

提供的服务：会话连接的建立与拆除、与会话管理有关的服务、隔离、出错和恢复控制。

6）表示层

表示层处理的是OSI系统之间用户信息的表示问题，它主要涉及被传输的信息的内容和表示形式等。

主要功能：语法转换、传送语法的选择等。

提供的服务：数据转换和格式转换、语法的选择、数据加密与解密和文本压缩。

7）应用层

应用层是OSI/RM的最高层，它是计算机网络与最终用户间的接口，它包含了系统管理员管理网络服务所涉及的所有的问题和基本功能。

常用的网络服务包括文件服务、电子邮件(E-mail)服务、打印服务、集成通信服务、目录服务、网络管理服务、安全服务、多协议路由与路由互连服务、分布式数据库服务以及虚拟终端服务等。

应用层协议的代表包括Telnet、FTP、HTTP、SNMP等。

OSI模型的通信原理如图5-8所示。OSI环境中的数据传输过程如图5-9所示。

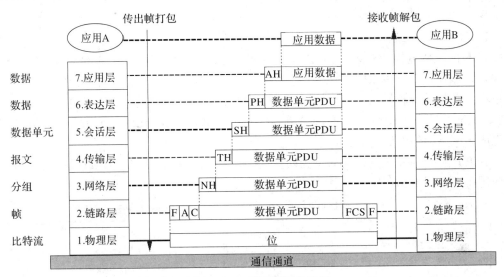

图5-8 OSI 模型的通信原理

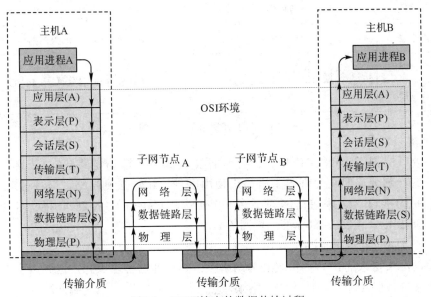

图5-9 OSI环境中的数据传输过程

说明：并非所有网络通信都必须通过完整的七层，如果在同一个LAN内（直接通过物理地址传输）通信，通常只用到下两层和应用层，如果跨LAN（路由选择成为必要），则需要用到下面四层和应用层。两个节点有加密/解密的通信要求时，可能用到表示层。

5.3.3 TCP/IP协议模型

模型是一种理论上的结构模型，实际网络中并没有一个网络采用这样的体系结构。在实际网络中使用最多的体系结构是TCP/IP结构，使用最广泛的网络协议是TCP/IP协议。TCP/IP协议对大家来说并不陌生，在安装操作系统时，系统会默认安装此协议，用户可以在计算机的网络属性中查找到它。

1. TCP/IP体系结构

TCP/IP是传输控制协议/网际协议的英文简称，是由许多协议组成的一套网络通信标准协议，其中的TCP和IP是两个最重要的协议。其显著特点是它是可路由的，使得用户可以将多个相同或相异LAN连成一个大型互连网络，而且许多基于TCP/IP的应用软件（如FTP、Telnet）都是不依赖系统的，更重要的是，TCP/IP是Internet的标准协议，所以实际上已成为网络通信的通用语言。

TCP/IP协议将整个网络协议分为四个层次，分别是网络接口层、网络互连层、传输层和应用层，如图5-10所示。

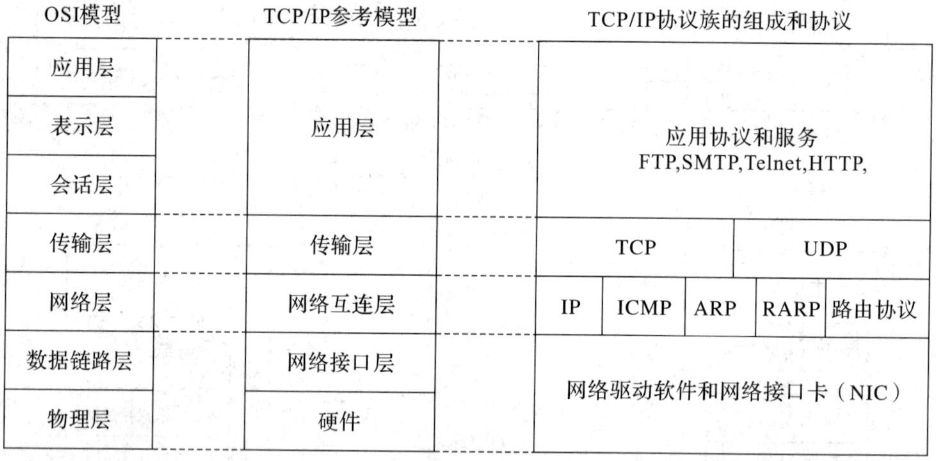

OSI模型	TCP/IP参考模型	TCP/IP协议族的组成和协议					
应用层	应用层	应用协议和服务 FTP,SMTP,Telnet,HTTP,					
表示层							
会话层							
传输层	传输层	TCP			UDP		
网络层	网络互连层	IP	ICMP	ARP	RARP	路由协议	
数据链路层	网络接口层	网络驱动软件和网络接口卡（NIC）					
物理层	硬件						

图5-10　TCP/IP协议的体系结构

1）网络接口层

网络接口层相当于OSI的物理层(物理信号/编码）+数据链路层(帧传送)。该层不是TCP/IP的一部分，但它允许各主机通过使用多种协议连接到网络，是各种通信网络和TCP/IP之间的接口，这些通信网包括多种WAN（如Internet、X.25公用数据网)和各种LAN（如Ethernet、IEEE各种标准局域网等)。

网络接口层的主要功能：

① 将网际层送来的IP数据报封装为网络帧，然后通过传输媒介发送到网络上。

② 接收并校验传输媒介送来的网络帧，然后还原为IP数据报送到网际层。

该部分的功能实际上是由各通信网络本身提供的。

2）网络互连层

网络互连层相当于OSI的网络层。该层提供了数据分组和重组功能，并在互相独立的LAN上建立互联网络。

该层运行的协议有：用于数据传送的IP协议，用于互连网络控制的ARP、RAPP、ICMP和IGMP协议，用于路由选择的RIP、OSPF等路由协议。

3）传输层

传输层主要负责端到端的对等实体之间的通信，它与OSI参考模型的传输层功能类似。它主要使用TCP协议和UDP来支持数据的传送。

TCP协议是可靠的、面向连接的协议。它用于包交换的计算机通信网络、互连系统及类似的网络，保证通信主机之间有可靠的字节流传输。

UDP协议是一种不可靠的、无连接协议。它最大的优点是协议简单、效率较高、额外开销小，缺点是不保证正确的传输，也不排除重复信息的发生。

4）应用层

应用层与OSI模型中的高三层任务相同，主要用于提供网络服务。互联网上常用的应用层协议主要有以下几种：

① 简单邮件传输协议（SMTP）：主要负责互联网中电子邮件的传递。

② 超文本传输协议（HTTP）：提供Web服务。

③ 远程登录协议（Telnet）：实现对主机的远程登录功能，常用的电子公告牌系统BBS使用的就是这个协议。

④ 文件传输协议（FTP）：用于交互式文件传输。

⑤ 域名解析（DNS）：实现逻辑地址到域名地址的转换。

2. TCP/IP协议的特点

TCP/IP协议具有以下特点：

① 开放的协议标准，独立于特定的计算机硬件和操作系统。

② 统一的网络地址分配方案，采用与硬件无关的软件编址方法，使得网络中的所有设备具有唯一的地址。

③ 独立于特定的网络硬件，可以运行于局域网、广域网中。

④ 标准化的高层协议，可以提供多种可靠的用户服务。

3. TCP/IP核心协议

TCP/IP是目前使用最为广泛、适应性最强的一种网络协议，它将网络分为四个层次，各个层次完成各自的功能，每个层次中都有各自的协议发挥作用，所以TCP/IP并不是一个协议，而是一个协议的组合，即由一组小的、专业化协议构成的，包括TCP、IP、UDP、ARP、ICMP以及其他的许多被称为子协议的协议。TCP和IP协议是这个协议组合中最重要的核心协议。

1）网际协议IP

IP协议是网络互连层最重要的协议，负责在通信子网范围内实现跨越互连网络的主机间的相互通信。其功能是：

① 提供无连接数据报服务。

② 将传输层报文加上报头（源和目的站的IP地址等）形成IP数据报，然后送往下层（必要时"分片"后下传）。

③ 接收并校验下层送来的IP数据报，去掉报头后送往传输层。

数据报是指自带寻址信息的独立地从数据源行走到终点的数据包。IP数据报由两部分组成：报头和数据。报头部分长20（基本）～60（加上选项）字节，数据报总长20～65 536字节。

IP数据报在互联网上传输，需要封装成帧进行传输，物理帧的长度是固定的，需要对数据报进行分段处理。

IP协议为了能够使较大的数据报文以适当的大小在网络上传输，先对上层协议提交的数据报文进行长度检查，根据物理网络所允许的最大发送长度把数据报文分成若干个段发送，这就是数据报的分段，然后再将每段独立地进行分送。重组是分段的反过程。

2）传输控制协议TCP

TCP协议属于TCP/IP协议群中的传输层，是一种面向连接的子协议，在该协议上准备发送数据时，通信节点之间必须建立起一个连接，才能提供可靠的数据传输服务。TCP协议位于IP协议的上层，通过提供校验和、流控制及序列信息弥补IP协议可靠性上的缺陷。其主要功能是：

① 提供面向连接的进程通信。

② 提供差错检测和恢复机制。

③ 流量控制机制。

TCP报文是两台计算机的传输层之间交换的协议数据单元，Internet上面向连接的传输服务的连接建立、数据传输、发送确认消息以及关闭连接等都涉及TCP报文的交换。TCP报文包括一个20个字节的固定长度及一个变长的选项部分。

注意：IP协议用于实现计算机级的通信（主机—主机的通信），即它只负责将信息送到目标计算机处。而TCP协议的任务之一就是把信息进一步传送给适当的进程，从而建立进程对进程的通信。或者说，网络层使组成报文的每个数据包到达了正确的计算机，而传输层使整个报文到达了该计算机上正确的进程，如图5-11所示。

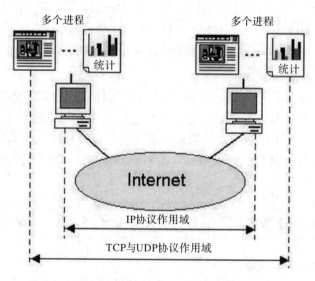

图5-11　TCP和IP协议的作用域

4．TCP/IP协议的工作过程

IP协议的工作是将原始数据从一地传送到另一地，TCP协议的工作是管理这种流动并保证其数据的正确性。

TCP/IP的工作过程是一个"自上而下，自下而上"的过程，数据传递在发送侧是按应用层—传输层—网络互连层—网络接口层传递的，在接收侧过程相反。对等层之间交换的信息报文统称为协议数据单元PDU。PDU由协议控制信息（协议头）和数据（SDU）组成：

协议控制信息	数据（SDU）

协议头部中含有完成数据传输所需的控制信息，如地址、序号、长度、分段标志、差错控制信息……下层把上层的PDU作为本层的数据加以封装，然后加入本层的协议头部（和尾部），形成本层的PDU。因此，数据在源站自上而下递交的过程实际上就是不断封装的过程。到达目的地后自下而上递交的过程就是不断拆封的过程，每一层只处理本层的协议头部。TCP/IP协议的封装过程如图5-12所示。

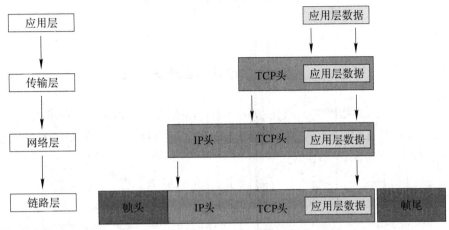

图5-12　TCP/IP协议的封装过程

TCP/IP协议具体的传递过程如下：

① 在发送方主机上，应用层将数据流传递给传输层。

② 传输层将接收到的数据流分解成以若干字节为一组的TCP段，并在每一段上增加一个带序号的TCP报头，传递给IP层。

③ 在IP层将TCP段作为数据部分，再增加一个含有发送方和接收方IP地址的包头组成分组或包，同时还要明确接收方的物理地址及到达目的主机路径，将此数据包和物理地址传递给数据链路层。

④ 数据链路层将IP分组作为数据部分并加上帧报头组成一个"帧"，交由物理层接收主机或IP网间路由器。

⑤ 在目的主机处，数据链路层将帧去掉帧头，将IP分组交给IP层。

⑥ IP层检查IP包头，如果包头中校验和与计算出来的不一致，则丢弃此报文分组，如果检验和与计算出来的一致，则去掉IP报头，将TCP段传送到TCP层。

⑦ TCP层检查序号，确认是否为正确的TCP段。

⑧ TCP层计算TCP报头和数据校验和，如果计算出来的校验和与报头的校验和不符合，则丢弃此TCP段，如果检验和正确，则去掉TCP包头，并将真正的数据传递给应用层，同时发出"确认收到"的信息。

⑨ 在接收方主机上的应用层收到一个数据流正好与发送方所发送的数据流完全一样。

第六章　通信网的应用

6.1　典型的通信网组成

由5.2.1节可知，通信网根据网络功能在垂直结构上包括传送网、业务网、应用层和支撑网。传送网提供的是一个信息的传输平台，无论什么样的业务信息都可以通过这个平台从一个节点传输到另一个节点。

6.1.1　各种通信网之间的关系

为了清晰直观地反映传送网、业务网和支撑网的相互关系，给出了图6-1所示的通信网典型组成结构。图中包含：

① 由三个节点构成的环状拓扑结构传输网，这三个节点分别代表三个不同的地方，采用SDH传输体制，其中一个节点为中心站。

② 由路由器构成的数据业务网。

③ 由程控交换机构成的电话业务网。

④ 由无线基站构成的移动业务网。

⑤ 网管服务器负责传输网的网络管理。

⑥ 数据网管服务器负责数据网的网络管理。

⑦ 定时供给设备为网络提供同步时钟。

⑧ 此外还给出了一个采用无源光网络(PON)构成的光纤接入网，网络拓扑结构为星形。

由图6-1只能看到传输网和接入网的拓扑结构(这是因为接入网是相对独立的)，并不能看出业务网的拓扑结构。而业务网的拓扑结构与传输网如何为其分配传输通道有关。也就是说，业务网需要组成什么样的拓扑结构，传输网就需做相应的配置，配置工作在网管上进行。显然业务网的拓扑结构可以与传输网的不一样。

以数据业务网为例，其常见的网络拓扑如图6-2所示。要实现图6-2(a)所示的星形拓扑结构，节点1-2和1-3需分别分配一个点到点的传输通道；如果要实现图6-2(b)所示的环形拓扑结构，则传输网需在节点1、2、3间分配一个共享传输通道，此时每个节点的路由器与传输设备间需建立两个GE/FE的连接，一个连接对着东向，另一个连接对着西向。

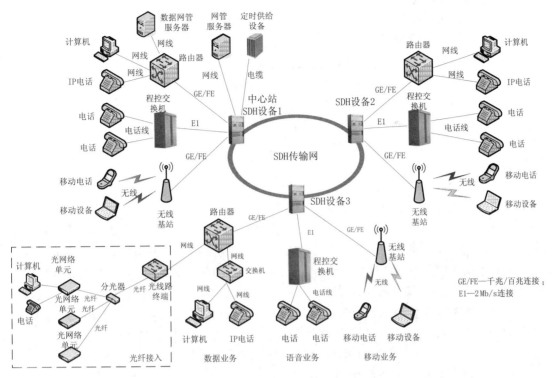

图6-1 典型通信网组成图

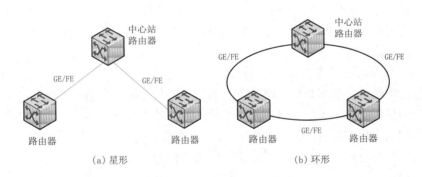

(a) 星形   (b) 环形

图6-2 数据业务网拓扑结构

这里只是给出了一个简单的通信网组成结构,而实际的通信网覆盖的范围很广,节点数量非常大,业务种类也很多。这时通信网的组织就需要考虑网络的维护管理、网络的安全稳定、网络的区域特征、业务的需求等诸多因素。

6.1.2 传输网

如果通信的传输网只是一个小范围区域的,那么图6-1的结构就可以实现各种业务的通信。然而如三大营运商(电信、移动、联通)的公众通信网以及电力、交通等的专用通信网,它们的通信网是全国范围内的,即属于广域网的范畴,此时的网络将变得极其庞大和复杂。

1. 传输网的组网原则

1）清晰的网络层次

网络层次对于传输网的建设起着承上启下的作用，好的网络层次架构，使得网络的后续发展能够平滑过渡，具备良好的可持续发展能力。

传输网络的三层基本结构是任何一个网络发展必不可缺的模型。首先在本地网中选择相对比较重要且具备后续发展潜力的站点作为核心节点，核心节点的选择必须根据公司业务的发展及规划需要来确定；接着在对网络层次划分的同时，考虑实际资源的可利用率，合理进行资源的分担及保护；最后根据具体的线路资源情况，确定接入层的保护及业务分担情况。

2）明了的拓扑节点形态

对于网络上的拓扑节点可以随意搭配，既保证节点上业务资源能够充分利用，又不会存在节点上低阶不足、容量偏小的问题。一般情况下，对于核心层的节点多选用大容量设备来进行调度；而汇聚层的设备相对可接入的业务类型丰富，且具备强大低阶交叉能力的设备；对于接入层设备，选择相对简单，只需具备灵活的业务接入能力，方便操作即可。

3）明确的网络层级关系

网络层级关系在传输网管上与保护子网的层级关系需要在拓扑划分时进行综合考虑，使保护子网的层级关系简单清晰。对于一般性网络，建议划分后的层级关系在 2～3 层，最多不要超过 3 层；对于简单的网络，1 层子网关系即可反映出网络的基本形态。

4）保留完整的保护子网形态

对于已经确定了网络层次、拓扑节点、子网层级关系后的网络拓扑，主要剩下了自定义的拓扑节点，在划分时，尽量保留保护子网的完整形态。也就是说，此时保护子网的节点作为独立的拓扑节点，这样最后呈现的拓扑状态与原来网络形态基本保持一致，不会因为拓扑形态改变而引起误解。

5）保留网络拓扑的业务形态

网络分析的最终目标都是对网络承载业务流量进行分析，在进行拓扑划分操作后，简化的只是网络拓扑本身，不应该对原来网络业务分布造成改变。也就是说，拓扑划分操作后业务分布应该和原来保持一致。这就要求在拓扑节点选取和拓扑划分的时候考虑清楚，对具有独立业务形态分布的节点不能随意进行拓扑收缩。

2. 传输网的分层

传输网为了网络的清晰明了，管理维护方便，网络拓展容易，业务接入简便通常采用网络层次架构。最常见的为三层构架，即核心层(骨干层)、汇聚层和接入层，如图6-3所示。

核心层由业务核心节点组成，主要解决各核心节点之间业务的传送、跨区域的业务调度等问题。由于核心层负责大颗粒业务的调度，因此要求能提供强大的业务交叉和汇聚能力。核心层多采用网状网拓扑结构，节点数不宜过多，一般在3～6个节点。

汇聚层由业务量和转接量较大的传输节点组成，实现业务从接入层到核心节点的汇聚，起承上启下的作用，主要提供小颗粒业务的汇聚。汇聚层节点负责将接入层业务转接至核心节点，也是承载大颗粒业务的平台。汇聚层和核心层一起构成了传输网络的骨架部分，是公众网和专用网的主体网络。汇聚层的网络拓扑结构多采用环网结构。每个汇聚环的业务分布模式是多个汇聚节点分别向两个核心节点的双归汇聚方式，以提高网络的安全性。由于汇聚层负责一定区域内业务的汇聚和疏导，因此要求提供较大的业务交叉和汇聚能力。

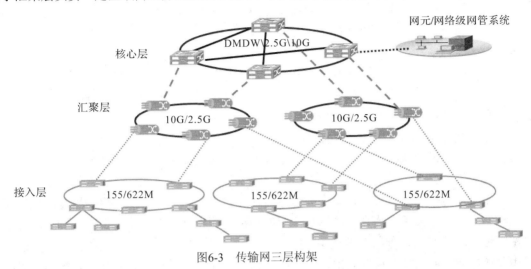

图6-3　传输网三层构架

接入层包括所有本地欲接入的业务点。需提供丰富的业务接口，实现多种业务的接入。接入层具有以下特点：接入层的节点数目多、分布广、业务点增减和业务点电路需求变化频繁；接入层发展随机性大且完成时限短；同时需要接入的业务种类多、差异大，要求节点设备针对各种业务具有灵活配置的能力；接入层设备要具有高度灵活性和适应能力。接入层的网络结构受具体业务点位置影响很大，拓扑结构多以环网为主，线形、星形、树形等其他结构为辅。

6.1.3　业务网

业务网是依照在传输网中承载的业务种类而形成的相应网络。业务网的种类很多，与我们密切相关的有电话网、数据网、移动网等。

传输网是各类业务网实现远距离传输的基础平台。良好的传输网对于承载的业务具有透明性，因此在业务网的组织过程中，传输网就相当于将业务节点连接起来的线。正如图6-2给出的，此时只要合理地组织业务网的网络结构，并不用去关心传输网是什么样的。

1. 电话网

电话网是进行交互型话音通信的网络。电话网包括本地电话网、长途电话网和国际电话网，是一种电信业务量最大，服务面最广的专业网。它可以兼容其他许多种非话业务网，是电信网的基本形式和基础。

电话网采用电路交换方式，由发送和接收电话信号的用户终端设备(如电话机)、进行电路交换的交换设备(电话交换机)、连接用户终端及交换设备的线路(用户线)和交换设备之间的链路(中继线)组成。电话网属于实时通信网。

1）电话网等级结构

电话网的基本结构形式分为等级网和无级网两种。等级网中，每个交换中心被赋予一定的等级，不同等级交换中心采用不同的连接方式，低等级的交换中心一般要连接到高等级的交换中心。在无级网中，每个交换中心都处于相同的等级，完全平等，各交换中心采用网状网或不完全网状网相连。

（1）等级制电话网

就各国范围内的电话网而言，很多国家采用等级结构。在等级网中，它为每个交换中心分配一个等级，除了最高等级的交换中心以外，每个交换中心必须接到等级比它高的交换中心。本地交换中心位于较低等级，而转接交换中心和长途交换中心位于较高等级。低等级交换局与管辖它的高等级交换局相连，形成多级汇接辐射网，即星形网。而最高等级的交换局间则直接相连，形成网状网。所以等级结构的电话网一般是复合网。

在等级结构中，级数的选择以及交换中心位置的设置与很多因素有关，主要有各交换中心之间的话务流量流向、全网的服务质量、全网的经济性、运营管理因素、国家的幅员、各地区的地理状况/政治/经济条件以及地区之间的联系程度等几个方面。

（2）无级长途网

无级网是指网中所有交换中心不分等级，完全平等，各长途交换机利用计算机控制可以在整个网络中灵活选择最经济、最空闲的通路，即在任何时候都可以充分利用网络中的空闲电路疏通业务。而且，在完成同样的接续时，可选择的路由及选择的顺序随时间或网中负荷的变化而变动。可以看出，无级网的优越性在于灵活性和自适应性，大大地提高了接通率。

2）我国电话网结构

我国电话网由本地网和长途网两部分组成。本地网指在同一长途编号区范围内，由若干个端局，或者由若干个端局和汇接局及局间中继线、用户线和话机终端等组成的电话网。长途电话网由各城市的长途交换中心、长话中继站和局间长途电路组成，用来疏通各个不同本地网之间的长途话务。长途电话网中的节点是各长途交换局，各长途交换局之间的电路即为长途电路。

我国电话网目前采用等级制。早在1973年电话网建设初期，鉴于当时长途话务流量的流向与行政管理的从属关系互相一致，大部分的话务流量是在同区的上下级之间，即话务流量呈现出纵向的特点，原邮电部规定我国电话网的网络等级分为五级，包括长途网和本地网两部分。长途网由大区中心C1、省中心C2、地区中心C3、县中心C4等四级长途交换中心组成，本地网由第五级交换中心，即端局C5和汇接局Tm组成。等级结构如图6-4所示。

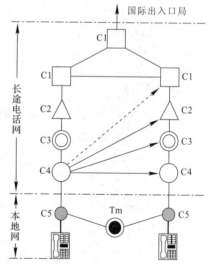

C1—C4—长途交换中心；C5—端局；Tm—汇接局

图6-4　我国早期电话网等级结构

这种结构在电话网由人工到自动、模拟到数字的过渡中起了很好的作用，但在通信事业快速发展的今天，其存在的问题也日趋明显。就全网的服务质量而言，其问题主要表现为如下几个方面：

① 转接段数多。如两个跨地区的县用户之间的呼叫，须经C2、C3、C4等多级长途交换中心转接，接续时延长、传输损耗大、接通率低。

② 可靠性差。一旦某节点或某段电路出现故障，将会造成局部阻塞。

随着社会和经济的发展，电话普及率的提高，以及非纵向话务流量日趋增多，要求电话网的网络结构要不断地发生变化才能满足要求。电信基础网络的迅速发展使得电话网的网络结构发生变化成为可能，并符合经济合理性。同时，电话网自身的建设也在不断地改变着网络结构的形式和形态。目前，我国的电话网已由五级网向三级网过渡，其演变推动力有以下两个：

① 随着C1、C2间话务量的增加，C1、C2间直达电路增多，从而使C1局的转接作用减弱，当所有省会城市之间均有直达电路相连时，C1的转接作用完全消失，因此，C1、C2局可以合并为一级。

② 全国范围的地区扩大本地网已经形成，即以C3为中心形成扩大本地网，因此C4的长途作用也已消失。

三级网网络结构如图6-5所示。三级网也包括长途网和本地网两部分，其中长途网由一级长途交换中心DC1、二级长途交换中心DC2组成，本地网与五级网类似，由端局DL和汇接局Tm组成。

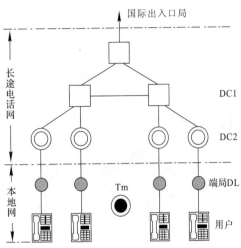

图6-5　我国目前电话网等级结构

3）电话网实例

每级网在实际应用中通常还会进行分级(层)。如某省级的二级网分为两个层面结构，如图6-6所示。某省DC1设在合肥，其主要功能是汇接全省的省际、国际长途来、去、转话话务。DC1间个个相连成网状网结构。DC2为二级交换中心，设在各本地网的中心城市，其主要功能是汇接所在本地网的国际、国内、省内各本地网之间的长途来、去、转话话务。DC2和本省DC1间相连，部分DC2和本省DC2及省际DC1/DC2也采用直连方式。

同样本地网网络也采用两级结构，如图6-7所示。在本地网结构中，市话汇接局为第一级交换中心，对本地网的端局进行全覆盖，局点均设在本地网的中心城市。汇接局可以带用户，具有端局功能，即可以对本局用户之间以及出、入局电话进行交换。端局为第二级交换中心。

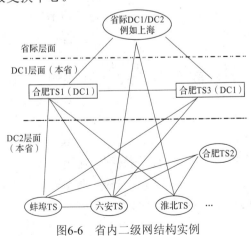

图6-6　省内二级网结构实例

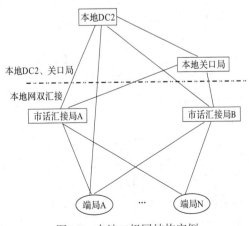

图6-7　本地二级网结构实例

2. 数据网

数据网为各种类型数据的传输提供服务。不管是什么数据，只要大家都遵守同样的传输协议，如TCP/IP协议；遵守同样的接口规范，如IEEE 802.3以太网标准，都可以通过数据网进行传输。例如图6-8所示典型小型数据网的组成中，计算机终端上的网卡通过网线或无线网卡与网络交换机相连接，这样就可以在电脑上通过运行浏览器软件对Web服务器进行访问，或运行电子邮件软件进行邮件的收发等。在该网络中，我们实现了多种不同类型数据的传输。显然这些不同类型的数据是基于应用层面上的实现的。

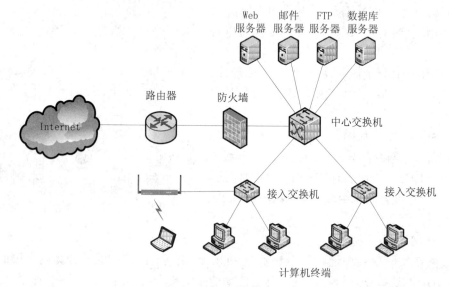

图6-8　数据网的典型组成

然而在企业或公司中，有些部门的业务数据是不一样的。如行政管理用的管理信息系统(MIS)、生产部门的生产调度系统、经营部门的市场营销信息系统、教育部门的培训系统等。这些不同的业务系统对应有不同的业务数据网，且相互之间是隔离的，即互不影响。

网络之间的隔离方式有两种：一种是物理上的隔离；另一种是逻辑上的隔离。物理隔离就是不同的网络数据走在不同的信道上，如不同的传输媒介、不同的频率或不同的时隙。逻辑隔离就是不同的网络数据走在同一信道上，通过相应的协议和技术使不同的数据送往各自的目的地。就像计算机中有C、D两个盘符，实际上只有一个物理存在的硬盘，只是在一个硬盘上分了两个区，C、D代表的是两个逻辑意义上的硬盘。

大多数的单位不同的业务数据采用逻辑隔离，这样可以节约网络的硬件资源。但有些部门的业务数据极其重要，如电力系统的调度数据，就要求与其他部门的业务数据实现物理隔离。

1）网络拓扑结构的考虑

在网络拓扑结构图中，通常采用边表示一个网络、子网或传输线路，而用点表示连接节点，即路由器、交换机、计算机终端等设备。这种图只能说明网络的几何结构，而不能表明子网或互连设备的地理位置。网络拓扑结构与用户网络规模有关，由此可将其分为平面拓扑结构、层次型网络拓扑结构。

（1）平面拓扑结构

对于小型网络，平面网络拓扑结构就可以满足要求。所谓平面网络，就是没有层次化的结构网络，互连的设备实质上具有相同的工作，网络不进行分层，不进行模块划分。因而平面拓扑结构易于设计和实现，并且便于网络管理和网络维护。

小型企业网可能是几个局域网互连的网络，每个局域网与其他局域网的连接通过一个广域网路由器实现，因而形成了点到点的链路，如图6-9所示。拓扑多为环形或星形结构。在路由器的数量不多的情况下实现简单的平面设计，可以解决路由选择问题。当某一条链路出现故障的时候，可以恢复与其他节点的链路通信。但是当用户局域网的数量越来越多时，这种简单的广域网平面设计将增加时延和差错率，所以这种情况下应该改为其他拓扑结构。

小型局域网采用的拓扑结构图主要就是平面拓扑结构，也就是将网络的用户终端（如计算机）、服务器连接到一个或多个集线器、交换机上，拓扑多为星形结构，如图6-10所示。局域网的网络构架主要是以太网，并采用CSMA/CD（带冲突检测的载波监听多路访问技术）作为访问控制。集线器是一种共享式设备，而交换机是一种交换式设备，在用户连接数量多的情况下，利用交换设备不会造成网络拥塞。

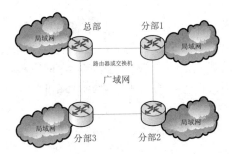

图6-9 平面拓扑结构

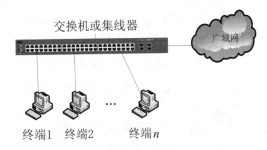

图6-10 局域网拓扑结构

（2）层次型网络拓扑结构

在一个网络系统规模庞大的情况下，往往将系统中的设备按照承担的功能进行划分，形成多层结构，进行分担处理，这就是常见的分层方法，是一种层次型网络拓扑结构。

使用层次型网络拓扑结构具有以下优点：

① 减轻了网络中一些主设备CPU的负载。例如，在一个大平面或交换式网络中，广播分组负载是很重的。每个广播分组都将占用广播域上的每台设备中的CPU资源，还有就是处理广播域中的大量路由消息，都会造成非层次网络设备的CPU资源的高开销。

② 降低了网络成本。层次化结构中的网络设备根据承担的功能进行选择，可降低不必要的功能花费。同时，层次化模型的模块化特征允许在层次结构的每层内进行精确的容量规划，从而减少了不必要的带宽。其次，层次化的模型结构也便于网络管理。

③ 简化了每个设计元素，易于理解。

④ 容易变更层次结构。每当网络中某部分进行升级时都不会影响其他部分，从而使网络升级和扩展更加方便，减少了因升级带来的一些不必要的资金开销。

⑤ 层次化网络中的各个设备都可以按照所处节点功能充分发挥自己的特性。

最为常见的层次型网络拓扑结构就是三层模型，即分为核心层、分布层（汇聚层）和访问层（或接入层），如图6-11所示。

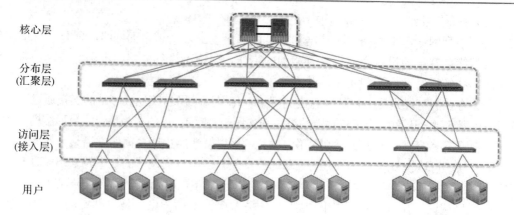

图6-11　层次型网络拓扑结构

图6-11所示分层模型中的每一层都有特定的作用。核心层提供多个网络之间的优化传输路径；分布层将网络服务连接到访问层，并且实现安全、流量负载和选路策略；而访问层直接面对网络终端用户的接入。

2）网络冗余的考虑

为了实现网络的高性能，通常都要采用冗余技术。冗余网络设计的基本思想是，通过重复设置网络链路和互连设备来满足网络的可用性需求。冗余技术是解决网络可靠性问题的最好方法。比如，当某一条线路故障时，可以通过其他线路通信，这就需要在网络设备中配置。当然，冗余技术不仅仅用于核心层和分布层，还可以应用于电源，这样可以保证不会因某一个电源故障导致系统设备不能正常工作。

由于冗余设计会带来成本费用增加，因而要根据用户的需求考虑，应该选择冗余级别和拓扑结构。一般采取的措施如下：

① 备用设备。由于网络中的核心交换机、路由器在数据网中起着关键性的作用，因此一旦设备出现故障，将导致网络瘫痪。此时可以配置两台设备，互为备用。

② 设备的关键部件冗余配置。对于只有一台设备的，可以采用设备的重要部件冗余配置，即配置具有双背板、双电源、双引擎的设备。

③ 备用线路。当网络的某条线路出现故障时，为了保持互连性和不断网，备用线路的冗余设计是必需的。这种备用线路是主线路上的设备和链路的重复设置，如图6-12所示。

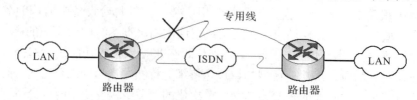

图6-12　采用ISDN作为备用路径

3）VPN和VLAN

（1）VPN

VPN（Virtual Private Network）即虚拟专用网络，简单地说就是利用公众网络（电信、移动等）架设专用网络（公司、企业等）。利用VPN的解决方法就是在内网中架设一台VPN服务器，可以让外地员工访问到内网资源。只要外地员工在当地连上互联网后，就可以通过互联网连接 VPN 服务器，然后通过 VPN 服务器进入企业内网。为了保证数据安全，VPN 服务器和客户机之间的通信数据都进行了加密处理。有了数据加密，就可以认为数据是在一条专用的数据链路上进行安全传输，就如同专门架设了一个专用网络一样，但实际上 VPN 使用的是互联网上的公用链路，因此 VPN 称为虚拟专用网络，其实质上就是利用加密技术在公网上封装出一个数据通信隧道。有了 VPN 技术，用户无论是在外地出差还是在家中办公，只要能上互联网，就能利用 VPN 访问内网资源，这就是 VPN 在企业中应用得如此广泛的原因。

　　VPN 之所以被采用，是因为有些单位各部门分布在许多地方，甚至在国外，而单位的内部数据网需要覆盖这些部门但又不能自己建立长途通信。这样采用 VPN 技术就可以很好地解决这方面的问题。

　　VPN 技术的应用如图6-13所示。图中给出了省级政府某部门通过采用 VPN 技术建立的该部门数据网，实现省中心的局域网与各市局域网之间的互连。

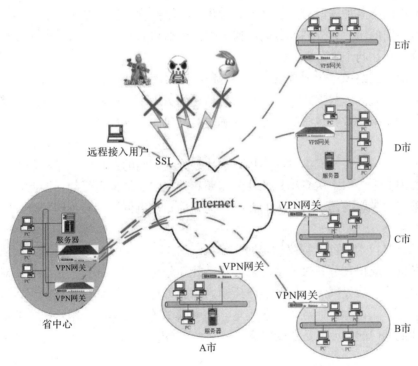

图6-13　VPN技术应用实例

（2）VLAN

　　VLAN（Virtual Local Area Network）即虚拟局域网络，是一组逻辑上的设备和用户，这些设备和用户并不受物理位置的限制，可以根据其功能、部门或应用等因素将它们组织起来，相互之间的通信就好像它们在同一个网段中一样，由此得名虚拟局域网络。

　　局域网（LAN）通常是一个单独的广播域，主要由 Hub、网桥或交换机等网络设备连接同一网段内的所有节点形成。处于同一个局域网之内的网络节点之间可以直接通信，而处于不同局域网段的设备之间的通信则必须经过路由器才能进行。图6-14所示即为使用路由器构建的典型的局域网环境。

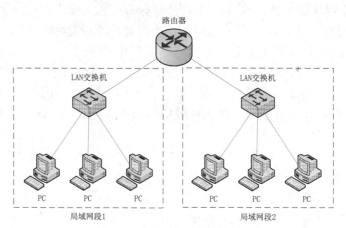

图6-14　典型的局域网结构

随着网络的不断扩展，接入设备逐渐增多，网络结构也日趋复杂，必须使用更多的路由器才能将不同的用户划分到各自的广播域中，在不同的局域网之间提供网络互连。

但这样做存在两个缺陷。

首先，随着网络中路由器数量的增多，网络延时逐渐加长，从而导致网络数据传输速度下降。这主要是因为数据在从一个局域网传递到另一个局域网时，必须经过路由器的路由操作：路由器根据数据包中的相应信息确定数据包的目标地址，然后再选择合适的路径转发出去。

其次，用户被按照他们的物理连接自然地划分到不同的用户组（广播域）中。这种分割方式并不是根据工作组中所有用户的共同需要和带宽的需求来进行的，因此，尽管不同的工作组或部门对带宽的需求有很大的差异，但它们却被机械地划分到同一个广播域中争用相同的带宽。

利用VLAN技术就可以按照局域网交换机端口来定义VLAN成员。VLAN从逻辑上把局域网交换机的端口划分开来，从而把终端系统划分为不同的部分，各部分相对独立，在功能上模拟了传统的局域网，如图6-15所示。由此可见，采用VLAN技术可以实现一个单位的不同部门，无论办公地点分布在哪里，都可以在逻辑上构成一个本部门的局域网，该局域网与其他部门的局域网是逻辑隔离的。

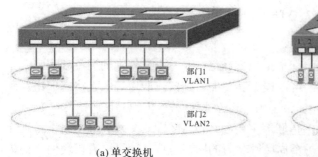

(a) 单交换机　　　　　　　　　　　　(b) 多交换机

图6-15　VLAN的实现

按端口划分VLAN只是VLAN技术的应用方式之一，还可以按MAC地址划分VLAN，按网络层划分VLAN，按IP组播划分VLAN，按用户划分VLAN，基于规则划分VLAN等。

采用VLAN技术的意义体现在：

① VLAN可以改善网络的通信效率。这是因为通信流量只局限于本子网中，不会对其他子网产生干扰。

② VLAN可以避免广播风暴。在较大规模的网络中，大量的广播信息很容易引起网络性能的急剧降低，甚至使网络瘫痪，而VLAN使广播只在子网中进行，不会做无意义的扩散，从而消除了广播风暴产生的条件。

③ VLAN大大增强了网络及其信息的安全性。这是因为子网间无法随意进行访问，信息流通得到相当好的控制。

④ VLAN使网络的组织更具灵活性。网络用户在网络中的物理位置不会影响该用户逻辑上的访问权限，也就是说，网络规划完全不会受到物理的限制。

6.1.4　支撑网

一个完整的通信网除了有传递各类业务的业务网之外，还需有若干个用来保障业务网正常运行、增强网络功能、提高网络服务质量的支撑网络。支撑网通过传送相应的监测、控制和信令等信号，对网络的正常运行起支持作用。

根据所具有的功能不同，支撑网可分为信令网、同步网、管理网。信令网用于传送信令信号；同步网用于提供全网同步时钟；管理网利用计算机系统对全网进行统一管理。

1. 信令网

在通信网中，除了传递业务信息外，还有相当一部分信息在网上流动，这部分信息不是传递给用户的声音、图像或文字等与具体业务有关的信号，而是在通信设备之间传递的控制信号，如占用、释放、设备忙闲状态、被叫用户号码等，这些都属于控制信号。信令就是通信设备(包括用户终端、交换设备等)之间传递的除用户信息以外的控制信号。信令网就是传输这些控制信号的网络。

目前的信令网主要是针对电路交换的No.7信令系统。No.7信令系统是ITU-T(前CCITT)在1980年通过的基于综合业务数字网(ISDN)设计目标的Q.700系列建议书。

1) 信令

通常打电话的过程如图6-16所示。可见信令是呼叫接续过程中所采用的一种"通信语言"，用于协调动作、控制呼叫。这种"通信语言"应该是可相互理解的、相互约定的、以达到协调动作为目的的。因而我们说信令是通信网中规范化的控制命令，它是控制交换机产生动作的命令，它的作用是控制通信网中各种通信连接的建立和拆除，并维护通信网的正常运行。

根据作用区间不同，信令可分为用户信令和局间信令。用户信令是用户和交换机之间的信令，在用户线上传送，主要包括用户向交换结点发送的监视信令(状态信令)和选路信令(地址信令)，交换结点向用户发送的铃流和各种音信号(音信令)；局间信令是交换结点之间的信令，在局间中继线上传送，用来控制呼叫的建立和释放，如图6-17所示。

交换局间的信令方式包括随路信令和共路信令。

随路信令：接续所需的各种信令信息均通过该接续所占用的中继电路来传送的信令方

式，如图6-18所示。随路信令具有一定的局限性，如信令传送速度较慢，拨号后等待时间较长；信息容量有限，传递与呼叫无关信令能力有限；不利于向 ISDN 过渡，管理困难；价格较昂贵，每话路均需配备信令系统。随路信令多用于模拟交换系统。

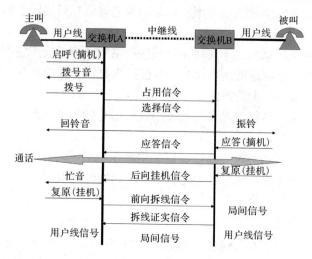

图6-16   打电话的过程

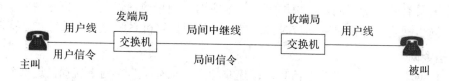

图6-17   信令的组成示意图

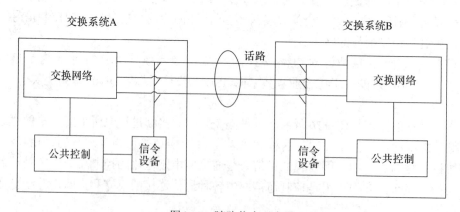

图6-18   随路信令示意图

共路信令：在交换局间的一条集中的数据链路为多条（几百条或更多）话路传送信令的方式，如图6-19所示。共路信令目前采用的多为No.7信令系统，这种方式的优点为：信号传递速度快，接续时间短，长途呼叫延时小于1秒；信息容量大，包括控制、网管、计费、维护、新业务信令；可靠性高，可主备转换，有检错和纠错功能；适应性强，适合ISDN的需要；投资少；具有统一信令系统。

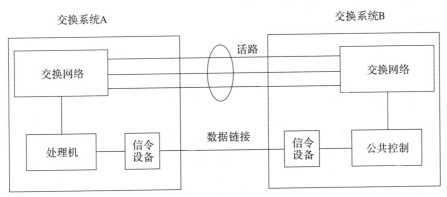

图6-19 共路信令示意图

2）No.7 信令网

当通信网络采用No.7信令系统之后，将在原通信网上，寄生并存一个起支撑作用的专门传送 No.7 信令系统的信令网——No.7信令网。

No.7信令网不仅可以在电话网、电路交换的数据网和ISDN网中传送有关呼叫建立和释放的信令，还可以为交换局和各种特种服务中心之间传送数据信息，所以，No.7信令网是具有各种功能的业务支撑网。它的主要用途包括：

① 电话网的局间信令。完成本地、长途和国际的自动、半自动电话接续。

② 电路交换的数据网的局间信令。完成本地、长途和国际的各种数据接续。

③ ISDN网的局间信令。完成本地、长途和国际的电话和非话的各种接续。

④ 智能网业务。No.7信令网可以传送与电路无关的各种数据信息，完成信令业务点（SSP）和业务控制点（SCP）间的对话，开放各种用户补充业务。

（1）No.7信令网的组成

No.7 信令网由信令点（SP）、信令转接点（STP）和连接它们的信令链路组成。

信令网中既发出又接收信令消息，或将信令消息从一条信令链路转到另一条信令链路，或同时具有这两种功能的信令网节点，称为信令点。信令点可以是交换局或特种服务中心，如运行、操作管理、维护中心和业务控制点等。

信令转接点负责将一条信令链路上的信令消息转发至另一条信令链路上。

连接两个信令点（或信令转接点）的信令数据链路及其传送控制功能组成的传输设备称为信令链路。每条运行的信令链路都分配有一条信令数据链路和位于此信令数据链路两端的两个信令终端。信令链路是信令网中连接信令点的最基本部件。

（2）No.7信令网的分类

按网络结构的等级，信令网分为无级信令网和分级信令网。

无级信令网是指信令网不引入信令转接点，各信令点间采用直联工作方式的信令网。如图6-20（a)所示。由于无级信令网从容量和经济上无法满足通信网的要求，因而未被广泛采用。

分级信令网是指含有信令转接点的信令网。分级信令网又可分为具有一级信令转接点的二级信令网和具有二级信令转接点的三级信令网，如图6-20(b)、(c)所示。分级信令网的一个重要特点是每个信令点发出的信令消息一般需要经过一级或二级信令点的转接。只有当信令点之间的信令业务量足够大时，才设置直达信令链路，以便使信令消息快速传递并减少信令转接点的负荷。

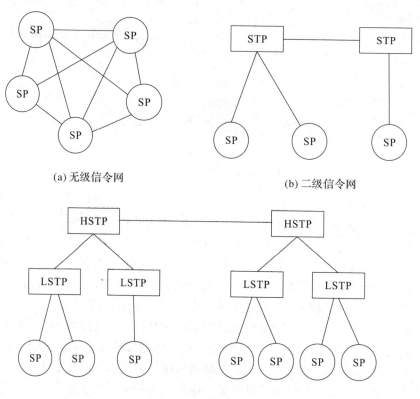

(a) 无级信令网

(b) 二级信令网

(c) 三级信令网

SP：信令点　　LSTP：低级信令转接点　　HSTP：高级信令转接点

图6-20　信令网结构示意图

比较无级信令网和分级信令网的结构，分级信令网具有如下优点：网络所容纳的信令点数多；增加信令点容易；信令路由多；信号传递时延相对较短等。因此，分级信令网是国际、国内信令网常采用的形式。

3）我国信令网的网络结构

（1）信令网结构考虑因素

信令网结构涉及以下几个因素：

① 信令网所要容纳的 SP 数量；

② STP 可以连接的最大信令链路数及负荷能力；

③ 信令网冗余度；

④ 允许信令转接次数。

（2）我国 No.7 信令网结构

基于以上因素，我国 No.7 信令网采用三级结构。第一级为高级信令转接点（HSTP），是信令网的最高级；第二级为低级信令转接点（LSTP）；第三级为信令点（SP）。

HSTP原则上一个省、自治区或直辖市为一主信令区。在一个主信令区中，根据业务需求设置一对或数对HSTP，HSTP汇接所属LSTP和SP的信令信息。

LSTP原则上一个地级市为一个分信令区，在一个分信令中，一般设置一对LSTP，LSTP汇接所属SP的信令信息。

SP是传送各种信令信息的源点和目的点。

第一级HSTP间的连接方式可以采用网状连接或A、B平面连接。我国采用后一种，使用A、B平面连接已具有足够的可靠性，且比较经济，其结构如图6-21所示。

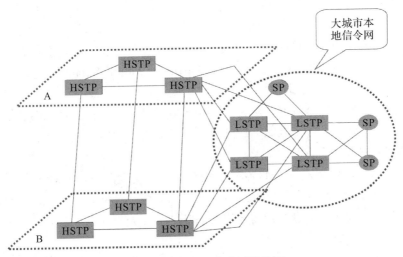

图6-21 我国No.7信令网结构图

第二级LSTP之间为网状网连接方式，每个SP至少连两个LSTP，一条连至本区LSTP，一条连至其他LSTP。

（3）信令网与电话网的对应关系

当局间采用No.7信令时，No.7信令网与电话网是两个相互独立的网络，但由于信令网是支撑电话网业务的网络，所以它们之间存在着密切的关系。

我国电话业务网为三级结构，与No.7信令网是相对应的。HSTP设置在DC1(省)级交换中心的所在地，汇接DC1间的信令。LSTP设置在DC2(市)级交换中心所在地，汇接DC2和端局信令。信令网与电话网的对应关系如图6-22所示。

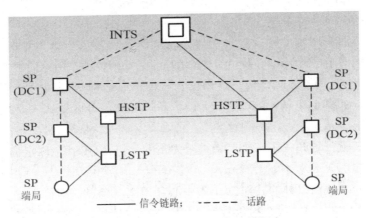

图6-22 信令网与电话网的对应关系

2. 同步网

1）数字同步网的基本概念

数字同步网是现代通信网的一个必不可少的重要组成部分，能准确地将同步信息从基准时钟源向同步网各同步节点传递，从而调节网中的时钟以建立并保持同步，满足通信网对于业务信息的传输和交换性能要求，是保证网络定时性能的关键。随着各种数字业务和通信方式的发展，对整个数字网的时钟性能的要求越来越高。因此，就有必要在同步节点或通信设备较多的情况下，在通信网的重要枢纽上，单独设置时钟系统，承上启下，沟通整个同步网，对所在的通信楼的设备提供满意的同步基准信号。这种设备称为"通信楼综合定时供给系统"，英文简称BITS（Building Integrated Timing Supply）。

2）数字同步网的同步方式

为了保持一个稳定的全网时钟频率，必须采取某些必要的措施使全网各点的时钟频率偏差保持在一定的限度之内，以保证达到符合要求的滑动指标。

（1）准同步方式

准同步方式是在数字通信网的各节点处都使用高精度时钟，其精度限制在规定范围内，从而使两个节点之间的滑码率低到可以接受的程度。这种同步方式最容易实现，但它的缺点是网中较小的交换节点机或需要定时的其他节点处都需要安装高精度的时钟源，费用较高。

（2）主从同步方式

这种方式基于电信网的等级制结构，即各个节点的工作时钟来自上级节点，各下级节点从接收到的数字信号中提取时钟，本地时钟由接收到的外时钟通过锁相环锁定。主从同步的优点是经济、简单，但它的缺点是可靠性差，当一个交换机发生故障时，受其控制的下级交换机都将失去工作时钟。国内通信网通常采用主从同步方式。

（3）相互同步方式

此种方式各节点都有自己的时钟，并且相互连接，无主从之分，互相控制，互相影响，最后各个节点的时钟锁定在所有输入时钟频率的平均值上，以同样的时钟频率工作。相互同步的优点是网内任何一个交换局发生故障，都不影响其他局，从而提高了可靠性，其缺点是同步系统较为复杂。通常同级交换机可采用相互同步方式。

3）我国数字同步网

我国的数字同步网采用三级节点时钟结构和主从同步的方式。全网分为31个同步区，各同步区域的基准源（Local Primary Reference，LPR）接收国家时钟基准源（Primary Reference Clocks，PRC）的时钟信息，而同步区内的各级时钟则同步于LPR，最终也同步于主用PRC，如图6-23所示。这是一个"多基准钟，分区等级主从同步"的网络，其特点是：

① 在北京、武汉各建立了一个以铯钟组为主的，包括GPS（全球定位系统）接收机的高精度基准钟PRC。

② 在除北京、武汉以外的其他29个省中心各建立一个以GPS接收机加铷钟构成的高精度区域基准钟LPR；LPR以GPS信号为主用，当GPS信号故障和降质时，该LPR将转为经地面链路直接和间接跟踪北京或武汉的PRC。

③ 各省以本省中心的 LPR 为基准钟组建省内的二、三级时钟。

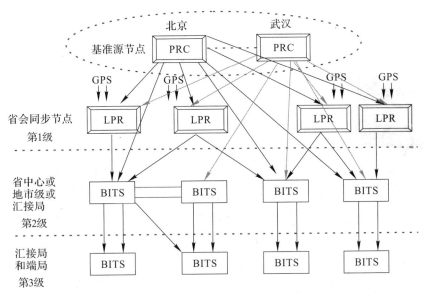

图6-23　我国数字同步网组成结构

3. 管理网

1）电信管理网的基本概念

随着电信技术迅猛发展，网络规模不断扩大，网络的异构性和复杂程度都大大增加。而且，由于运行在网络上的新业务不断增多，人们对网络的可靠性、服务质量及灵活性提出了更高的要求，从而导致网络的运行、维护和管理的开销越来越大。20世纪80年代以来，这一矛盾日益突出，传统的专用网络管理系统已不能适应信息时代的需要。因而迫切需要开放式、标准化的新的网络管理系统。1986年，ITU-T（前 CCITT）正式提出了电信管理网（Telecommunication Management Network，TMN）的概念。之后，ITU-T 制定了一系列的相关标准。

简单地说，TMN 是收集、处理、传送和存储有关电信网维护、操作和管理信息的一种综合的手段，为电信主管部门管理电信网起着支撑作用，即协助电信主管部门管好电信网。TMN 是一个有组织的网络，可以提供一系列管理功能，并能使各种类型的操作系统之间通过标准接口进行通信联络，还能使操作系统与电信网各部分之间也通过标准接口进行通信联络。

ITU-T 在 M.3010 建议中提出了 TMN 框架，如图6-24所示。

在 TMN 的体系结构中，有两个主要的组成部分：

① 可管理（又称智能化）的电信设备和业务，称作网络单元（Network Element，NE）。

② 管理系统。它通过内部的管理者（Manager）实体与 NE 通信，完成各种管理功能。

TMN 的出现对现代电信也造成了巨大影响。由于现代电信网络更趋于多个厂家产品组合下环境，因而近年来电信网络运行部门强烈要求各生产厂商遵循与 TMN 相关的、可使各厂商相互兼容的国际标准。

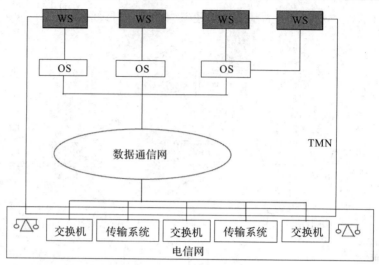

OS：操作系统　　　WS：工作站

图6-24　TMN框架

2）电信管理网的物理结构

TMN功能可以在不同的物理配置中实现，图6-25表示普遍化的TMN物理结构。TMN的物理结构提供传送和处理与电信网管理有关信息的功能，一个典型的物理结构是由下列物理成分组成的。

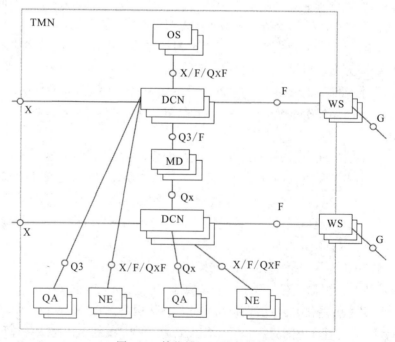

图6-25　简化的TMN物理结构图

OS表示运行系统（即网管系统），是执行网管功能的系统，包括一种大型的网络管理资源的系统程序。

MD表示协调设备，是执行协调功能(MF)的设备，主要完成OS与NE之间的协调功能。MD按OS的要求对来自下层的信息进行适配、滤波和压缩处理、缓存等。

QA用于将不标准的TMN结构的NE和OS连到TMN中，用来对TMN接口和非TMN接口进行转换。

Q接口是OS功能、QA功能、MF和NE功能相连所使用的接口。通常将不与OS功能相连的Q接口称为Qx接口，而将与OS功能相连的称为Q3接口。

F接口是与WS功能相连的接口(包含与OS功能相连的接口)。

X接口是不同TMN的OS之间的接口。

DCN(数据通信网)负责提供消息传输功能，即在TMN功能块之间传输管理信息，DCN提供OSI参考协议的下三层功能。DCN由不同类型的子网的承载功能加以支持，如PSPDN(分组交换公共数据网)、WAN(广域网)、LAN(局域网)、CCS7(No.7信令网)、SDH的ECC(嵌入控制通路)等，当不同类型的子网互连时，其中的互连转换功能也是DCN的一部分。

3) 电信管理网的基本功能

TMN在多厂家环境下为电信网及其业务提供了一个管理功能和运行、管理和维护(OAM)的通信的主体。

TMN的功能可以分成两大类：一类是基本功能(BF)，另一类是增强功能(EF)。BF作为构成部件去实现EF，例如业务管理、网络恢复、客户控制/再配置、带宽管理等。TMN的基本功能又可进一步分成三种类型，即管理功能、通信功能和规划功能。

(1) 管理功能

TMN的管理功能包括：性能管理、故障管理、配置管理、账务管理、安全管理。

性能管理   性能管理提供评价和报告电信设备的运行状况及网络或网络单元有效性的各种功能。它的任务是收集用于监视和校正网络、网络单元或电信设备运行和有效性的统计数据，以便在计划和分析中加以利用。性能管理功能包括性能监视功能、业务量管理功能、网络管理功能以及服务质量的观测功能等。

故障管理   故障管理是用于监测、隔离和纠正电信网及其环境下异常运行的一组功能。故障管理功能包括告警监视功能、故障定位功能以及测试功能等。

配置管理   配置管理提供的功能包括控制和识别网络单元，收集来自网络单元的数据并为它提供数据的功能。配置管理功能包括配置功能、状态检验和控制功能及安装功能等。

账务管理   账务管理功能是对网络服务的使用情况进行量化，并进而确定应收费用的过程，其主要任务是收集计费记录和规定不同服务方式的账单参数，决定用户因使用电信资源而产生的账务。显然，这种功能必须非常可靠，通常需要冗余数据传送功能。

安全管理   安全管理为电信网的电信环境和电信资源的管理与使用提供保护功能，使之不受未经授权的人和/或单位的控制，也不为其提供无偿服务。另一方面，安全管理还为管理网本身，如管理信息数据库系统(MIB)提供保护，使之免遭侵犯和损害。

(2) 通信功能和规划功能

通信功能包括OS/OS间的通信、OS/NE间的通信、NE/NE间的通信、OS/WS间的通信和 NE/WS 间的通信等。规划功能包括网络规划、物理资源(如设施、设备等)规划和劳动力规划等。

6.1.5 接入网

1. 接入网概述

1)接入网的定义

1995 年 7 月,ITU-T G.902 对接入网作出如下定义:接入网(AN)是由业务节点接口(SNI)与相关用户网络接口(UNI)之间的一系列传送实体组成,为电信业务提供所需传送承载能力的实施系统,可经由管理接口(Q3)配置和管理。

通俗意义上讲,接入网就是介于业务节点接口(SNI)和用户网络接口(UNI)之间的网络,它包含线路设施和传输设施,如图 6-26 所示。

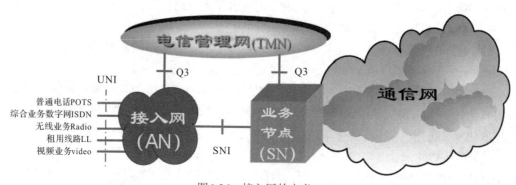

图6-26 接入网的定义

2)接入网的定界

ITU-T G.902 定义的接入网有三类接口,即 UNI、SNI 和 Q3 管理接口。由此三个接口对接入网进行了定界。原则上,接入网对其所支持的 UNI 和 SNI 的类型和数目并不限制。接入网不解释信令。管理方面经 Q3 接口与电信管理网相连。

(1)用户网络接口(UNI)

接入网的用户侧经由 UNI 与用户相连,不同的 UNI 支持不同的业务,UNI 主要包括 PSTN 模拟电话接口(Z 接口)、ISDN 基本速率接口(BRI)、ISDN 基群速率接口(PRI)和各种专线接口。

(2)业务节点接口(SNI)

接入网的网络侧经由 SNI 与业务节点相连,SNI 同样有模拟接口(Z 接口)和数字接口(V 接口)。Z 接口对应于 UNI 的模拟 2 线音频接口,可提供普通电话业务。随着接入网的数字化和业务的综合化,Z 接口逐渐被 V 接口取代。

V 接口经历了 V1 ~ V5 接口的发展。其中,V1 ~ V4 接口的标准化程度有限,并且不支持综合业务接入。V5 接口是本地数字交换机与接入网之间开放的、标准的数字接口,支持多种类型的用户接入,可提供语音、数据、专线等多种业务,支持接入网提供的业务向综合化方向发展。目前,SNI 普遍采用 V5 接口。

V5 接口包括 V5.1 接口和 V5.2 接口。每个 V5.1 接口只提供 1 条 2.048 Mb/s 链路,固定时隙分配,不支持一次群速度接入,无集线和切换保护功能。每个 V5.2 接口最多可提供

16条2.048 Mb/s链路，动态时隙分配，支持一次群和租用线业务，配置数量为偶数，有集线和切换保护功能。

（3）Q3管理接口

Q3管理接口是操作系统(OS)和网络单元(NE)之间的接口，该接口支持信息传送、管理和控制功能。在接入网中，Q3接口是TMN与接入网设备各个部分相连的标准接口。通过Q3管理接口来实施TMN对接入网的管理和协调，从而提供用户所需的接入类型和承载能力。

3）接入网的分类

接入网的分类根据条件的不同有多种，常见的分类是依据所采用传输媒介不同进行分类，可分为有线接入网和无线接入网两大类，如图6-27所示。

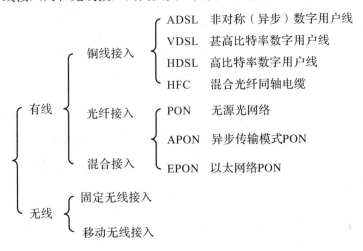

图6-27　接入网的分类

（1）铜线接入

铜线接入主要指的是利用电话线作为传送实体的接入方式。

电信最早面向个人的互联网数据业务就是PSTN（公共交换电话网络)拨号接入方式。它是利用普通电话Modem（调制解调器）在PSTN的普通电话线上进行数据信号传送的技术。PSTN拨号接入技术简单、投资少、周期短、可用性强，但这种接入方式的数据业务和语音业务不能同时进行，且最高速率只能达到56 kb/s。通常将接入速率在2 Mb/s以下的称为窄带接入，PSTN拨号接入属于窄带接入方式，因此目前已不大采用。

ADSL、HDSL、VDSL统称xDSL接入技术。xDSL技术是指采用不同调制方式将信息在普通电话线(双绞铜线)上实现高速传输的技术。其中，ADSL是目前得到普遍应用的xDSL技术。

ADSL的下行通信速率远远大于上行通信速率，最适用于Internet接入和视频点播（VOD)等业务。ADSL从局端到用户端的下行和用户端到局端的上行的标准传输设计能力分别为8 Mb/s和640 kb/s。ADSL的下行速率受到传输距离和线路情况的影响，处于比较理想的线路质量情况下，在2.7 km传输距离时，ADSL的下行速率能达到8.4 Mb/s左右，而在5.5 km传输距离时，ADSL的下行速率就会下降到1.5 Mb/s左右。ADSL宽带接入网示意图如图6-28所示。

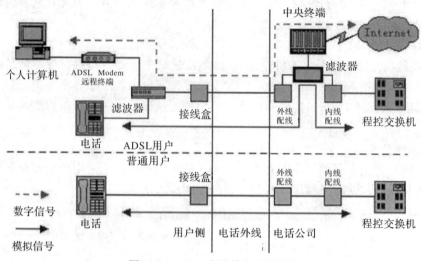

图6-28 ADSL宽带接入网示意图

（2）光纤接入

光纤接入是目前应用最广泛的接入方式。光纤接入网采用光纤作为传输介质，利用光网络单元(ONU)提供用户侧接口。由于光纤上传送的是光信号，因而需要在交换局侧利用光线路终端(OLT)进行电/光转换，在用户侧要利用ONU进行光/电转换。光纤接入网示意图如图6-29所示。

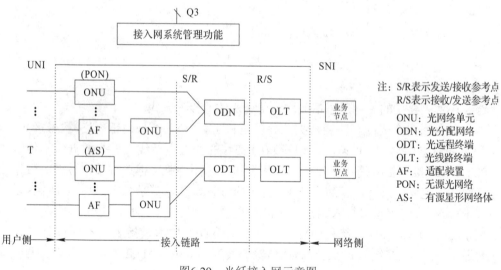

图6-29 光纤接入网示意图

根据ONU放置的位置不同，光纤接入网可分为光纤到大楼(FTTB)、光纤到路边(FTTC)、光纤到小区(FTTZ)、光纤到户(FTTH)和光纤到办公室(FTTO)等。FTTB与FTTC的结构相似，区别在于FTTC的ONU放置在路边，而FTTB的ONU放置在大楼内。FTTH从端局连接到用户家中的ONU全程使用光纤，这种接入方式具有容量大，可以及时引入新业务的优点，但成本比较高，多用在新建的小区。对于老的小区目前常用的接入技术主要采用光纤加金属铜线的技术，如FTTx+LAN。

（3）无线接入

无线接入技术RIT（Radio Interface Technologies）是指通过无线介质将用户终端与网络节点连接起来，以实现用户与网络间的信息传递的技术。无线信道传输的信号应遵循一定的协议，这些协议即构成无线接入技术的主要内容。无线接入技术与有线接入技术的一个重要区别在于可以向用户提供移动接入业务。无线接入网是指部分或全部采用无线电波这一传输媒质连接用户与交换中心的一种接入技术。在通信网中，无线接入系统的定位：是本地通信网的一部分，是本地有线通信网的延伸、补充和临时应急系统。

典型的无线接入系统主要由四部分组成：用户台（SS）、基站（BS）、基站控制器（BSC）以及网络管理系统（NMS），如图6-30所示。

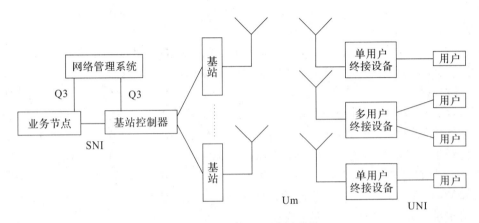

图6-30　无线接入网组成结构

用户台就是用户的无线收发机，它包括电源和用户接口等。依据用户状态不同，可分为固定无线接入和移动接入两大类。固定无线接入主要是指固定位置的用户和仅在小区内移动的用户，其用户终端主要是电话机、传真机、计算机等。其实现方式主要有固定无线接入系统、甚小型天线地球站、一点多址微波系统、直播卫星系统等。移动接入主要是指行进中的用户，如手持式收发机、手机、车载式电话等。它的实现方式主要有全球移动通信系统、卫星移动通信系统、无线寻呼、无绳电话、蜂窝移动电话、集群调度等。

基站实际上是一个多路无线收发信机。它的主要功能是完成无线信道管理，包括信道分配、链路监视、功率控制、无线测量、码型转换、加密等。基站根据应用状况及地理形貌可采用无方向性天线或定向型天线。前者服务一个圆形区，后者服务一个扇形区，范围从几百米到几十千米。

基站控制器由多个实体构成，其主要功能是控制整个无线接入的运行。它与网络侧的接口实现对无线接入的控制与外部网络的联系，同时提供信道。它与基站的接口实现监测与交换转换。其网络结构可根据实际情况而定，有星形、树形和环形等。

网络管理系统是无线接入系统的重要组成，是接入网的"监"、"控"、"管"，负责所有信息的存储、运行和管理。所以说，网络管理系统是非常复杂的，也是极为重要的。

无线接入网的主要接口有业务节点接口（SNI）、用户网络接口（UNI）、维护管理接口（Q3）以及用户与基站之间的接口（Um）等。其中，SNI位于接入网的业务侧，对不同用户业务提供相应的业务节点接口，使其能与本地交换机相连，然后使传送的信号进入外网或干线网而达到通信的目的；UNI位于用户侧，它能支持各种业务的接入，接口类型分为独立式和共享式两种，后者可支持众多业务节点。目前的UNI包括了各种业务，如POTS、ISDN、EI、CATV等。基站控制器与电信管理网之间的接口是Q3接口。接入网作为整个电信网的一部分，必须纳入整个网络管理当中去，通过Q3实现TMN对接入网的管理与协调。用户台与基站之间的接口为Um接口，也称为无线接口。该接口可因系统不同而自行选定。

4）接入网的特点

接入网与核心网相比有非常明显的区别，具有以下特点：

① 接入网结构变化大、网径大小不一。在结构上，核心网结构稳定、规模大、适应新业务的能力强，而接入网用户类型复杂、结构变化大、规模小、难以及时满足用户的新业务需求。由于各用户所在位置不同，造成接入网的网径大小不一。

② 接入网支持各种不同的业务。在业务上，核心网的主要作用是比特的传送，而接入网的主要作用是实现各种业务的接入，如话音、数据、图像、多媒体等。

③ 接入网技术可选择性大、组网灵活。在技术上，核心网主要以光纤通信技术为主，传送速度高、技术可选择性小，而接入网可以选择多种技术，如铜线接入技术、光纤接入技术、无线接入技术，还可选择混合光纤同轴电缆（HFC）接入技术等。接入网可根据实际情况提供环形、星形、总线形、树形、网状、蜂窝状等灵活多样的组网方式。

④ 接入网成本与用户有关，与业务量基本无关。各用户传输距离的不同是造成接入网成本差异的主要原因，市内用户比偏远地区用户的接入成本要低得多。核心网的总成本对业务量很敏感，而接入网成本与业务量基本无关。

2. 常用接入网

1）无源光网络（PON）

无源光网络是FTTC（光纤到路边）、FTTR（光纤到远端）、FTTB（光纤到大楼）、FTTO（光纤到办公室）、FTTH（光纤到家庭）主要采用的技术。它不但用于公众通信网的接入，也被专用通信网普遍采用。

（1）PON的概念

PON（Passive Optical Network）无源光网络是一种一点到多点（P2MP）结构的光纤接入技术。PON由业务节点侧的OLT（光线路终端）、用户侧的ONU（光网络单元）以及ODN（光分配网络）组成，如图6-31所示。

所谓"无源"，是指在OLT至ONU之间不含有任何有源电子器件及电源，全部由光分路器（Splitter）等无源器件组成。

PON系统采用波分复用（WDM）技术实现单纤双向传输，其中下行传输采用1490 nm波长，上行传输采用1310 nm波长。为了分离同一根光纤上多个用户的来去方向的信号，PON采用以下两种复用技术：下行数据流采用广播技术；上行数据流采用TDMA技术。

PON具有以下的技术优势：

① 无源光网络（PON）是一种纯介质网络，在接入网中去掉了有源设备，从而避免了电磁干扰和雷电影响，减少了线路和外部设备的故障率，提高了系统可靠性，同时节省了维护成本。

② PON 的业务透明性较好，带宽较宽，可适用于任何制式和速率的信号，包括模拟广播电视业务。

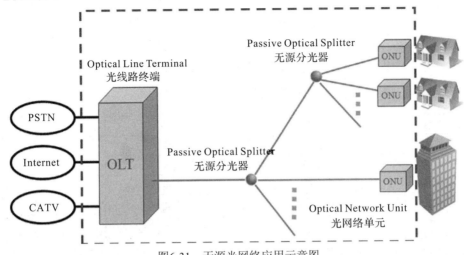

图6-31　无源光网络应用示意图

③ 由于其局端设备和光纤（从馈线段一直到引入线）由用户共享，因而光纤线路长度和收发设备数量较少，成本较其他点对点通信方式要低，土建成本也可明显降低，特别是随着光纤向用户日益推进，其综合优势越来越明显。

PON 主要存在以下劣势：

① 一次性投入成本较高。局端光线路终端（OLT）很贵，光纤和分路器等无源基础设施又必须一次性到位，这样在建设初期用户数较少或用户分布超过某一限定距离时，折合每用户的成本较高，产生大量沉淀成本。

② 树形分支拓扑结构使用户的保护功能成本较高。

（2）PON 的分类、标准及应用

PON 技术始于20世纪80年代初，目前市场上的PON产品按照其采用的技术，主要分为 APON/BPON（基于 ATM 的 PON/ 宽带 PON）、EPON（以太网 PON）和 GPON（APON 的升级版本），标准如表6-1所示。

表6-1　PON 的分类及标准

APON/BPON	EPON	GPON
◆ATM封装	◆以太网封装	◆ATM、GFP封装
◆由FSAN提出，ITU-T标准化，目前标准化最为完善。在增强了一些功能后2001年改名为BPON	◆由IEEE EFM工作组提出，IEEE标准化，即将形成正式标准	◆由FSAN提出，ITU-T标准化，标准正在逐步完善，较BPON和EPON落后
◆产业化程度最高，目前拥有PON 80%以上的市场份额	◆GEPON是EPON的千兆版本	◆包封装效率和带宽高于EPON
◆随着EPON的发展，市场份额将逐年下降，预计1～2年内就会被EPON超越	◆目前已经有多个厂商可提供解决方案	◆目前还几乎没有厂商可以提供可供商用的解决方案
	◆在亚洲，市场份额将大幅增长	◆预计4～5年内会在欧美市场发展

各种PON的功能和应用如表6-2所示。PON技术在全球的应用分布情况如图6-32所示。图中可见，欧美主要推广采用的是GPON技术，我国主要推广采用的是EPON技术。

表6-2　各种PON的性能和应用比较

项　目	BPON	EPON	GPON
可维护性	好	好	好
可扩展性	困难，自身帧结构同速率不兼容	简单	简单
局端设备管理	好	较好	较好
终端管理	具备	具备	具备
TDM业务	支持	仿真支持	天然支持
动态带宽	支持	支持	支持
QoS	好	中等	好
安全性	好	好	好
传输总效率	一般	较低	高
线路码型	扰码NRZ	8B/10B	扰码NRZ
安全性	好	好	好
下行速率	155.52 Mb/s，622.08 Mb/s	1.25 Gb/s	1.25 Gb/s，2.5 Gb/s
上行速率	155.52 Mb/s	1.25 Gb/s	156 Mb/s，622 Mb/s，1.25 Gb/s，2.4 Gb/s
分支数	16或32	16或32	64（逻辑上128）
局端设备成本	高	低	高
终端成本	高	低	高
ODN成本	一般	一般	一般
芯片成本	高	较高	高

图6-32　全球GPON、EPON应用分布情况

（3）EPON

EPON系统通常由OLT、ODN、ONU和网管系统组成，如图6-33所示。其中：

①OLT光线路终端是EPON系统的局端设备，提供与城域网（IP、SDH、MSTP、MPLS等）的连接，用于实现用户业务的接入、管理和用户侧业务员的汇聚等功能。

②ONU光网络单元是EPON系统的用户端设备，用于提供与EPON网络的连接，并向用户提供多种业务接口，如以太网（FE、GE）、POTS、xDSL、EI和射频（RF）接口等。ONU根据应用场合的不同，可分为SFU、MDU、HGU、SBU、MTU等类型。

③ODN光分路器用于实现局端到用户端的光纤分配和连接，属于无源器件。

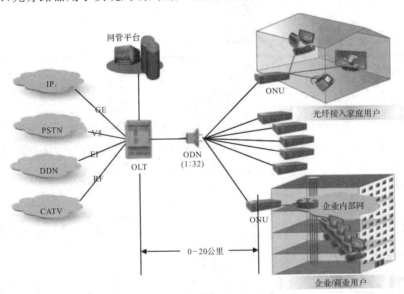

图6-33　EPON系统的组成

EPON的工作原理：EPON传输的数据结构在基于802.3帧格式的基础上新增用于在OLT上标识ONU的逻辑链路标识符LLID。EPON系统会为每一个逻辑链接分配不同的LLID。LLID是由网管通过OLT分配的。OLT可以通过LLID辨别帧是由哪个ONU发来的，或者通过修改帧中的LLID将帧转发到相应的ONU处，从而能够建立起OLT到ONU、ONU到OLT的通路，完成OLT与ONU之间，以及ONU与ONU之间的通信。

OLT至ONU的下行数据流采用广播方式，其传输过程如图6-34所示。当OLT启动后，它会周期性地在本端口上广播允许接入的时隙等信息。ONU上电后，根据OLT广播的允许接入信息，主动发起注册请求，OLT通过对ONU的认证（本过程可选），允许ONU接入，并给请求注册的ONU分配一个本OLT端口唯一的逻辑链路标识（LLID）。在图6-34的组网结构下，在分光器处，流量分成独立的三组信号，每一组载有所有ONU的信号。当数据信号到达ONU时，ONU根据LLID，在物理层上做判断，接收给它自己的数据帧，摒弃那些给其他ONU的数据帧。如ONU1收到包1、2、3，但是它仅仅发送包1给终端用户1，摒弃包2和包3。

ONU至OLT的上行数据流采用时分多址接入技术（TDMA），其传输过程如图6-35所示。当ONU注册时成功后，OLT会根据系统的配置，给ONU分配特定的带宽（在采用动态带宽调整时，OLT会根据指定的带宽分配策略和各个ONU的状态报告，动态地给每一个ONU分配带宽）。带宽对于PON层面来说，就是多少可以传输数据的基本时隙，每一个基本时隙单位时间长度为16 ns。在一个OLT端口（PON端口）下面，所有的ONU与OLT PON端口之间时钟是严格同步的，每一个ONU只能够在OLT给它分配的时刻上面开始，用分配给它的时隙长度传输数据。通过时隙分配和时延补偿，确保多个ONU的数据信号耦合到一根光纤时，各个ONU的上行包不会互相干扰。

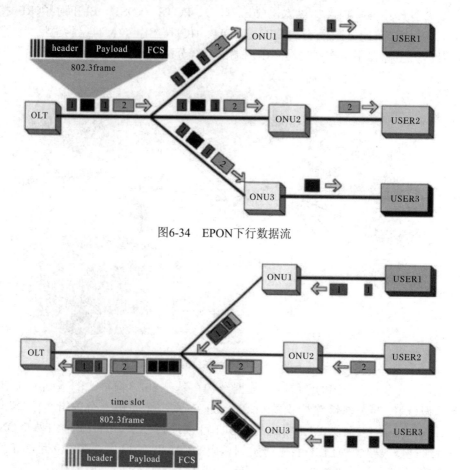

图6-34　EPON下行数据流

图6-35　EPON上行数据流

出于安全性的考虑。上行方向，ONU不能直接接收到其他ONU上行的信号，所以ONU之间的通信，都必须通过OLT，在OLT可以设置允许和禁止ONU之间的通信，在缺省状态下是禁止的，所以安全方面不存在问题。

2）无线局域网WLAN

无线局域网WLAN就是我们最熟悉，而且天天都在使用的Wi-Fi（无线保真）方式或IEEE 802.11技术。这种方式或技术目前已普遍被集成到通信产品当中，如手机、平板、笔记本等。

IEEE 802.11是国际电工电子委员会（IEEE，Institute of Electrical and Electronics Engineers）制定的WLAN标准。IEEE属于非营利性科技学会，是全球最大的专业学术组织，负责标准化工作。

　　Wi-Fi（Wireless Fidelity）是最大的WLAN工业组织Wi-Fi联盟（Wi-Fi Alliance）的商标，该组织致力于对WLAN设备进行兼容性认证测试。通过认证的产品，可以使用Wi-Fi的LOGO。通常，Wi-Fi作为WLAN的同义词使用，尽管并非所有WLAN设备都进行Wi-Fi认证。

（1）WLAN技术发展过程

WLAN标准化：IEEE 802.11。

1990年，IEEE 802.11标准工作组成立；

1997年，IEEE 802.11标准发布（2 Mb/s，工作在2.4 GHz）；

1999年，IEEE 802.11a标准发布（54 Mb/s，工作在5 GHz）；

1999年，IEEE 802.11b标准发布（11 Mb/s工作在2.4 GHz）；

2003年，IEEE 802.11g标准发布（54 Mb/s，工作在2.4 GHz）；

2007年，IEEE 802.11n draft2发布（300 Mb/s，工作在2.4 GHz/5.8 GHz）。

WLAN产业化：Wi-Fi Alliance。

1999年，Wireless Ethernet Compatibility Alliance（WECA）成立，后来WECA更名为Wi-Fi Alliance（Wi-Fi联盟），现总部设在美国德州，成员单位超过300个；

2000年，Wi-Fi联盟启动了Wi-Fi认证计划（Wi-Fi CERTIFIED），对WLAN产品进行802.11兼容性认证测试；

2007年，Wi-Fi联盟启动IEEE 802.11n draft2认证测试；

2008年截止，累计超过4000种WLAN设备通过Wi-Fi认证（Wi-Fi CERTIFIED）；

2008年底，累计超过10亿的Wi-Fi芯片出货量，2012年Wi-Fi芯片的年出货量达到10亿。

（2）IEEE 802.11标准

　　在WLAN的使用中，通常接触的802.11标准有：802.11a、802.11b、802.11g和只有标准草案的802.11n。这几种标准的功能如表6-3所示，频率及信道划分如表6-4所示。

表6-3　IEEE 802.11a/b/g/n标准的比较

标　准	使用频段	兼容性	理论速率	商用情况	室内覆盖半径/m	室外覆盖半径/m
802.11a	5 GHz	NA	54 Mb/s	实际运用较少	<35	<120
802.11b	2.4 GHz	NA	11 Mb/s	早期的标准，目前产品均支持	<38	<140
802.11g	2.4 GHz	兼容 802.11b	54 Mb/s	目前大规模商用	<38	<140
802.11n	2.4 GHz 5 GHz	兼容802.11a/b/g	300 Mb/s	只有标准草案，未来的商用标准	<70	<250

表6-4　802.11标准频率及信道划分

标准	频段	中心频率间距	信道数	调制方式
802.11b	2.4～2.4835 GHz	5M/Ch	14	DSSS
802.11g	2.4～2.4835 GHz	5M/Ch	14	OFDM
802.11a	5.15～5.35 GHz	20M/Ch	8	OFDM
	5.725～5.825 GHz	20M/Ch	4	

为了避免临近设备干扰，将整个频率划分成不同范围，802.11b和802.11g的2.4～2.4835 GHz工作频率带宽为83.5 MHz，划分为14个子信道，每个子信道带宽为22 MHz。子信道分配如图6-36(a)所示。在多个信道同时工作的情况下，为保证信道之间不相互干扰，要求两个信道的中心频率间隔不能低于25 MHz。因此从图6-36（a)可以看出，802.11b、802.11g标准最多可以提供3个不重叠的信道同时工作。

802.11a的工作频率带宽共为300 MHz，其中从5.15～5.35 GHz 频率带宽为200 MHz，5.725～5.825 GHz频率带宽为100 MHz，共划分为12个独立子信道，每个子信道带宽为20 MHz。子信道分配如图6-36（b)所示。

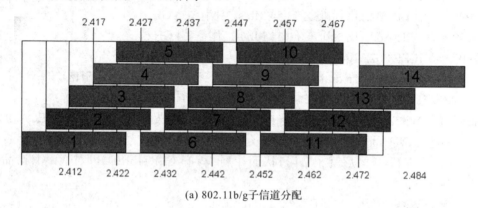

(a) 802.11b/g子信道分配

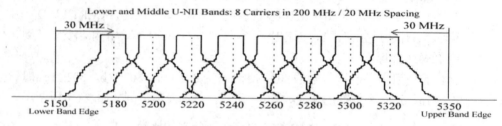

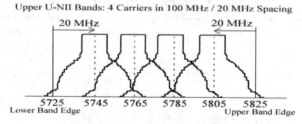

(b) 802.11a子信道分配

图6-36　802.11a/b/g的信道频率配置图

（3）WLAN的特点

WLAN的优点主要体现在以下几方面：

① 灵活性和移动性。在有线网络中，网络设备的安放位置受网络位置的限制，而无线局域网在无线信号覆盖区域内的任何一个位置都可以接入网络。无线局域网另一个最大的优点在于其移动性，连接到无线局域网的用户可以移动且能同时与网络保持连接。

② 安装便捷。无线局域网可以免去或最大程度地减少网络布线的工作量，一般只要安装一个或多个接入点设备，就可建立覆盖整个区域的局域网络。

③ 易于进行网络规划和调整。对于有线网络来说，办公地点或网络拓扑的改变通常意味着重新建网。重新布线是一个昂贵、费时、浪费和琐碎的过程，无线局域网可以避免或减少以上情况的发生。

④ 故障定位容易。有线网络一旦出现物理故障，尤其是由于线路连接不良而造成的网络中断，往往很难查明，而且检修线路需要付出很大的代价。无线网络则很容易定位故障，只需更换故障设备即可恢复网络连接。

⑤ 易于扩展。无线局域网有多种配置方式，可以很快从只有几个用户的小型局域网扩展到上千用户的大型网络，并且能够提供节点间"漫游"等有线网络无法实现的特性。

由于无线局域网有以上诸多优点，因此其发展十分迅速。最近几年，无线局域网已经在企业、医院、商店、工厂和学校等场合得到了广泛的应用。

无线局域网在能够给网络用户带来便捷和实用的同时，也存在着一些缺陷。无线局域网的不足之处体现在以下几个方面：

① 性能易受影响。无线局域网是依靠无线电波进行传输的。这些电波通过无线发射装置进行发射，而建筑物、车辆、树木和其他障碍物都可能阻碍电磁波的传输，所以会影响网络的性能。

② 速率不及有线。无线信道的传输速率与有线信道相比要低得多。无线局域网的最大传输速率为1Gb/s，只适合于个人终端和小规模网络应用。

③ 安全性较差。本质上无线电波不要求建立物理的连接通道，无线信号是发散的。从理论上讲，很容易监听到无线电波广播范围内的任何信号，造成通信信息泄漏。

（4）WLAN的系统组成

一个典型的WLAN系统由无线网络终端（STA）、无线接入点（AP）、接入控制器（AC）组成，如图6-37所示。

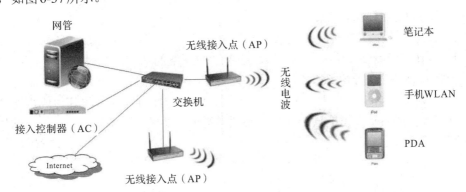

图6-37 WLAN的系统组成

无线网络终端（STAtion，简称STA）能够通过无线链路接入AP的用户设备，如手机、笔记本等。这些接入终端设备必须具备支持IEEE 802.11系列标准的网卡或内置芯片，当采用基于802.1x机制的认证方式时，要求必须能够支持WPA/WPA2加密。对可支持即拍即传业务的WLAN数码相机，需支持MAC地址认证方式。

无线接入点（Access Point，简称AP）是WLAN业务网络的小型无线接入设备，完成802.11a/b/g标准的无线接入。AP也是一种网络桥接器，是连接有线网络与无线局域网络的桥梁，任何WLAN终端设备均可通过相应的AP接入外部的网络资源。

在数据通信方面，AP负责完成它与WLAN终端设备之间数据包的加密和解密。当用户在AP无缝覆盖区域移动时，WLAN终端设备可以在不同的AP之间切换（Handover），保证数据通信不中断。

在安全控制方面，AP可以通过网络标志来控制用户接入；当采用基于802.1x的用户认证机制时，AP可以作为WLAN用户接入的控制点，和后台的认证服务器（RADIUS用户认证服务器或者SIM卡认证服务器）相连，完成对WLAN用户的认证。

为了满足室外连续大范围覆盖要求，在由多种类型节点构成的、以网状为基本拓扑结构的、多跳、自组织和自管理的无线网络架构中的AP，简称MESH AP。

接入控制器(Access Controller，简称AC) 作为控制接入点设备的控制器，完成对接入点设备的管理和配置，实现负载均衡、动态信道分配等功能。同时，AC作为接入终端的安全控制节点，完成相应的认证和计费辅助功能。

当采用基于WEB方式的用户认证时，AC作为安全控制点和后台的RADIUS（远程用户拨号认证系统）与用户认证服务器相连，完成对WLAN用户的认证。

在计费中，AC作为集中式的计费数据采集前端，采集用户数据通信的时长，流量等计费数据信息，并将其发送到相应的认证服务器产生话单。

同时，在业务控制中，AC提供强制PORTAL功能，向WLAN用户终端推送WEB用户认证请求页面。当用户认证通过后，用户业务数据通过AC接入到相应的专用服务网络或CMNET。

对于在小范围（如家庭）实用的Wi-Fi接入，所采用的AP具备了简单的AC功能，俗称胖AP（Fat AP）。典型的设备就是常用的路由型AP，其功能除完成Wi-Fi终端的接入之外，还提供DHCP、NAT路由和PPP拨号等功能，一般用在家庭或简单的热点覆盖，又叫**无线路由器**。

（5）802.11网络的基本元素

基于802.11无线网络的基本结构主要有以下几种：

① BSS（Basic Service Set）网络。BSS是WLAN网络的基本单位，包括一个基站（AP）和若干个终端（STA），每个BSS都有一个ID，称为BSSID。在一个BSS内通信必须通过AP来完成。如果一个STA移出BSS的覆盖范围，它将不能再与BSS的其他成员通信。对于不同的BSS之间的站点不能直接通信，必须通过分布系统互连并转发。BSS的结构如图6-38所示。

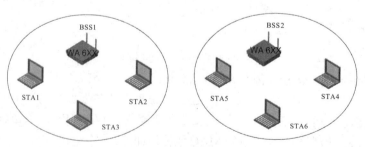

图6-38　BSS网络结构

② ESS（Extended Service Set）网络。ESS由多个BSS组成，即多个BSS的AP通过分布系统DS(Distribution System)相连构成一个ESS。所有AP共享同一个标示符ESSID（与

BSSID统称为SSID)。分布式系统(DS)在802.11标准中并没有定义,但是目前大都是指以太网。同一个ESS内的终端能在不同BSS之间进行漫游,不同ESSID的无线网络形成逻辑子网。ESS的结构如图6-39所示。

③ IBSS(Independent Basic Service Set)网络。IBSS是指由若干Wi-Fi站点之间对等、临时的组网,俗称ad hoc网络。站点之间地位平等,两两进行通信。网络标识BSSID自动选择某个站点的MAC地址作为ID。IBSS的结构如图6-40所示。

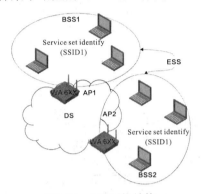

图6-39 ESS网络结构

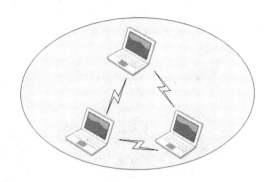

图6-40 IBSS网络结构

6.2 通信网案例

6.2.1 联通通信网

联通为我国通信三大营运商之一,其通信网覆盖全国,为公众提供移动、固话、数据、互联网等服务。

1. 联通通信网的构成与承载业务

联通传输网络按照专业划分,主要包括移动语音、固定语音(含交换、智能、信令网)、IP(含数据网)及传输(含同步网)四大部分。每个专业包括省际、省内和本地网三个层面。移动网及固定语音网将共用网间关口局及国际局。

传输网所承载的业务主要包括长途语音业务、ATM数据业务、宽带业务以及移动核心网业务,各类业务的特点如表6-5所示。联通网络的总体概况如图6-41所示。

表6-5 各类业务的特点

业务	业务网络	业务流向特征	业务颗粒特点	业务发展趋势	业务承载方式	业务保护要求
固定语音业务	固定交换和软交换骨干网络	汇聚型	2 Mb/s、155 Mb/s	整体呈萎缩趋势,对传输带宽需求增量很小	SDH/MSTP/ASON	SDH保护,50ms,对软交换业务应提供多路由保护
基础数据业务	ATM网络	汇聚型	以155 Mb/s为主	随着 IP 技术的发展,ATM 网增长缓慢	SDH/MSTP/ASON	SDH 保护,50ms

业务	业务网络	业务流向特征	业务颗粒特点	业务发展趋势	业务承载方式	业务保护要求
IP业务	CHINA169（公众互联网），CNCNET（大客户专网）、IP承载A网和IP承载B网	汇聚型	40 Gb/s、10 Gb/s、2.5 Gb/s	业务增长较快，对传输带宽增量需求最大，IP承载网逐步替代传输网承载软交换等业务网业务	WDM/OTN	IP网络自行保护，但对WDM/OTN网络提出越来越高的可靠性要求
移动业务	移动核心骨干网	主要业务为汇聚型，相邻业务区RNC切换电路为分布型	2 G: 2 Mb/s和155 Mb/s；3 G: 155 Mb/s	带宽需求预计增长较快；向IP化方向发展；不同地市间RNC直连电路需求有所增加	SDH/MSTP/ASON	SDH保护，50 ms，对软交换业务应提供多路由保护
			3 G:GE		IP承载网	IP双星型业务保护
大客户业务		大型单位有汇聚型业务需求，大量为分布型业务	2 Mb/s、FE、155 Mb/s、622 Mb/s、GE等	向高可靠IP化方向发展。电信级以太专线逐渐成为主流	SDH/MSTP/ASON	SDH保护，50 ms
网络维护调度	传输网	分布型	155 Mb/s、GE	随着网络运行安全可靠性要求的提高，资源冗余需求增加	SDH/MSTP/ASON	SDH保护，50 ms
			GE、2.5 Gb/s、10 Gb/s		IP网络	IP电路暂没有保护要求
长长中继	固定交换和软交换骨干网络、移动核心网、CHINA169、CNCNET、IP承载网	分布型	155 Mb/s、GE	由于网络融合及调整的需求、IP承载网大规模建设的需求，长长中继大幅增加，含一干新建系统和网络优化引起的长长中继需求	SDH/MSTP/ASON	SDH保护，50 ms
			GE、2.5 Gb/s、10 Gb/s		WDM/OTN光纤直驱	IP电路暂没有保护要求

2. 联通传输网的构架

联通传输网采用分层构架，包括省际骨干传输网、省内骨干传输网和本地传输网，如图6-42所示。省际和省内骨干传输网均采用双平面网状网结构。

本地传输网采用三层结构，即核心层、汇聚层和边缘层，如图6-43所示。

核心层节点：各类业务本地核心网设备和干线设备所在机房，主要业务设备包括各类交换机、核心路由器、前置机、基站控制器、干线传输设备等。核心机房之间的传输系统定义为核心层网络。

汇聚层节点：专门用于汇接边缘层业务的汇聚机房，主要业务设备包括IP 城域网汇聚节点设备、承载网汇聚节点设备、BRAS 等。汇聚节点和核心节点间组织的传输系统定义为汇聚层网络。

边缘层节点：基站、室内微蜂窝、数固业务接入（DSLAM、以太网交换机、模块局）等业务接入点。边缘层节点至汇聚节点的传输系统定义为边缘层网络。

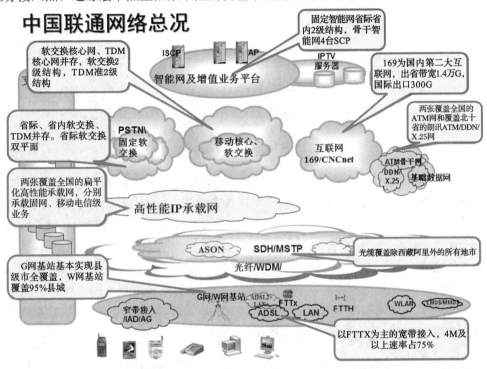

图6-41 联通网络的总体概况

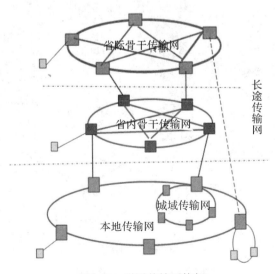

图6-42 联通传输网构架

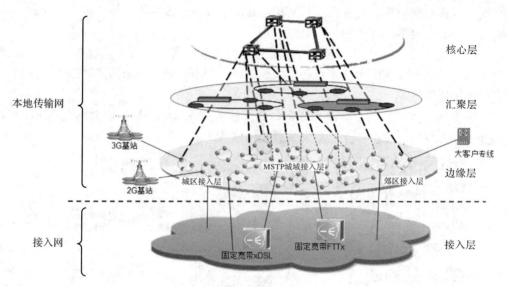

图6-43 本地传输网分层结构

用户接入点至边缘层节点的传输系统定义为接入层，接入层节点包括：大客户专线（数据和互联网专线）接入、商务和家庭宽带接入、商务和家庭电话接入、WLAN接入等，设备均安装在客户驻地。设备种类较多，包括传输设备、各类MODEM、PBX、各类终端等。

3. 移动网

目前联通的移动通信网络包括2G和3G，其信息的传输通过接入基于传输网的IP数据业务网和软交换业务网实现传输。省内网采用2G/3G共核心网的方式，省内核心网电路域全网采用软交换设备。移动网络结构如图6-44所示。

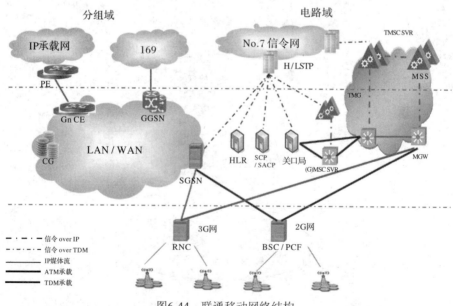

图6-44 联通移动网络结构

4. 长途电话网

联通固定网络由国际、省际、省内网络（含省内长途及本地网）组成，每层均包括交换网、智能网、信令网。交换网TDM设备与软交换共存。固定电话网络构架如图6-45所示。

图6-45 固定电话网络构架

国际网在网使用的境内国际交换机分布于北京、上海和广州。境外在美国、我国香港、日本3处POP点。国际语音网如图6-46所示。

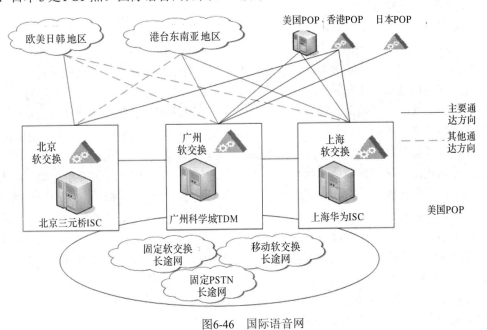

图6-46 国际语音网

省际长途电话网包括省际PSTN长途网及两张软交换长途网，共同分担长途语音业务。两张软交换网形成A、B双平面，分别采用上海贝尔和华为公司设备，网络规模平衡。A、B两平面承载30%的省际长途话务量。省际长途电话网如图6-47所示。

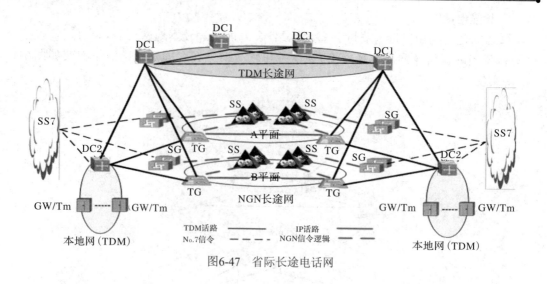

图6-47　省际长途电话网

6.2.2　电力专用通信网

我国通信网分公众通信网和专用通信网，公众通信网是为公众提供电信服务的，而专用通信网则是为部门的生产、运营、管理等服务。两者所涉及的通信技术基本一样，但在性质和要求上是不一样的。在我国通信专网有很多，如电力通信专网、铁路通信专网、交通通信专网、水利通信专网等。

1. 电力系统通信概述

1）通信在电力系统中的地位

电力系统通信是为了保证电力系统的安全稳定运行应运而生的，它同电力系统的安全稳定控制系统、调度自动化系统被人们合称为电力系统安全稳定运行的三大支柱。它是电网调度自动化、网络运营市场化和管理现代化的基础；是确保电网安全、稳定、经济运行的重要手段；是电力系统的重要基础设施。由于电力通信网对通信的可靠性、保护控制信息传送的快速性和准确性具有极严格的要求，并且电力部门拥有发展通信的特殊资源优势，因此，世界上大多数国家的电力公司都以自建为主的方式建立了电力系统专用通信网。

由于组成电力系统的各部分，如发电、送电、变电、配电和用电通常都是分散在广大地区，且电不能储存，因而其生产、输送、分配和消费是同时进行和完成的，这不同于其他任何产业部门。为了保证安全、经济地发供电，合理分配电能，保证电力质量指标，防止和及时处理系统事故，就要求集中管理、统一调度。因此电力系统必须要有一个能够提供特殊保障性服务的通信系统做支持。优质可靠的通信手段是电网安全稳定发电和供电的基础。

2）电网与电力系统通信

电力通信的物理结构和服务对象决定了电力通信与电网密不可分。电力系统发展到哪里，电力通信网就应该相应覆盖到哪里。电网与通信之间的关系如图6-48所示。

3）电力系统通信的特点

由于电力系统的特殊性，使得电力通信网和公用通信网及其他专网相比具有以下特点：

① 要求有较高的可靠性和灵活性。电力对人们的生产、生活及国民经济有着重大的

影响，电力供应的安全稳定是电力工作的重中之重；而电力生产的不容间断性和运行状态变化的突然性，要求电力通信有高度的可靠性和灵活性。

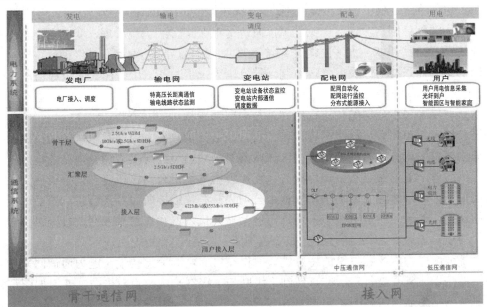

图6-48 电网与通信之间的关系

② 传输信息量少、种类复杂、实时性强。电力系统通信所传输的信息有话音信号、远动信号、继电保护信号、电力负荷监测信息、计算机信息及其他数字信息、图像信息等，信息量虽少，但一般都要求很强的实时性。目前一座110 kV普通变电站，正常情况下只需要1到2路600～1200 Bd的远动信号，以及1到2路调度电话和行政电话。

③ 具有很大的耐"冲击"性。当电力系统发生事故时，在事故发生和波及的发电厂、变电站，通信业务量会骤增。通信的网络结构、传输通道的配置应能承受这种冲击；在发生重大自然灾害时，各种应急、备用的通信手段应能充分发挥作用。

④ 网络结构复杂。电力系统通信网中有着种类繁多的通信手段和各种不同性质的设备、机型，它们具有不同的接口方式和不同的转接方式，使得电力系统的通信网络结构复杂。随着光纤通信的全覆盖和通信标准的统一，这一问题已逐步改善。

网络结构复杂的另外一个因素是随着用电需求的不断增加，每年都要新建许许多多变电站。随之而来的需要新增相应的通信站点及通信线路，这就导致通信网要不断地进行调整。

⑤ 通信范围点多面广。除发电厂、供电局等通信集中的地方外，供电区内所有的变电站、营业厅、用电所也都是电力通信服务的对象。很多变电站地处偏远，通信设备的维护半径通常达上百公里。

⑥ 信息的流向单一。在电力通信网中，由于传输的是与电力生产和管理相关的信息。这些信息来往于上下级部门间或管理站点与被管理站点间，且上行数据量要远大于下行数据量，而对于两个平级的部门或两个被管理站点间则信息来往很少。

⑦ 无人值守的机房居多。通信点的分散性、业务量少等特点决定了电力通信各站点不可能都设通信值班。事实上除中心枢纽通信站外，大多数站点都无人值守。这一方面减少了费用开支，另一方面却给设备的维护维修带来诸多不便。

2. 电力通信网

1）通信与电力调度的关系

由于电力系统通信的首要任务是保障电力调度信息的可靠，因此电力系统通信结构体系需与电力调度体制相对应。电网的调度管理体制采用分级调度管理，我国的电网结构共分五级管理：国家调度、大区网调度、省级调度、地区（市级）调度、县级调度。因此电力通信网的结构体系与电网调度管理体制一致分别为：Ⅰ、Ⅱ、Ⅲ、Ⅳ、Ⅴ级通信网。

2）电力通信网的结构

电力通信网采用分层结构进行组网，与电网调度相对应共分为五级。其中一级骨干通信网以公司总部为核心，连接区内区域公司，覆盖国调直调变电站及电厂的通信网；二级骨干通信网以区域公司为核心，连接区域内各省公司，覆盖网调直调变电站及电厂的通信网；三级省骨干通信网以省公司为核心，连接省内各地市公司，覆盖省调直调变电站及电厂的通信网；四级地区主干通信网以地市公司为核心，连接所属各县公司，覆盖地调直调变电站及电厂的通信网；五级接入通信网包括城区接入网和农村接入网，分别以市公司和县公司为核心覆盖各区域内的直调变电站、电厂、营业厅和用电所。

为了适应电力生产与供给的特殊性，提供高可靠性的信息传输，电力通信网采用双平面网络结构以达到互为备份，并且做到下级网与上级网采用两点双平面互连，如图6-49所示。典型的电力通信网如图6-50～图6-52所示。

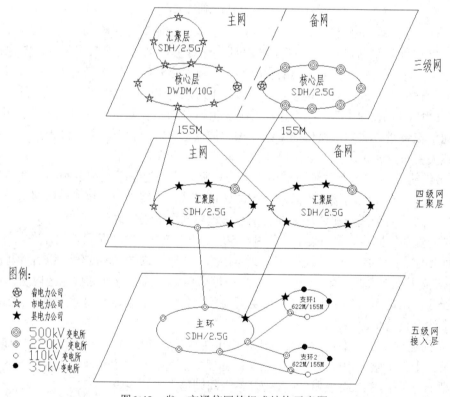

图6-49　省、市通信网的组成结构示意图

3）电力通信网业务分类

电力行业的通信系统为电力生产和管理各业务提供传输和数据通道，服务于电力一次

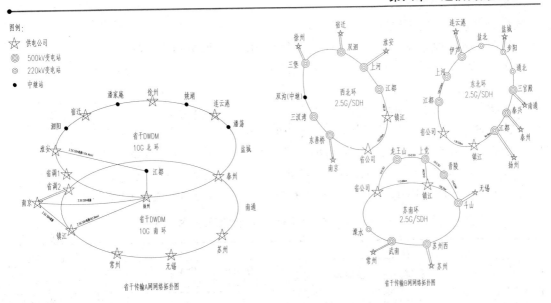

图6-50 省主干传输双平面网络拓扑图

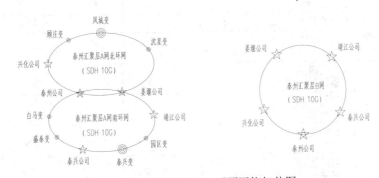

图6-51 地区传输汇聚层双平面网络拓扑图

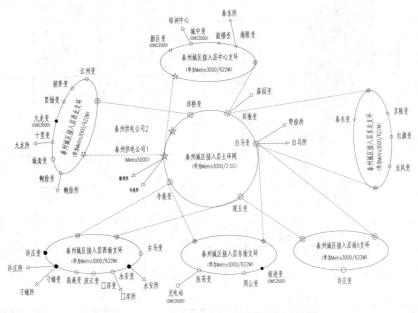

图6-52 城区传输接入层双平面网络拓扑图

系统和二次系统,其分类的形式有很多。

按照业务属性划分,大致可以分为两大类,即生产业务和管理业务。

按照电力二次系统安全防护管理体系划分,可以划分为Ⅰ、Ⅱ、Ⅲ、Ⅳ四大安全区域业务。

按照业务流类型划分,可以分为语音、数据及多媒体业务。

按照时延划分,可以划分为实时业务和非实时业务。

按照业务分布划分,可以划分为集中型业务、相邻性业务和均匀性业务。

按照用户对象划分,可以分为变电站业务、线路业务和电网公司、供电局等几大类。

电力通信网的具体业务及分布如表6-6所示。各类业务的承载方案如图6-53所示。

表6-6 电力通信网的业务及分布

序号	业务属性	安全区域	业务名称			业务分布						分布模型
			语音	数据	多媒体	省公司(中调)	地区局(地调)	500kV站	220kV站	电厂	二级单位	
1	生产业务	Ⅰ区		路线保护				√	√	√		相邻型(分散型)
2				安稳系统		√	√	√	√	√		分层集中型
3				调度自动化		√	√	√	√	√		集中型
4			调度电话			√	√	√	√	√		集中型
1		Ⅱ区		保护管理信息系统		√	√	√	√	√		分层集中型
2				安稳管理信息系统				√	√	√		分层集中型
3				广域相量测量系统		√	√	√	√	√		集中型
4				电量计量遥测系统		√	√	√	√	√		集中型
5				故障录波与双端测距						√		相邻型(分散型)
6				水调自动化						√		集中型
7				电力市场						√		集中型
8				网管系统		√	√	√	√	√		集中型
1		Ⅲ区		DMIS系统		√	√					分散型
2				雷电定位监测系统						√		集中型
3					变电站视屏监视系统	√	√	√	√		集中型
4					输电线路铁塔视频监控	√	√	√	√		集中型
5				光缆监测系统		√	√	√	√		集中型
6					通信机房监控系统	√	√	√	√		集中型
7				电能质量监测系统		√	√	√	√		集中型
8					一次设备在线监测系统	√	√	√	√	√		集中型

序号	业务属性	安全区域	业务名称			业务分布						分布模型
			语音	数据	多媒体	省公司（中调）	地区局（地调）	500kV站	220kV站	电厂	二级单位	
1	管理业务	IV区			视频会议系统		√				√	集中型
2			行政电话			√	√	√	√	√	√	分散型
3				行政办公信息系统		√	√	√			√	分散型
4				财务管理信息系统		√	√					分层集中型
5				营销管理信息系统		√	√					分层集中型
6				工程管理信息系统		√	√				√	分层集中型
7				生产管理信息系统		√	√	√			√	分层集中型
8				人力资源管理系统		√	√				√	分层集中型
9				物资管理信息系统		√	√				√	分层集中型
10				综合管理信息系统		√	√				√	分层集中型
11				INTERNET		√	√					分层集中型
12				容灾备份		√	√					分层集中型
13				企业驾驶舱		√	√				√	分层集中型
14				移动办公		√	√	√			√	分散型

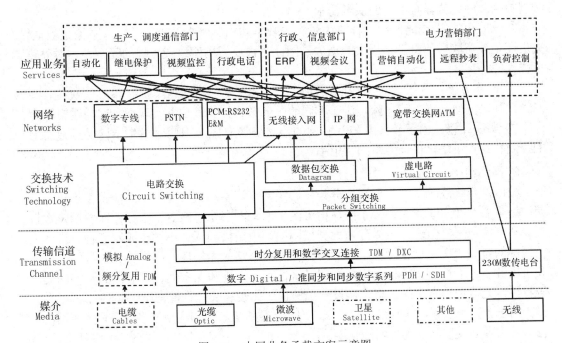

图6-53　电网业务承载方案示意图

6.2.3 校园网

校园网与许多公司、机关的内部网一样属于局域网的范畴，是指在校园内构建的一个计算机数据网络。其目的是将各种计算机，外部设备和数据库等互相连接起来，实现文件管理、数据共享、电子邮件和WEB服务等功能。校园网严格意义上是封闭型的，它与外网(如互联网)的连接是受控的，且通过防火墙进行隔离。

校园网只是一个独立的数据业务网，不存在远距离传输的问题。对于具有多个校区且相互距离较远的情况，各校区的网络远程互连多通过营运商的通信网(租用专线或利用VPN技术)来实现。

1. 功能与要求

校园网是为学校师生提供教学、科研和综合信息服务的宽带多媒体网络。首先，校园网应为学校教学、科研提供先进的信息化教学环境。这就要求：校园网是一个宽带、具有交互功能和专业性很强的局域网络。多媒体教学软件开发平台、多媒体演示教室、教师备课系统、电子阅览室以及教学、考试资料库等，都可以在该网络上运行。如果一所学校包括多个专业学科(或多个系)，也可以形成多个局域网络，并通过有线或无线方式连接起来。其次，校园网应具有教务、行政和总务管理功能和为学生提供数字化服务的功能(如校园一卡通服务，视频等娱乐服务等)。

校园网应满足以下基本要求：

① 高速的局域网连接。校园网的核心为面向校园内部师生的网络，因此园区局域网是该系统的建设重点，并且网络信息中包含大量多媒体信息，故大容量、高速率的数据传输是网络的一项基本要求。

② 信息结构多样化。校园网应用分为电子教学(多媒体教室、电子图书馆等)、办公管理、公共服务和远程通信(远程接入、互联网接入等)部分内容。数据类型复杂，不同类型数据对网络传输有不同的质量需求。

③ 安全可靠。校园网中同样有大量关于教学和档案管理的重要数据，不论是被损坏、丢失还是被窃取，都将带来极大的损失，因此对内要做到网络或数据的冗余性，对外要实现强大的隔离。

④ 操作方便，易于管理。校园网面积大、接入复杂，网络维护必须方便快捷，设备网管性强，方便网络故障排除，对于不同的服务做到分类管理并实现相互间的逻辑隔离。

⑤ 认证计费。由于校园网与互联网的连接资源有限，因此对学生上网必须进行有效的控制和计费策略，保证网络的利用率。

2. 网络结构

校园网网络系统从结构层次上分为核心层、汇聚层和接入层；从功能上基本可分为校园网络中心、教学子网、办公子网、宿舍区子网、图书馆子网等。根据校园网用户数量的多少和网络应用的情况，可以分为大型校园网、中型校园网、小型校园网三种。基于上述校园网的特点，在建设校园网络时必须充分考虑网络的先进性、标准化和开放性、可靠性和可用性、灵活性和兼容性、实用性和经济性、安全性和保密性、扩展性和网络的灵活性等特性，充分利用有限的投资，建设一个性价比比较高的综合性网络。

对于大型校园网，其网络结构复杂、用户数量庞大、网络应用繁多且流量大，网络的通信系统大量涉及校际互连、网际互连等。对于如此复杂的网络，必须充分考虑网络的容量、网络的安全性、冗余性和网络的扩展性。因此网络采用层次化网络拓扑结构，如图6-54所示。

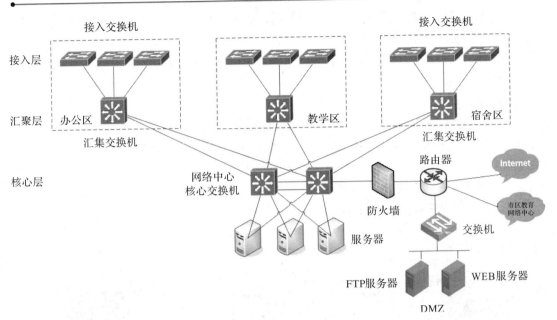

图6-54　校园网的分层结构示意图

核心层的功能主要是实现骨干网络之间的优化传输，具有冗余能力、可靠性高和高速的传输能力。核心层是所有流量的最终承受者和汇聚者，所以对核心层的设计以及网络设备的要求十分严格。核心层设备将占投资的主要部分。

汇聚层的功能主要是连接接入层节点和核心层中心。网络的控制功能通常在此层上实施，如VLAN的划分。汇聚层设计为连接本地的逻辑中心，仍需要较高的性能和比较丰富的功能。

接入层是最终用户(教师、学生)与网络的接口，它应该提供即插即用的特性，同时应该非常易于使用和维护。

对于中小型校园网，其结构相对比较简单、用户数量从几百到几千、网络的通信系统以内网交换和Internet连接为主。对于这种网络，即要充分考虑网络建设成本，还要考虑网络的扩展性和网络的安全性。因此网络拓扑结构一般不分层，或只分两层，如图6-55所示。

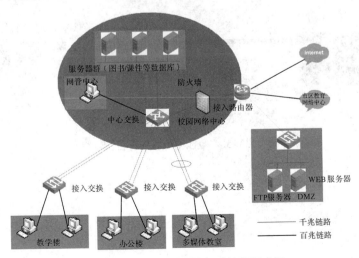

图6-55　中小型校园网的组成结构示意图

无论是大型还是中小型校园网，其对外的连接方式都是通过接入路由器来实现的。通常在内外网的交界处配置硬件防火墙，做到内外网相互隔离。通常在防火墙的外侧接有一些对外公开的服务器设施，如学校的 Web 服务器、FTP 服务器和论坛等，构成学校对外的门户网站。

3. 校园网实例

以下为某高校的校园网，其规模为互联网络出口总带宽为 1000 Mb/s，省内教育网出口 1000 Mb/s，电信出口 500 Mb/s，园网主干带宽 1000 Mb/s，两条主干链路为万兆，网络通达全部办公和教学楼宇，交换机近 300 台，信息点总数 13000 余个，百兆高速接入用户桌面，上网计算机达 5000 余台，网络用户过万。该校园网数据业务涉及范围如图 6-56 所示。校园网的网络拓扑结构如图 6-57 所示。

图6-56　校园网数据业务范围

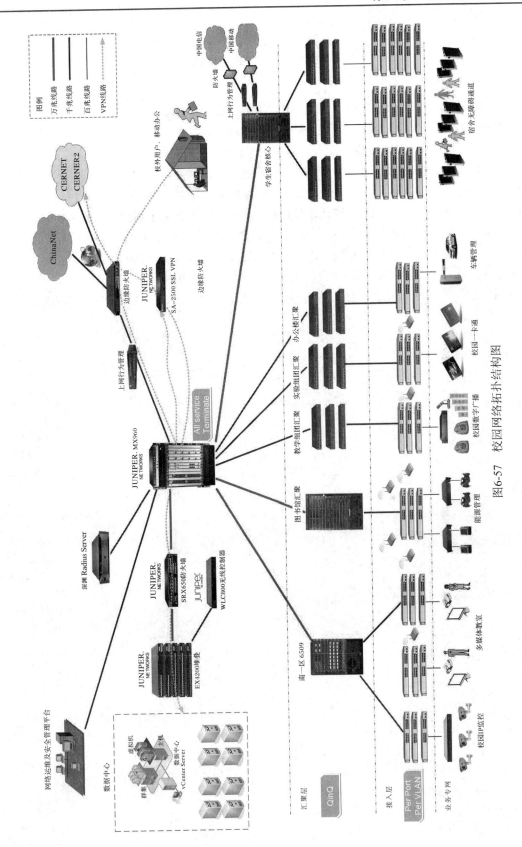

图6-57 校园网络拓扑结构图

参考文献

[1] 樊昌信，等.通信原理.5版.北京：国防工业出版社，2001.

[2] 李颖.现代通信技术.2版.北京：人民邮电出版社，2007.

[3] 张亮.现代通信技术与应用.北京：清华大学出版社，2009.

[4] 纪越峰.现代通信技术.4版.北京：北京邮电大学出版社，2014.

[5] 张淑娥，等.电力系统通信.2版.北京：中国电力出版社，2009.

[6] 强世锦，朱里奇，黄艳华.现代通信网概论.西安：西安电子科技大学出版社，2008.

[7] 王兴亮.通信系统概论.西安：西安电子科技大学出版社，2008.

[8] 茅正冲，姚军，等.现代交换技术.北京：北京大学出版社，2007.

[9] 许辉，等.现代通信网技术.北京：清华大学出版社，2004.

[10] 卞佳丽，等.现代交换原理与通信网技术.北京：北京邮电大学出版社，2005.